遥感原理与应用题解

张安定 主编

吴孟泉 孔祥生 张 丽 崔青春 左文君 编

科 学 出 版 社

北 京

内 容 简 介

本书是张安定主编的《遥感技术基础与应用》（科学出版社，2014年）一书的配套教学参考书。全书共九章，每章均由“重点提示”“复习纲要”“习题”和“参考答案与题解”四部分组成。全书着重以题解的形式，帮助读者更好地学习、理解遥感技术的基本原理、主要过程、关键技术和重点应用。

本书适合大学本科生学习“遥感概论”“遥感原理”等课程时使用，也可作为相关专业研究生入学考试的参考书。

图书在版编目(CIP)数据

遥感原理与应用题解/张安定主编. —北京：科学出版社，2016.10

ISBN 978-7-03-050131-8

Ⅰ. ①遥… Ⅱ. ①张… Ⅲ. ①遥感技术-高等学校-教学参考资料 Ⅳ. ①TP7

中国版本图书馆CIP数据核字(2016)第238440号

责任编辑：杨 红 程雷星 / 责任校对：贾伟娟

责任印制：师艳茹 / 封面设计：迷底书装

科学出版社 出版

北京东黄城根北街16号

邮政编码：100717

http://www. sciencep. com

保定市中画美凯印刷有限公司 印刷

科学出版社发行 各地新华书店经销

*

2016年10月第 一 版 开本：787×1092 1/16

2018年 1 月第一次印刷 印张：13

字数：300 000

定价：39. 00 元

(如有印装质量问题，我社负责调换)

前　言

本书是针对学生学习的实际需要编写的一本教学参考书，试图以题解的形式，帮助读者更好地学习、理解遥感技术的基本原理、主要过程、关键技术和重点应用。

全书内容以张安定主编的《遥感技术基础与应用》（科学出版社，2014 年）为蓝本，并参考和兼顾了国内其他统编教材及一些重点院校的优秀教材。每章内容均由“重点提示”“复习纲要”“习题”和“参考答案与题解”四部分组成。“重点提示”简要列出了每章的主要内容，并进一步指出其中的重点。“复习纲要”对每章的知识点和考点进行了全面、系统、简明的归纳，对课后复习具有提纲挈领的作用。“复习纲要”中未能涉及的重要细节，在“习题”和“题解”中阐述和剖析。“习题”设计是本书的关键。在题目的编写上，精选了多家优秀教材中的复习思考题，同时从十余所知名院校多年的研究生考试试题中精选了部分典型试题，力争使试题内容涵盖面广、重点突出、题型多样，从多角度综合考察读者记忆、理解、运用遥感基本知识、原理和技术方法的能力。“参考答案与题解”是本书的核心内容。其中的是非题，在给出正确答案的同时，有些还根据具体情况作了进一步的解析，可加深读者对问题的理解。简答题并非只有答案要点，往往在要点之后附带了简要的解读。

为了帮助读者检验学习效果，并适应研究生入学考试的试题特点，书后还列了五套研究生入学考试模拟题。这些试题基本可以代表国内主要院校的研究生入学考试水平及难度，因此具有较高的参考价值。需要说明的是，所列五套研究生入学考试模拟题及其答案均包含在全书相应的章节中，只是个别试题的表述略有不同。

本书的编写是在山东省高等学校教学改革立项（2012229）的资助下完成的。书中插图由仲少云老师精心绘制，在此表示感谢。由于作者水平所限，书中不足之处在所难免，敬请读者批评指正。

张安定

2016 年 6 月 25 日

目　　录

第一章　遥感技术概述

遥感是20世纪60年代在航空摄影测量的基础上兴起并迅速发展起来的一门综合性探测技术。本章主要介绍遥感的定义、遥感的过程、遥感技术的特点及遥感的分类等基础知识，也包括遥感技术的发展历史、发展现状和发展趋势。

本章重点：①遥感技术的特点；②遥感发展面临的问题及对策；③未来遥感技术发展展望。

一、遥感与遥感技术过程

（1）遥感：从高空或外层空间，通过飞机或卫星等运载工具所携带的传感器，“遥远”地采集目标对象的数据，并通过数据的处理、分析，获取目标对象属性、空间分布特征或时空变化规律的一门科学和技术。

（2）遥感是一种远距离的、非接触的目标探测技术和方法，有广义遥感和狭义遥感之分。广义遥感泛指一切无接触的远距离探测，包括对电磁场、力场、机械波的探测；狭义遥感指电磁波遥感。

（3）遥感技术过程：由数据获取、数据传输-接收-处理、数据解译-分析-应用三部分组成。

（4）遥感技术系统的组成：①数据获取系统，包括遥感平台系统和遥感仪器系统；②数据传输和接收系统；③用于地面波谱测试和获取定位观测数据的各种地面台站网；④数据处理系统。

二、遥感技术的特点与分类

1. 遥感技术的特点

遥感技术的特点概括起来包括：①宏观观测能力强；②动态监测优势明显；③探测

手段多样，数据量大；④数据具有综合性与可比性。

2. 遥感的分类

（1）按遥感平台分类：宇航遥感、航天遥感、航空遥感、地面遥感。

（2）按电磁波谱段分类：紫外遥感、可见光/反射红外遥感、热红外遥感、微波遥感。

（3）按传感器的工作原理分类：主动遥感、被动遥感。

（4）按遥感资料的获取方式分类：成像方式遥感、非成像方式遥感。

（5）按遥感应用领域分类：环境遥感、农业遥感、林业遥感、海洋遥感、地质遥感等。

三、遥感技术的发展历史与展望

（1）遥感技术的发展历史：①遥感思想的萌芽阶段（1610～1858 年）；②空中摄影阶段（1858～1903 年）；③航空遥感阶段（1903～1957 年）；④航天遥感阶段（1957 年以后）。

（2）现阶段遥感发展所面临的问题：①实时监测与处理能力尚不能满足实用化要求；②遥感图像自动识别、专题特征提取，特别是遥感数据定量反演地学参数的能力和精度尚未达到实用化要求。

（3）现代遥感技术发展展望：①遥感数据获取手段趋向多样化；②微波遥感、高光谱遥感是未来空间遥感发展的核心内容；③遥感数据的计算机处理更趋向自动化和智能化；④全定量化遥感方法将走向实用；⑤遥感综合应用将不断深化。

一、名词解释（20）

1. 遥感　2. 遥测　3. 遥感平台　4. 遥感卫星地面站　5. 遥感动态监测
6. 主动遥感　7. 被动遥感　8. 成像方式遥感　9. 非成像方式遥感
10. 光学遥感　11. 航天遥感　12. 航空遥感　13. 地面遥感
14. 可见光 / 反射红外遥感　15. 热红外遥感　16. 资源遥感　17. 环境遥感
18. 多角度遥感　19. 多光谱遥感　20. 高光谱遥感

二、填空题（12）

1. 遥感技术过程由________、________、________三部分组成，这三部分相当于遥感技术过程的相辅相成、不可分割的三个阶段。
2. 遥感技术是通过________传递并获取地球表面信息的。

3. 根据遥感的定义，遥感系统包括：________、________、________、________和________五大部分。
4. 遥感卫星地面站是接收、处理、存档和分发各类遥感卫星数据的技术系统，由________和________两部分组成。
5. 地面站接收观测数据时，如果卫星超出地面接收站所能覆盖到的范围，则采用________和________两种方式传输数据。
6. 遥感数据的解译主要有两种形式，一种是________，另一种是________。
7. 按遥感平台的不同，遥感可分为________、________、________和________四种类型。
8. 按所利用的电磁波谱段的不同，遥感可分为________、________、________和________。
9. 按传感器工作原理的不同，遥感可分为________和________。
10. 遥感可以根据探测能量的波长和探测方式、应用目的分为________、________、________三种基本形式。
11. 按遥感资料获取方式的不同，遥感可分为________和________。
12. ________年，苏联发射了世界上第一颗人造地球卫星，遥感技术的发展也从航空遥感进入了航天遥感阶段。

三、是非题（6）

1. 广义的遥感泛指一切无接触的远距离探测，包括对电磁场、力场、机械波（声波、地震波）的探测。
2. 遥感可以根据探测能量的波长和探测方式、应用目的分为可见光-反射红外遥感（0.38～3.0μm）、热红外遥感（3.0～15μm）、微波遥感三种基本形式。这三种形式都属于光学遥感。
3. 地球是遥感最主要的电磁辐射源，其波谱范围很宽，由紫外线、可见光、红外线等不同辐射波段综合组成。
4. 地面站接收观测数据时，如果卫星超出地面接收站所能覆盖到的范围，可间接地采用跟踪数据中继卫星传输数据。因此，这种数据传输方式属于非实时传输。
5. 遥感动态监测的能力取决于卫星的重复观测周期。周期越短，动态监测能力越强。
6. 遥感数据是瞬间地表各种要素的真实再现，没有经过任何的取舍，因此具有很强的综合性、现势性和可比性。

四、简答题（6）

1. 什么是遥感？试述广义遥感和狭义遥感的区别。
2. 遥感技术过程由哪几个部分组成？简要分析各个组成部分的主要技术环节。
3. 什么是遥感技术系统？简要说明遥感技术系统的组成。
4. 简要回答遥感卫星地面站的组成及其数据接收方式。
5. 作为重要的对地观测技术，遥感与其他常规手段相比，其突出的特点和优势是什么？
6. 如何理解“遥感”是以电磁波与地球表面物质相互作用为基础，来探测、研究地面目标的科学？

五、论述题（2）

1. 简要分析遥感技术的发展趋势。
2. 试述我国现阶段遥感发展所面临的问题及对策。

参考答案与题解

一、名词解释（20）

1. 遥感：从高空或外层空间，通过飞机或卫星等运载工具所携带的传感器，“遥远”地采集目标对象的数据，并通过数据的处理、分析，获取目标对象属性、空间分布特征或时空变化规律的一门科学和技术。

2. 遥测：利用传感技术、通信技术和数据处理技术，将对象参量的近距离测量值传输至远距离的测量站来实现远距离测量的一门综合性技术。卫星遥感过程中，通过遥测技术可获取卫星运行的参数。

3. 遥感平台：搭载各种传感器使其从一定高度或距离对地面目标进行探测，并为其提供技术保障和工作条件的空中移动载体，如飞机、卫星等。

4. 遥感卫星地面站：接收、处理、存档和分发各类遥感卫星数据的技术系统，由地面接收站和地面处理站两部分组成。前者主要任务是搜索、跟踪卫星，接收并记录卫星遥感数据、遥测数据及卫星姿态数据。后者由计算机图像处理系统和光学图像处理系统组成。

5. 遥感动态监测：通过对地表周期性的重复观测，快速掌握地表事物的变化，并在此基础上分析和研究事物变化的规律、发展趋势，进而在区域经济和社会发展中做出科学决策。遥感动态监测具有数据获取速度快、数据一致性和对比性强的突出优势。

6. 主动遥感：又称有源遥感，指传感器带有能发射信号（电磁波）的辐射源，工作时向目标物发射信号，再接收从目标物反射回来的回波信号，并据此获取地物的属性信息的一种遥感系统，如侧视雷达。

7. 被动遥感：又称无源遥感，即在遥感探测时，传感器获取和记录目标物体自身发射或是反射来自自然辐射源（如太阳）的电磁波信息的遥感系统。航空摄影系统、红外扫描系统等，都是被动遥感。

8. 成像方式遥感：能够获得图像信息的遥感方式。根据其成像原理，可分为摄影方式遥感和非摄影方式遥感。摄影方式遥感是指用光学摄影方法获取图像信息的遥感；非摄影方式遥感是指通过扫描成像方法获取图像信息的遥感。

9. 非成像方式遥感：是以数据、曲线等形式记录目标物反射或发射的电磁辐射的各种物理参数的一种遥感方式，如使用红外辐射温度计、微波辐射计、激光测高仪等进行的航空和航天遥感。

10. 光学遥感：遥感可以根据探测能量的波长和探测方式、应用目的分为可见光-反射红外遥感（0.38～3.0μm）、热红外遥感（3.0～15μm）、微波遥感三种基本形式，其

中前两者可统称为光学遥感，属于被动遥感。

11. 航天遥感：又称太空遥感，泛指利用各种太空飞行器为平台的遥感技术系统，以地球人造卫星为主体，包括载人飞船、航天飞机和太空站，有时也包括各种行星探测器。

12. 航空遥感：又称机载遥感，是指利用各种飞机、飞艇、气球等作为传感器运载工具在空中进行的遥感技术，是由航空摄影侦察发展而来的一种多功能综合性探测技术。

13. 地面遥感：主要指以高塔、车、船为平台的遥感技术系统，地物波谱仪或传感器安装在这些地面平台上，可进行各种地物波谱测量。

14. 可见光／反射红外遥感：主要指利用可见光（0.4～0.7μm）和近红外（0.7～2.5μm）波段的遥感技术统称。

15. 热红外遥感：通过红外敏感元件，探测物体的热辐射能量，显示目标的辐射温度或热场图像的遥感技术的统称。遥感中指 8～14μm 波段范围。地物在常温（约 300K）下热辐射的绝大部分能量位于此波段。

16. 资源遥感：以地球资源的探测、开发、利用、规划、管理和保护为主要内容的遥感技术及其应用过程。资源遥感包括获取资源与环境数据的过程及使用这些数据进行综合研究和系统分析的过程。

17. 环境遥感：利用各种遥感技术，对自然与社会环境的动态变化进行监测或作出评价与预报的统称。由于人口的增长与资源的开发、利用，自然与社会环境随时都在发生变化，利用遥感多时相、周期短的特点，可以迅速为环境监测、评价和预报提供可靠依据。

18. 多角度遥感：指利用传感器从不同方向、多个角度对同一地物进行观测，以获取地物信息的技术手段。与常规单一方向遥感相比，多角度遥感能够获取更多的地物信息，有助于提高遥感定量反演的精度。

19. 多光谱遥感：将电磁波分成若干个较窄的波谱通道，以摄影或扫描的方式同步获取地表不同波段信息的一种遥感技术。多光谱遥感能提供比单波段摄影更为丰富的遥感信息，它不仅可以根据影像的形态、结构差异判别地物，还可以根据光谱特性判别地物。

20. 高光谱遥感：在电磁波谱的可见光、近红外、中红外和热红外波段范围内，获取许多非常窄、光谱连续的图像数据的技术。其成像光谱仪可以收集到上百个非常窄的光谱波段信息。高光谱遥感也称为成像光谱遥感。

二、填空题（12）

1. 数据获取　数据传输-接收-处理　数据解译-分析-应用

2. 电磁波

3. 被测目标的信息特征　信息的获取　信息的传输与记录　信息的处理　信息的应用

4. 地面数据接收、记录系统（TRRS）　图像数据处理系统（IDPS）

5. 数据记录器（mission data recorder，MDR）　跟踪数据中继卫星（tracking and data relay satellite，TDRS）

6. 目视解译　计算机自动识别和提取专题信息
7. 宇航遥感　航天遥感　航空遥感　地面遥感
8. 紫外遥感　可见光/反射红外遥感　热红外遥感　微波遥感
9. 主动遥感（active sensing）　被动遥感（passive sensing）
10. 可见光-反射红外遥感（0.38～3.0μm）　热红外遥感（3.0～15μm）　微波遥感
11. 成像方式遥感　非成像方式遥感
12. 1957

三、是非题（6）

1. [答案]正确。[题解]狭义的理解，只有电磁波遥感属于遥感的范畴。

2. [答案]错误。[题解]只有可见光-反射红外遥感（0.38～3.0μm）和热红外遥感（3.0～15μm）属于光学遥感的范畴。微波遥感的成像方式和光学遥感有本质区别。微波遥感用的是无线电技术，而光学遥感用的是光学成像技术，通过摄影和扫描获取信息。

3. [答案]错误。[题解]这里所描述的辐射特点显然是指太阳辐射的。地球辐射属于长波辐射，波谱范围很有限。

4. [答案]错误。[题解]虽然跟踪数据中继卫星传输数据是一种间接的传输方式，但这种方式仍然属于实时传输。

5. [答案]正确。[题解]重复观测周期越短，获取的时相数据就越多，对地物或现象的动态变化过程的监测就越及时，获取的变化信息就越丰富，因此监测能力就越强。

6. [答案]正确。[题解]数据综合性、现势性和可比性是遥感技术十分重要的特点之一。

四、简答题（6）

1. [题解]：（1）遥感。遥感一词来源于英文“remote sensing”，从字面上可理解为“遥远的感知”。准确地说，遥感是指从高空或外层空间，通过飞机或卫星等运载工具所携带的传感器，“遥远”地采集目标对象的数据，并通过数据的处理、分析，获取目标对象属性、空间分布特征或时空变化规律的一门科学和技术。

（2）广义遥感和狭义遥感及其区别。①广义的遥感泛指一切无接触的远距离探测，包括对电磁场、力场、机械波（声波、地震波）等的探测。显然，广义的遥感包括了所有的远距离探测手段。②狭义的遥感仅指电磁波遥感，即利用电磁波来获取地物的信息，而力场、声波、地震波等探测手段被排除在外，划到物探的范畴了。

2. [题解]：遥感技术过程由数据获取、数据传输-接收-处理、数据解译-分析-应用三部分组成，这三部分相当于遥感技术过程的相辅相成、不可分割的三个阶段。

（1）数据获取。遥感技术的任务首先是数据获取。①数据获取离不开能源。遥感技术是通过电磁波传递并获取地球表面信息的。太阳是遥感最主要的电磁辐射源。此外，地球本身及其他人工辐射源也都是遥感重要的辐射源。②数据获取由遥感平台和传感器组成的数据获取系统来完成。③数据获取的方法手段多种多样。遥感平台和传感器的多种组合，为遥感技术提供了多样化的数据获取手段。

（2）数据传输、接收和处理。遥感卫星地面站是接收、处理、存档和分发各类遥感

卫星数据的技术系统。①数据传输与接收方式。如果卫星处在地面站的覆盖范围之内，通常采用卫星实时传送、地面站实时接收的数据传输方式；如果卫星超出地面接收站所能覆盖到的范围，则采用数据记录器 MDR 和跟踪数据中继卫星 TDRS 两种方式传输数据。②原始遥感数据的基础处理。地面站接收到的数据存在各种误差和变形，图像数据处理系统负责对接收和记录的原始遥感数据做一系列辐射校正和几何校正处理，消除畸变，制成一定规格的图像胶片和数据产品。

（3）数据解译、分析与应用。①数据处理与解译。用户从地面站得到数据后，根据需要对数据进行进一步的处理（几何精校正、图像增强处理等），然后对数据进行解译，从中提取专题信息。数据的解译主要有目视解译、计算机自动识别和提取两种方法。②数据分析与应用。根据解译获得的专题信息，对研究对象进行深入分析，获得对事物或现象更深层次的理解，揭示规律，解决特定问题。

3. [题解]：（1）遥感技术系统：是实现遥感目的的方法论、设备和技术的总称，现已成为一个从地面到高空的多维、多层次的立体化观测系统。

（2）遥感技术系统的组成。①数据获取系统。数据获取是遥感技术的核心，包括遥感平台系统和遥感仪器系统。平台系统即运载工具，包括各种飞机、卫星等；遥感仪器系统，如各种主动式和被动式、成像式和非成像式、机载的和星载的传感器及其技术保障系统。②数据传输和接收系统，如卫星地面接收站、用于数据中继的通信卫星等。③用于地面波谱测试和获取定位观测数据的各种地面台站网。④数据处理系统。用于对原始遥感数据进行转换、记录、校正、数据管理和分发。⑤分析应用系统。包括对遥感数据按某种应用目的进行处理、分析、判读、制图的一系列设备、技术和方法。

4. [题解]：遥感卫星地面站是接收、处理、存档和分发各类遥感卫星数据的技术系统。

（1）遥感卫星地面站的组成。由地面接收站和地面处理站两部分组成。①地面接收站由大型抛物面的主、副反射面天线和磁带机组成，主要任务是搜索、跟踪卫星，接收并记录卫星遥感数据、遥测数据及卫星姿态数据。②地面处理站由计算机图像处理系统和光学图像处理系统组成。前者主要功能是对地面接收站接收记录的数据进行回放输入，分幅并进行辐射校正和几何校正处理，最后获得卫星数据的计算机兼容磁带（computer compatible tape，CCT）和图像产品；后者主要功能是对数据处理后生成的潜影胶片进行冲洗、放大、合成、分割，从而产生各种类型和规格的正负胶片和像片等产品。

（2）遥感卫星地面站的数据接收方式。①如果卫星处在地面站的覆盖范围之内，通常采用卫星实时传送、地面站实时接收的数据传输方式；②如果卫星超出地面接收站所能覆盖的范围，则采用数据记录器 MDR 和跟踪数据中继卫星 TDRS 两种方式传输数据。MDR 是先把数据记录下来，当卫星进入地面站覆盖范围后，再把数据回放出来进行接收，显然这是一种非实时传输方式。而 TDRS 则是一种间接的实时传输方式。

5. [题解]：（1）宏观观测能力强。遥感技术探测范围广、采集数据快，能在较短的时间内，从空中乃至宇宙空间对大范围地区进行对地观测，并从中获取有价值的遥感数据。这些数据拓展了人们的视觉空间，为宏观掌握地面事物的现状情况创造了条件，同时也为宏观地研究自然现象和规律提供了宝贵的第一手资料。

（2）动态监测优势明显。①通过对地表周期性的重复观测，能快速掌握地表事物的变化，并在此基础上分析和研究事物变化的规律、发展趋势，进而做出科学决策，这就是遥感动态监测。②遥感动态监测具有数据获取速度快、数据一致性和对比性强的突出优势，这是传统方法无法比拟的。③遥感动态监测的能力取决于卫星的重复观测周期，周期越短，动态监测能力越强。

（3）探测手段多样，数据量大。①遥感技术通过不同遥感平台和传感器的组合，产生了多种探测手段和技术方法。②多种探测手段使遥感技术获取的数据类型多样化。③遥感技术所获取的数据量大大超过了传统方法所获取的数据量。对同一地区而言，通过多尺度、周期性获取的各种类型的遥感数据已足以构成海量数据，成为地学研究的重要信息源。

（4）数据具有综合性与可比性。①遥感数据是瞬间地表各种自然要素和人文要素的真实再现，与其他数据尤其是地图数据相比，没有经过任何的取舍，因此具有很强的综合性。②遥感探测所获取的是同一时段、覆盖大范围地区的遥感数据，在时间上具有相同的现势性和可比性。

6. [题解]：广义的遥感泛指一切无接触的远距离探测，包括对电磁场、力场、机械波等的探测。而狭义的遥感仅指电磁波遥感，即利用电磁波来获取地物的信息。一般意义上来说，遥感指的都是狭义的遥感，即电磁波遥感。

（1）电磁波是遥感探测的媒介，也是遥感的主要形式。遥感是以电磁波（紫外、可见光、红外、微波）为媒介，通过各种传感器来获取地表数据，并通过数据的传输、处理和分析，实现了解地面物体性质和相互关系的一门科学技术。遥感是通过电磁波传递信息的，从某种意义上说，遥感就是电磁波探测。

（2）遥感探测的原理是建立在电磁波与地球表面物质相互作用基础上的。不同地物对电磁波具有不同的反射、散射、吸收和透射特性，同时，地物还具有自身发射电磁辐射的能力，因此在遥感图像上呈现出不同的影像特征，遥感正是基于这个原理来提取地物信息，实现远距离探测地面目标的目的。从这个意义上来说，电磁波与地球表面物质相互作用是遥感探测的理论基础。

（3）电磁波与地球表面物质相互作用的形式多种多样，每种形式均反映了地物某些方面的信息。①在地物反射、吸收、透射等物理性质中，使用最普遍的是反射。在可见光与近红外波段，电磁波与地物的相互作用以反射太阳辐射为主。不同类型的地物，由于表面性状及内部结构和成分的不同，其反射光谱特性也不同。②地物具有自身发射电磁辐射的能力。地物间光谱发射率的不同，反映了地物发射电磁辐射能力的差异。③地物的透射。地物的透射率随着电磁波的波长和地物的性质而不同。遥感技术中，可以根据地物的透射特性，选择适当的传感器来探测水下、冰下某些地物的信息。

（4）遥感的最终目的在于应用。遥感影像一般有两种用途：一是通过对影像的解译和分类，获取地物的多种属性信息，从而为区域资源、环境、灾害监测等提供动态变化数据或制作专题地图进行辅助决策；二是利用各种反演模型和实测数据，通过遥感定量反演获取常规方法无法得到的数据，从而为后续决策提供依据。由此可见，遥感最终目的还是探究地面目标的相关属性，它就是一门探测、研究地面目标的科学。

五、论述题（2）

1. [题解]：（1）遥感数据获取手段趋向多样化。①三多，即多平台、多传感器、多角度；②三高，即高光谱分辨率、高空间分辨率、高时间分辨率；③空、天、地一体化遥感体系的构建，使遥感数据源突飞猛进；④立方体纳卫星是未来遥感卫星发展的重要方向。

（2）微波遥感、高光谱遥感是未来空间遥感发展的核心内容。①微波遥感技术进一步向多极化技术、多波段技术和多工作模式方向发展；②高光谱和超高光谱传感器的研制和应用是未来遥感技术发展的重要方向。

（3）遥感数据的计算机处理更趋向自动化和智能化。从图像数据中自动提取地物目标，解决它的属性和语义是遥感的重要任务。图像目标的自动识别技术主要集中在图像融合技术、基于统计和基于结构的目标识别与分类。

（4）全定量化遥感方法将走向实用。获得目标的几何与物理特性，需要通过全定量化遥感方法进行反演。随着遥感理论研究的深入和数据积累，以及多角度、多传感器、高光谱及雷达卫星遥感技术的成熟，全定量化遥感方法将逐步由理论研究走向实用化。

（5）商业遥感时代的进一步发展。商业卫星遥感系统的特点是，以应用为导向，强调采用应用技术系统和市场运行机制，注重配套服务和经济效益，成为重要的遥感信息的补充。卫星遥感产业的市场化、开放式、融合式发展是大势所趋。

（6）遥感综合应用将不断深化。①从单一信息源分析向包含非遥感数据的多元信息的复合分析方向发展；②从定性判读向信息系统应用模型及专家系统支持下的定量分析发展；③从静态研究向多时相的动态研究发展；④“3S”技术的综合运用，将有效提高遥感信息的识别精度。

2. [题解]：（1）面临的问题。最关键的问题就是如何进一步实现遥感尤其是航天遥感的实用化。虽然现阶段遥感应用领域和范围不断扩展，某些领域取得了明显的经济效益，但遥感应用的整体水平还不能满足实用的要求。突出表现在两个方面：①实时监测与处理能力尚不能满足实用化要求，即遥感的时效性尚未充分体现；②遥感图像自动识别、专题特征提取，特别是遥感数据定量反演地学参数的能力和精度，尚未达到实用化要求。

（2）原因分析。①遥感技术本身的局限性。遥感数据的定标、遥感数据的定位尚不能达到实用要求；有限的图像空间分辨率及混合像元的普遍存在，限制了遥感定量化精度；遥感数据处理方法的局限，也限制了遥感定量化水平的提高，等等。②人们认识上的局限性。对遥感成像及传输机理、影像特征、地学规律的认识有待提高；把地物与电磁波的相互作用简化为各向同性、均匀的“朗伯体”（Lambertian），而忽略了它明显的方向性特征；在推断地表温度时，忽略了比辐射率和环境辐照度的差异影响，用亮度温度来代替地表温度；遥感定量反演和应用中，对环境条件的复杂性、参数的多变性认识不足，建模的假设条件多，过于理想化、概念化，因而所得的结果多是不确定性的，其精度难以满足实用需求。

（3）对策与途径。①不断改善遥感数据源，即高光谱、高几何分辨率、高灵敏度、多角度、多类型传感器的研制和运行。美国 WorldView-3 卫星，把遥感卫星的空间分辨率提高到了 0.31m；一系列星载多角度传感器的推出，实现了从单一垂直观测向多角度观测的方向转化，为精确的空间定位、定量遥感研究和多维分析提供了可能；Radarsat 多波段、多极化、多入射角成像雷达的发展，提高了观测数据的灵敏度、准确度，使所获得的遥感数据质量有了很大的改善。②遥感数据处理分析方法和手段的发展，以提高遥感的时效性和精度。发展数据压缩、多源数据的融合，以及多源遥感数据快速处理、信息识别等技术；发展混合像元的分解模型，将最小处理单元由像元向亚像元过渡，发展纹理特征分析和以空间特征为基础的遥感数据处理分析，提高图像识别的智能化水平；发展神经网络、小波理论、模糊数学、专家系统、认知科学等新科学方法在遥感数字图像处理中的应用；借助 GIS，引入非遥感数据，建立环境背景数据库，实现在分析决策模型支持下的多源、多维复合分析。③加强遥感定量反演方法的研究：一是从遥感原始测量值中模拟和反演各类有价值的地表参数，如地表反照率、土壤水分、植被覆盖度等；二是建立有价值的遥感应用分析模型。

第二章　遥感电磁辐射基础

电磁辐射理论是遥感探测的基础理论，遥感的本质就是对地物电磁辐射的探测。地表物体往往具有不同的发射或反射电磁波的特性，遥感技术正是利用地物电磁辐射的差异，实现远距离探测的目的。本章内容包括：电磁波与电磁波谱、地物的电磁波发射特性、地物的电磁波反射特性、大气对电磁波传输过程的影响。

本章重点：①黑体辐射定律及其物理意义；②地物的光谱特性及其影响因素；③太阳辐射与大气的相互作用对遥感过程的影响。

一、电磁波与电磁波谱

（1）电磁波的性质：①电磁波为横波。②在真空中的传播速度等于光速。③波动性。④粒子性。

（2）电磁波的四要素：频率（或波长）、传播方向、振幅和偏振面。

（3）电磁波谱：将各种电磁波按波长的大小（或频率的高低）依次排列并制成的图表。

（4）遥感应用的主要电磁波波段：紫外线（0.01～0.4μm）、可见光（0.4～0.76μm）、红外线（0.76～1000μm）、微波（0.001～1m）。

（5）遥感中利用的电磁辐射源可分为自然辐射源和人工辐射源两大类。自然辐射源包括太阳和地球；人工辐射源包括微波雷达、激光雷达等。

（6）太阳辐射的特点：①辐射特性与黑体基本一致；②太阳光谱是连续的；③太阳辐射的能量分配极不平衡；④太阳辐射经过大气层出现明显的衰减。

（7）地球辐射的特点：①地球辐射为长波辐射，峰值波长为9.66μm；②地球辐射在不同波段呈现出不同的特点。

（8）电磁辐射的度量：辐射通量、辐射出射度、辐射照度、辐射强度、辐射亮度。

二、地物的电磁波发射特性

1. 黑体及其辐射定律

（1）黑体是指能全部吸收而毫无反射和透射能力的理想物体。黑体的热辐射称为黑体辐射。

（2）黑体辐射的三大定律：普朗克热辐射定律、斯特藩-玻耳兹曼定律、维恩位移定律。

（3）普朗克定律的物理意义：黑体辐射通量密度是温度和波长的函数。温度越高，辐射通量越大；辐射通量随波长发生连续变化。

（4）斯特藩-玻耳兹曼定律的物理意义：黑体的总辐射通量与其热力学温度的四次方成正比，即温度的微小变化就会引起辐射通量密度很大的变化。

（5）维恩位移定律的物理意义：黑体的辐射峰值波长 λ_m 与黑体的温度成反比，即光谱辐射通量的峰值波长 λ_m 随温度的增加向短波方向移动。

2. 地物的发射率

（1）地物的发射率也叫比辐射率或发射系数，指地物发射的辐射通量与同温度下黑体辐射通量之比。

（2）影响发射率的因素：地物的性质、表面状况（如粗糙度、颜色等）、温度、波长。

（3）根据发射率和波长的关系，实际地物可分为灰体和选择性辐射体。灰体的发射率始终小于 1，且不随波长发生变化；选择性辐射体的发射率随波长的变化而变化。

（4）基尔霍夫定律及其物理意义：在任一给定温度下，地物单位面积上的辐射通量密度和吸收率之比，对于任何地物都是一个常数，并等于该温度下同面积黑体辐射通量密度。

三、地物的电磁波反射特性

1. 地物的光谱反射特性

（1）地物反射电磁波的三种形式：镜面反射、漫反射、方向反射。

（2）反射率：指地物的反射辐射通量与入射辐射通量之比。

（3）反射波谱特性：地物的反射率随波长变化而变化的规律。

（4）反射光谱特性曲线：在直角坐标系中，表示地物的光谱反射率随波长变化规律的曲线。

（5）影响地物反射率的主要因素：地物的结构与组分变化、太阳位置、环境因素。

2. 地物反射光谱的测量

（1）反射光谱测量的理论：二向反射分布函数（bidirectional reflectance distribution function，BRDF）、二向反射比因子（bidirectional reflectance factor，BRF）。

（2）光谱测量的方法：地物反射光谱特性测量分为实验室测量和野外测量。野外测量又有垂直测量和非垂直测量两种类型。

四、大气对电磁波传输过程的影响

1. 大气的组成与结构

（1）地球大气是由多种气体组成的混合体，并含有水汽和部分杂质。大气的主要成分是氮、氧、氩等。

（2）大气的密度和压力随着高度上升几乎按指数率下降。32km 以上的大气层，质量仅占全部大气层质量的 1%，对遥感的影响可以忽略不计。

（3）有效大气层实际上只是紧贴地球表面的薄薄一层。根据大气层垂直方向上温度梯度变化的特征，一般把大气层划分为对流层、平流层、中间层、热层和散逸层五个层次。

2. 大气散射

（1）根据大气中微粒的直径大小与电磁波波长的对比关系，通常把大气散射分为瑞利散射、米氏散射和非选择性散射三种主要类型。

（2）瑞利散射：当大气粒子的直径远小于入射电磁波波长时，出现的散射现象称为瑞利散射。瑞利散射的强度与波长的四次方成反比，波长越短散射越强。

（3）米氏散射：当大气粒子的直径约等于入射波长时，出现米氏散射。米氏散射是由大气中的尘埃、花粉、烟雾、水汽等气溶胶引起的。

（4）无选择性散射：当大气粒子的直径远大于入射波长时，出现无选择性散射。

3. 大气吸收

（1）臭氧、二氧化碳和水汽是三种最重要的吸收太阳辐射能量的大气成分。

（2）在可见光波段，引起电磁波衰减的主要原因是分子散射，而在紫外、红外和微波区，引起电磁波衰减的主要原因是大气吸收。

（3）在紫外、红外及微波波段，大气吸收是引起电磁辐射能量衰减的主要原因。

4. 大气窗口

（1）大气窗口指受大气吸收作用影响相对较小、大气透过率较高的电磁波段，是遥感探测可以利用的有效电磁辐射波段。

（2）遥感中常用的大气窗口包括：①0.3～1.15μm。②1.4～1.9μm，近红外窗口。③2.0～2.5μm，近红外窗口。④3.5～5.0μm，中红外窗口。⑤8.0～14.0μm，热红外窗口。

⑥1.0～1.8mm，微波窗口。⑦2.0～5.0mm，微波窗口。⑧8.0～1000.0mm，微波窗口。

习　题

一、名词解释（47）

1. 电磁波　2. 干涉　3. 衍射　4. 偏振　5. 波粒二象性　6. 电磁波谱
7. 太阳常数　8. 辐射通量　9. 辐射出射度　10. 辐射照度　11. 辐射亮度
12. 地物的光谱特性　13. 绝对黑体　14. 绝对白体　15. 灰体
16. 选择性辐射体　17. 辐射温度　18. 热惯量　19. 热容量　20. 发射率
21. 镜面反射　22. 漫反射　23. 朗伯体　24. 方向反射　25. 反射率
26. 光谱反射率　27. 反射光谱　28. 光谱反射特性曲线　29. 光谱响应模式
30. 地表反射率　31. 表观反射率　32. 反照率　33. 地表比辐射率
34. 双向反射分布函数（BRDF）　35. 双向反射比因子（BRF）　36. 大气散射
37. 选择性散射　38. 瑞利散射　39. 米氏散射　40. 无选择性散射
41. 大气气溶胶　42. 气溶胶散射　43. 大气窗口　44. 大气屏障　45. 程辐射
46. 大气效应　47. 辐射传输方程

二、填空题（19）

1. 电磁波有四个要素，即________、________、________和________。
2. 目前，遥感应用的主要波段包括________、________、________和________等。
3. 电磁波谱按频率由高到低排列主要由________、________、________、________、________等组成。
4. 绝对黑体辐射通量密度是________和________的函数。
5. 维恩位移定律表明，黑体的________与________的乘积是个常数。当黑体的温度升高时，其辐射峰值波长向________方向移动。
6. 电磁辐射源可分为自然辐射源和人工辐射源两大类。被动遥感方式接收的是________的电磁辐射，主动遥感接收的是________发出的电磁辐射的回波。
7. 根据发射率和波长的关系，把实际地物的发射分为两种类型：一种是________，即发射率始终小于 1，且不随波长发生变化；另一种是________，即发射率随波长的变化而变化。
8. 物体反射电磁波有三种形式，即________、________和________。
9. 2.5～6μm 的光谱区间，地球辐射的能量由________和________两部分组成。
10. 太阳辐射和地球辐射的峰值波长分别是________μm 和________μm。
11. 根据大气层垂直方向上温度梯度变化的特征，一般把大气层划分为________、________、________、________和________五个层次。
12. 根据大气中微粒的直径大小与电磁波波长的对比关系，通常把大气散射分为

________、________和________三种主要类型。

13. 当引起散射的大气粒子直径远小于入射波波长时，出现________；当引起散射的大气粒子的直径约等于入射波波长时，出现________；当引起散射的大气粒子直径远大于入射波波长时，出现________。
14. 散射光强度与入射波波长的四次方成反比，且前向散射与后向散射强度相同，这种散射是________；散射光强度与入射波波长的二次方成反比，且前向散射比后向散射更强，方向性更明显，这种散射是________。
15. 大气对电磁辐射吸收作用的强弱主要与________有关。
16. 在可见光波段，引起电磁波衰减的主要原因是________，而在紫外、红外和微波区，引起电磁波衰减的主要原因是________。
17. 引起大气吸收的主要成分是________、________、________和________等。
18. 在对流层、平流层和高层大气层里，吸收太阳辐射的主要大气成分分别是________、________和________。
19. 大气以两种方式影响着遥感器所记录的地面目标的“亮度”或“辐射亮度”：一是大气的________使到达地面目标的太阳辐射能量和从目标反射的能量均衰减；二是大气本身作为一个反射体（散射体）的________使能量增加，但它与所探测的地面信息无关。

三、是非题（33）

1. 电磁波是一种伴随电场和磁场的横波。在平面波内，电场和磁场的振动方向都是在与波的行进方向成直角的平面内，是相互垂直的。
2. 电磁波的波长和频率成正比。波长越长，频率越高；波长越短，频率越低。
3. 电磁波的振幅表示电场振动的强度，振幅的平方与电磁波具有的能量大小成正比。一般成像只记录振幅，只有全息成像才同时记录振幅和相位的全部信息。
4. 如果电场矢量在一个固定的平面内沿一个固定的方向振动，则称该电磁波是偏振的，包含电场矢量 $\boldsymbol{E}$ 的平面称为偏振面。
5. 电磁波的辐射能量与它的波长成正比，即电磁辐射波长越长，其辐射能量越高。
6. 太阳辐射通过大气层时，波长小于 0.3μm 的紫外线几乎被全部吸收，只有 0.3～0.4μm 波长的紫外线能部分地穿过大气层，且受到严重的散射作用，能量很少。
7. 红外线按波长不同可分为近红外、短波红外、中红外、长波红外和远红外。近红外和短波红外主要来自地球反射太阳的红外辐射，而中红外至远红外主要来自地球自身的热辐射。
8. 近红外光谱区只反映地物对太阳辐射的反射，而基本上不反映地物本身热辐射的高低。因此，离开了太阳辐射就不能进行近红外遥感，近红外遥感只能在白昼成像。
9. 由于微波波长比可见光、红外线要长，能穿透云、雾而不受天气的影响，因此微波能全天候、全天时进行遥感探测。
10. 太阳辐射 97.5%的能量集中在近紫外～中红外（0.31~5.6μm）的波谱区间内，其中，可见光占 43.5%，近红外占 36.8%。因此，太阳辐射属于短波辐射，是可见光及近红外遥感的主要辐射源。

11. 就遥感而言，被动遥感主要利用可见光、红外等稳定辐射，因此太阳的活动对遥感没有太大影响，可以忽略。
12. 遥感之所以能够根据收集到的电磁波来判断地物目标和自然现象，是因为不同的电磁波具有完全不同的特性。
13. 在 2.5～6μm 的光谱区间进行遥感作业时，地球对太阳辐射的反射和地表物体自身的热辐射需要同时考虑。
14. 海平面处的太阳辐射照度分布曲线与大气层外的曲线有很大不同，这完全是由地球大气层对太阳辐射的吸收作用造成的。
15. 在可见光波段，引起电磁波衰减的主要原因是大气吸收，而在紫外、红外和微波区，引起电磁波衰减的主要原因是分子散射。
16. 凡是吸收热辐射能力强的物体，其热发射能力就弱；凡是吸收热辐射能力弱的物体，其热发射能力就强。
17. 黑体的总辐射通量与其热力学温度的四次方成正比，即温度的微小变化就会引起辐射通量密度很大的变化。
18. 黑体的辐射峰值波长（λ_m）与黑体的温度成反比，即黑体的温度增高时，λ_m 向短波方向移动。
19. 一个不透明的物体对于入射到它上面的电磁波只有吸收和反射作用，且此物体的光谱吸收率与光谱反射率之和恒等于 1。
20. 地表地物吸收太阳辐射后又向外发射电磁辐射，但其辐射能力总是要比同温度下的黑体辐射能力低。
21. 在任一给定温度下，地物单位面积上的辐射通量密度和吸收率之比，对于任何地物都是一个常数，并等于该温度下同面积黑体辐射通量密度。
22. 热传感器所记录的物体的辐射温度总是小于它的真实温度，因此，如果不知道物体的发射率，就无法准确反演出物体的真实温度。
23. 瑞利散射的强度与波长的四次方成正比，而米氏散射的强度与波长无关。
24. 大气对电磁辐射吸收作用的强弱主要与大气物质成分的颗粒大小有关。
25. 白天的热红外图像上，热惯量小的地物色调相对较亮，而在晚上的热红外图像上，热惯量大的地物色调相对较亮。
26. 大气中的瑞利散射对可见光影响大，而对红外的影响小，对微波基本没有多大影响。
27. 大气分子、原子引起的瑞利散射主要发生在可见光和近红外波段，而大气微粒引起的米氏散射从近紫外到红外波段都有发生。
28. 微波的波长远远大于大气分子的直径，故大气对微波造成瑞利散射。由于瑞利散射强度与波长的四次方成反比，因此对于微波遥感而言，大气分子的瑞利散射可以不计。
29. 空中遥感器所测得的地面目标的总辐射亮度 L，应是经大气衰减后的地面目标辐射亮度 L_G 和大气本身的程辐射 L_p 之和。
30. 程辐射也称路径辐射，由于其参与了辐射平衡，且增加了到达传感器的辐射能，因

此其中必然携带了地面目标的部分信息。

31. 大气窗口是指电磁波能穿过大气层的局部天空区域。
32. 大气窗口指那些不受大气吸收作用影响、大气透过率100%的电磁波段，是遥感探测可以利用的有效电磁辐射波段。
33. 要提取山体背阴处的地表信息，一般来说采用TM数据的近红外波段比蓝光波段的遥感图像更好。

四、简答题（19）

1. 简要回答电磁波的特性。
2. 何谓电磁波谱？试述其划分依据及其各光谱段的特性。
3. 构成电磁波的四个基本要素及其所包含的信息是什么？
4. 遥感中利用的电磁辐射源有哪几种？简要回答太阳辐射和地球辐射的特点。
5. 简要回答黑体辐射的三大定律及其在遥感中的应用。
6. 黑体辐射的三个主要特性是什么？
7. 反照率与反射率的区别是什么？
8. 影响地物光谱反射率的主要因素有哪些？
9. 什么是地物光谱特性的时间效应与空间效应？
10. 简述二向性反射率分布函数和二向反射因子的区别。
11. 太阳辐射穿过大气层造成能量衰减的原因是什么？
12. 你认为最适合可见光遥感的大气条件是什么？一天中最佳的遥感探测时间是什么时候？
13. 试述太阳辐射与大气的相互作用对遥感过程的影响。
14. 为什么晴朗的天空呈现蓝色，而日出、日落时的天空呈现橙红色？
15. 比辐射率与哪些因素有关？并作简要分析。
16. 可见光和近红外传感器为什么在阴雨天气环境中进行遥感作业效果差？
17. 什么是大气窗口？遥感中常用的大气窗口有哪些？
18. 如何根据遥感任务选择传感器？
19. 遥感研究中为什么要考虑时相变化特征？

五、计算题（5）

1. 利用普朗克公式计算太阳（6000K）在红（0.62μm）、绿（0.5μm）、蓝（0.43μm）三个波长上的辐射出射度。
2. 已知由太阳常数推算出太阳表面的辐射出射度$M = 6.284\times10^7\,\mathrm{W/m^2}$，求太阳的有效温度和太阳光谱中辐射最强波长$\lambda_{\max}$。
3. 在地球上测得太阳的平均辐照度$I = 1.4\times10^3\,\mathrm{W/m^2}$，设太阳距离地球的平均距离约为$R = 1.5\times10^{11}\,\mathrm{m}$。试求太阳的总辐射能量。
4. 已知太阳辐射峰值波长位于$\lambda_{\max}^{\mathrm{sun}} = 0.51\mu\mathrm{m}$处，北极星辐射的峰值波长位于

$\lambda_{\max}^{\text{star}} = 0.35\mu\text{m}$ 处。假定恒星表面辐射与太阳表面辐射一样，都遵循黑体辐射定律，试计算太阳和北极星温度及每单位表面积上所发射出的功率。

5. 日地平均距离用天文单位表示，1 天文单位 $\approx 1.496\times10^{11}\text{m}$，太阳的线半径 $r\approx 6.96\times10^{8}\text{m}$。

（1）通过太阳常数 $I_0 = 1.360\times10^{3}\text{W}/\text{m}^2$，计算太阳的总辐射通量 E_{sun}。

（2）由太阳的总辐射通量 E，计算太阳的辐射出射度 M_{sun}。

六、论述题（2）

1. 晴空时大气对可见光、热红外及微波遥感有何影响?
2. 试述地物光谱测量的方法、意义及地物光谱数据库在遥感分类中的作用。

参考答案与题解

一、名词解释（47）

1. 电磁波：电磁辐射源在其周围产生交变的电场，交变的电场周围又会激发出交变的磁场。这种变化的电场和磁场的相互激发和交替产生，形成了电磁场。电磁场是物质存在的一种形式，具有质量、能量和动量，其在空间中以波的形式传递电磁能量，这种波就是电磁波。

2. 干涉：同振幅、频率和初位相的两列（或多列）波的叠加合成而引起振动强度重新分布的现象称为干涉现象。在波的叠加区有的地方振幅增加，有的地方振幅减小，振动强度在空间出现强弱相间的固定分布，形成干涉条纹。

3. 衍射：波在传播过程中遇到障碍物时，在障碍物的边缘，一些波偏离直线传播而进入障碍物后面的“阴影区”的现象称为衍射现象。遥感传感器中的一些分光部件就是运用多孔衍射原理达到了分光的目的。

4. 偏振：如果电场矢量 $\boldsymbol{E}$ 在一个固定的平面内沿一个固定的方向振动，则称该电磁波是偏振的，包含电场矢量 $\boldsymbol{E}$ 的平面称为偏振面。偏振在微波遥感中又称为“极化”。电磁波在反射、折射、吸收、散射中，其偏振状态也往往会发生变化。

5. 波粒二象性：电磁波在传播中主要表现为波动性，而当与物质相互作用时主要表现为粒子性，这就是电磁波的波粒二象性。通常，波长较长的电磁波（如微波、无线电波）波动性较为突出，而波长较短的电磁波更多地表现出粒子性。

6. 电磁波谱：为了更好地认识和描述电磁波，将各种电磁波按波长的大小（或频率的高低）依次排列并制成图表，这个图表就是电磁波谱。

7. 太阳常数：指在日地平均距离处，地球大气外界垂直于太阳光束方向的单位面积上单位时间内接收到的所有波长的太阳总辐射能量值。世界气象组织建议采用 $1.367\times10^{3}\text{W/m}^2$ 为太阳常数值。

8. 辐射通量：又称辐射功率，指单位时间内通过某一表面的辐射能量，单位为瓦（W），表达为$\Phi = \mathrm{d}Q/\mathrm{d}t$。

9. 辐射出射度：又称辐射通量密度，指面辐射源在单位时间内从单位面积上辐射出的辐射能量，即物体单位面积上发出的辐射通量，表达为$M_{\lambda} = \mathrm{d}\Phi/\mathrm{d}A$。

10. 辐射照度：简称辐照度，指在单位时间内从单位面积上接收的辐射能量，即照射到物体单位面积上的辐射通量，表达为$E_{\lambda} = \mathrm{d}\Phi/\mathrm{d}A$。

11. 辐射亮度：简称辐亮度，指面辐射源在单位立体角、单位时间内从地表的单位面积上辐射出的能量，即辐射源在单位投影面积上、单位立体角内的辐射通量，表达为$L_{\lambda} = \mathrm{d}^2\Phi/(\mathrm{d}\Omega \cdot \mathrm{d}A\cos\theta)$。

12. 地物的光谱特性：自然界中任何地物都具有其自身的电磁辐射规律，如具有反射、吸收外来紫外线、可见光、红外线和微波的某些波段的特性，同时它们又都具有发射某些红外线、微波的特性；少数地物还具有透射电磁波的特性，以上这些特性通称为地物的光谱特性。

13. 绝对黑体：简称黑体，指能够吸收外来的全部电磁辐射，并且不会有任何的反射与透射的一个理想化了的物体，换句话说，黑体对于任何波长的电磁波的吸收率α为1，透射系数τ为0。

14. 绝对白体：物体的反射率ρ是表明物体反射辐射能的本领，当$\rho=1$时称为绝对白体，简称白体。

15. 灰体：如果某一物体的单色吸收率α与投射到该物体的辐射能的波长无关，即α=常数，则称为灰体。灰体也是一种理想化物体，实际物体既不是绝对黑体，也不是灰体。灰体与黑体的区别在于：灰体的吸收率$\alpha<1$，而黑体的吸收率$\alpha=1$。

16. 选择性辐射体：指发射率始终小于1，且随波长变化而变化的辐射体。

17. 辐射温度：若实际物体的总辐射亮度（包括全部波长）与绝对黑体的总辐射亮度相等，则黑体的温度称为实际物体的辐射温度。

18. 热惯量：物体被加热或冷却时，其温度上升或下降往往需要经过一定的时间，这种性质称为地物的热惯量。热惯量是量度物质热惰性（阻止物理温度变化）大小的物理量。

19. 热容量：指物体受热（或冷却）时吸收（或放出）热量的性质。物体在某一过程中，温度升高（或降低）1℃所吸收（或放出）的热量叫做这个系统在该过程中的“热容量”。

20. 发射率：也叫比辐射率或发射系数，是指地物发射的辐射通量与同温度下黑体辐射通量之比。地物的发射率与地物的性质、表面状况（如粗糙度、颜色等）有关，且是温度和波长的函数。

21. 镜面反射：电磁波有确定的反射方向，即反射角（反射波的方向与反射平面法线的夹角）与入射角（入射波方向与该反射平面法线的夹角）相等，且入射波、反射波及平面法线处于同一个平面内，反射能量集中在反射线方向上。

22. 漫反射：电磁波入射到粗糙面上后向各个方向反射能量，这种反射称为漫反射，也称为朗伯反射或各向同性反射。对全漫射体，在单位面积、单位立体角内的反射功率和测量方向与表面法线的夹角的余弦成正比，这种表面称为朗伯面。

23. 朗伯体：当入射能量在所有方向均匀反射，即入射能量以入射点为中心，在整个半球空间内向四周各向同性的反射能量的现象，称为漫反射，也称各向同性反射。一个完全的漫射体称为朗伯体。

24. 方向反射：自然界大多数地表既不完全是粗糙的朗伯表面，也不完全是光滑的“镜面”，而是介于两者之间的非朗伯表面，其反射在某些方向上最强烈，具有明显的方向性，这种反射称为方向反射。

25. 反射率：指地物的反射辐射通量与入射辐射通量之比。这个反射率是在理想的漫反射的情况下，地物在整个电磁波波长范围内的平均反射率。

26. 光谱反射率：地物对不同波长的电磁波会产生选择性反射。因此，地物的反射率通常指的是光谱反射率，即地物在某波段的反射通量与该波段的入射通量之比。

27. 反射光谱：也称反射波谱，指地物的反射率随波长变化的规律。地物的反射光谱特性可以通过其反射光谱特性曲线直观表达出来。通常，地物的反射光谱限于紫外、可见光和近红外，其中以后两者最为常见。地物的反射光谱是遥感影像解译的基础。

28. 光谱反射特性曲线：在直角坐标系中表示地物的光谱反射率随波长变化规律的曲线。地物的光谱反射特性曲线反映了该物体对入射光选择性吸收、光散射及物体表面的镜面反射的综合特性，是颜色测量、色差计算评比、电脑配色等色度计算的基础。

29. 光谱响应模式：用于识别地物或获得有关地物的形状、大小及物理信息的一组定量的、却又是相对的观测值。这组测量值可以通过一组特定的多波段传感器测得，并与某种特定的目标相对应。

30. 地表反射率：地面反射辐射量与入射辐射量之比，表征地面对太阳辐射的吸收和反射能力。反射率越大，地面吸收太阳辐射越少；反射率越小，地面吸收太阳辐射越多。

31. 表观反射率：指大气层顶的反射率，其值等于地表反射率与大气反射率之和。

32. 反照率：又称半球反射率，是指地表在太阳辐射的影响下，反射辐射通量与入射辐射通量的比值。它是反演很多地表参数的重要变量，反映了地表对太阳辐射的吸收能力。

33. 地表比辐射率：又称发射率，指在同一温度下地表发射的辐射量与一黑体发射的辐射量的比值，与地表组成成分、地表粗糙度、波长等因素有关。

34. 双向反射分布函数（BRDF）：双向反射分布函数（bidirectional reflectance distribution function，BRDF）用来定义给定入射方向上的辐射照度如何影响给定出射方向上的辐射率。更笼统地说，它描述了入射光线经过某个表面反射后如何在各个出射方向上分布——这可以是从理想镜面反射到漫反射、各向同性或者各向异性的各种反射。

35. 双向反射比因子（BRF）：给定的立体角方向上，在一定的辐照和观测条件下，目标的反射辐射通量与处于同一辐照和观测条件下的标准参考面（理想朗伯反射面）的反射辐射通量之比。

36. 大气散射：太阳辐射在传播过程中受到大气中微粒（大气分子或气溶胶等）的

影响而改变原来传播方向的现象称为散射。大气散射强度依赖于微粒的大小、微粒的含量、辐射波长和能量传播所穿过的大气层厚度。

37. 选择性散射：当大气中分子或粒子的直径小于或等于辐射波长时发生的散射。这种散射的特点是辐射强度与波长呈负向相关，波长越长，散射越弱。代表类型为瑞利散射、米氏散射。

38. 瑞利散射：当大气粒子的直径远小于入射电磁波波长时，出现的散射现象称为瑞利散射。大气中的气体分子对可见光的散射就属于这种类型。瑞利散射的强度与波长的四次方成反比，波长越短散射越强。

39. 米氏散射：当大气粒子的直径约等于入射波长时，出现的散射称为米氏散射。米氏散射是由大气中的尘埃、花粉、烟雾、水汽等气溶胶引起的，与瑞利散射相比，这种散射通常会影响比可见光更长的红外线波段。

40. 无选择性散射：当大气粒子的直径远大于入射波长时出现的散射现象称为无选择性散射。大气中的水滴、大的尘埃粒子所引起的散射多属无选择性散射。这种散射对波长没有选择性，对所有波长的反射是均等的。

41. 大气气溶胶：气溶胶是液态或固态微粒在空气中的悬浮体系。它们能作为水滴和冰晶的凝结核、太阳辐射的吸收体和散射体，并参与各种化学循环，是大气的重要组成部分。雾、烟、霾等都是天然或人为原因造成的大气气溶胶。

42. 气溶胶散射：又称米氏散射，是大气散射作用的类型之一，发生在波长与散射粒子的大小差不多时。散射粒子如尘埃、烟雾、霾等。大气霾所产生的米氏散射往往会使光学波段的多波段影像质量变坏，这种散射还使云、雾呈白色。

43. 大气窗口：指那些受大气吸收作用影响相对较小、大气透过率较高的电磁波段，是遥感探测可以利用的有效电磁辐射波段。大气窗口是传感器波段设计的重要参考依据。

44. 大气屏障：指那些受大气吸收作用影响极大，透过率很小，甚至完全无法透过的电磁波波段。

45. 程辐射：也称路径辐射，指太阳辐射在传输过程中，大气中的各组分及气溶胶微粒散射后直接到达传感器的辐射，即传感器接收的来自大气散射部分的电磁波辐射。程辐射增加了到达传感器的辐射能，但与所探测的地面信息无关。

46. 大气效应：指大气对电磁辐射的影响，主要体现在大气的吸收、散射、程辐射及大气自身热辐射等方面。

47. 辐射传输方程：电磁波在介质中传播时，受到介质的吸收、散射等作用的影响发生衰减。辐射传输方程是电磁波辐射在介质中传输时的衰减方程，它描述了辐射能在介质中的传输过程、特性及其规律。

二、填空题（19）

1. 频率（或波长）　传播方向　振幅　偏振面
2. 紫外线　可见光　红外线　微波
3. γ射线　X射线　可见光　红外线　微波
4. 温度　波长

5. 辐射峰值波长　黑体的温度　短波
6. 自然辐射源　人工辐射源
7. 灰体　选择性辐射体
8. 镜面反射　漫反射　方向反射
9. 地球对太阳辐射的反射　地表物体自身的热辐射
10. 0.48　9.66
11. 对流层　平流层　中间层　热层　散逸层
12. 瑞利散射　米氏散射　非选择性散射
13. 瑞利散射　米氏散射　无选择性散射
14. 瑞利散射　米氏散射
15. 电磁辐射的波长
16. 分子散射　大气吸收
17. 氧气　臭氧　水　二氧化碳
18. 水汽　臭氧　氧气
19. 吸收、散射作用　程辐射

三、是非题（33）

1. [答案]正确。[题解]电场矢量和磁场矢量相互垂直，并与波的传播方向垂直。

2. [答案]错误。[题解]正好说反了。正确的说法是：波长与频率成反比。波长越长，频率越低；波长越短，频率越高。

3. [答案]正确。

4. [答案]正确。

5. [答案]错误。[题解]电磁波的辐射能量与其对应的波长成反比，波长越长，辐射能量越低。这就是为什么地物表面的微波辐射比热红外辐射更难感应的道理。同理，热红外波段的波长要比可见光的波长大许多，因此，遥感探测热红外波长辐射比探测可见光波段辐射要困难得多。

6. [答案]正确。[题解]受大气强烈散射，特别是大气中的臭氧等微量气体强烈吸收作用的影响，遥感技术中很少使用紫外波段。

7. [答案]正确。[题解]近红外和短波红外主要来自地球反射太阳的红外辐射，故称反射红外；而中红外至远红外主要来自地球自身的热辐射，故称热红外。

8. [答案]正确。[题解]近红外也称反射红外。近红外遥感和可见光遥感一样，只能在白天进行，因此常常把它们放在一起讨论，并称为可见光-反射红外遥感。

9. [答案]正确。[题解]微波的波长比包括云、雾在内的大气中粒子的直径大得多，因此，微波与大气中云、雾之间发生瑞利散射。瑞利散射强度与波长的四次方成反比，波长越大，散射强度越小，因此微波对云、雾有极强的穿透能力。

10. [答案]正确。

11. [答案]正确。[题解]可以忽略的原因是：从近紫外到中红外这一波段区间，是太阳辐射能量最集中而且变化最小、最稳定的区间。相反，X 射线、γ 射线、远紫外、微波

波段，太阳辐射能量小且变化大。

12. [答案]错误。[题解]原因不在于不同的电磁波具有完全不同的特性，而是地物由于其种类、特征和环境条件的不同，具有完全不同的电磁波反射或发射辐射特征。遥感的原理是根据探测到的电磁波的差异来区分地物类别和属性的。

13. [答案]正确。[题解]根据地球辐射的分段特性来看，小于 2.5μm 的辐射能主要来自地表反射的太阳辐射，大于 6μm 的辐射能主要来自地物本身的热辐射，而在 2.5～6μm 的光谱，则是太阳辐射和地球辐射共同作用的部分，因此需要同时考虑。

14. [答案]错误。[题解]两个曲线的巨大差异是由吸收作用和散射作用共同造成的。

15. [答案]错误。[题解]在可见光波段，引起电磁波衰减的主要原因是分子散射，而在紫外、红外和微波区，引起电磁波衰减的主要原因是大气吸收。

16. [答案]错误。[题解]根据基尔霍夫定律可知，吸收热辐射能力强的物体，其热发射能力就强，吸收热辐射能力弱的物体，其热发射能力就弱。

17. [答案]正确。[题解]本题准确回答了斯特藩-玻耳兹曼定律的物理意义。

18. [答案]正确。[题解]本题准确回答了维恩位移定律的物理意义。

19. [答案]正确。[题解]不透明的物体透射率为 0，因此，根据能量守恒定律即可知道物体的光谱吸收率与光谱反射率之和恒等于 1。

20. [答案]正确。[题解]黑体是最好的吸收体，也是最好的发射体，其吸收率和反射率都等于 1。实际地物的发射率均小于 1，因此辐射能力都比同温度下的黑体差。

21. [答案]正确。[题解]这是对基尔霍夫定律的正确描述。

22. [答案]正确。

23. [答案]错误。[题解]正确的说法是：瑞利散射的强度与波长的四次方成反比，米氏散射的强度与波长二次方成反比。

24. [答案]错误。[题解]臭氧、二氧化碳和水汽是三种最重要的吸收太阳辐射能量的大气成分。吸收作用的强弱与上述这些大气成分的浓度有关，与大气物质成分的颗粒大小无关。

25. [答案]正确。[题解]热惯量小的物体，温度的振幅大，白天升温快，物体温度相对背景地物来说较高；而热惯量大的物体，温度的振幅小，夜间降温慢，物体温度相对背景地物来说较高。因此，白天的热红外图像上，热惯量小的地物色调相对较亮，而在晚上的热红外图像上，热惯量大的地物色调相对较亮。

26. [答案]正确。[题解]瑞利散射的强度与波长的四次方成反比。可见光波长相对最短，散射强度最大，其次是红外。微波波长相对最大，散射强度极小，可以忽略。

27. [答案]正确。

28. [答案]正确。

29. [答案]正确。

30. [答案]错误。[题解]程辐射是太阳辐射到达地面目标之前就直接被大气散射到太空并被传感器接收的能量，由于没有和地面目标接触，因此其中不可能包含地面目标的任何信息，反而作为噪声会降低遥感图像数据的质量。

31. [答案]错误。[题解] 大气窗口不是局部天空区域，而是指那些对太阳辐射透过率较高的电磁波段。

32. [答案]错误。[题解] 大气窗口只是指那些大气透过率较高的电磁波段，绝大多数的大气窗口大气透过率都小于 100%，大气透过率达到 100%的电磁波段是极少的。

33. [答案]错误。[题解] 山体背阴处没有直接得到太阳光照射，地表信息的识别依靠散射光的强弱。根据散射原理，蓝光波段比近红外波段散射强，因此更有利于背阴处地物的识别。

四、简答题（19）

1. [题解]：（1）电磁波。电磁辐射源在其周围产生交变的电场，交变的电场周围又会激发出交变的磁场。这种变化的电场和磁场的相互激发和交替产生，形成了电磁场。电磁场是物质存在的一种形式，具有质量、能量和动量，其在空间中以波的形式传递着电磁能量，这种波就是电磁波。

（2）电磁波的特性。①电磁波为横波。电磁波的磁场、电场及其行进方向三者互相垂直。振幅沿传播方向的垂直方向作周期性交变，其强度与距离的平方成反比，波本身带动能量，任何位置之能量功率与振幅的平方成正比。②在真空中的传播速度等于光速。电磁波的波长（wavelength）λ、频率（frequency）ν 及速度（speed）c 之间有如下关系：$\lambda = c/\nu$。③波动性。电磁波的波动性在光的干涉（interference）、衍射（diffraction）、偏振（polarization）等现象中得到了充分的体现。④粒子性。电磁波的粒子性是指电磁辐射除了它的连续波动状态外，还能以离散形式存在，电磁辐射的实质是光子微粒流的有规律的运动。电磁波在传播中主要表现为波动性，而当与物质相互作用时主要表现为粒子性，这就是电磁波的波粒二象性。

2. [题解]：（1）电磁波谱。为了更好地认识和描述电磁波，将各种电磁波按波长的大小（或频率的高低）依次排列并制成图表，这个图表就是电磁波谱。

（2）电磁波谱的划分依据。电磁波为横波，在真空中的传播速度等于光速，具有波粒二象性，这是电磁波共性。电磁波谱由不同特性的电磁波组成，每种电磁波具有其特殊性。电磁波谱的划分就是基于电磁波的不同特性来划分的。

（3）电磁波谱中主要的光谱段及其特性。根据不同波长电磁波的特性，把电磁波谱划分为：宇宙射线、γ 射线、X 射线、紫外线、可见光、红外线、微波。①宇宙射线：波长<10^{-6}μm，来自宇宙天体，其特性是具有很大的能量和贯穿能力，目前遥感尚未利用到该波段。②γ 射线：波长为 10^{-6}～10^{-4}μm，是原子衰变裂解时放出的射线之一，也具有很高的能量和穿透性。③X 射线：波长为 10^{-4}～10^{-2}μm，高能但穿透能力较 γ 射线弱，被大气层全部吸收，不能用于遥感工作。④紫外线：波长范围为 0.01～0.4μm，主要来源于太阳辐射。波长小于 0.3μm 的紫外线几乎被大气层全部吸收，只有 0.3～0.4μm 波长的紫外线能部分地穿过大气层投射到地面，并使感光材料感应，可作为遥感的工作波段，称为摄影紫外。⑤可见光：波长为 0.4～0.76μm。在电磁波谱中只占一个狭窄的区间，但它却是太阳辐射能量高度集中的波谱区间，同时由于人眼能够直接感觉可见光的全色光及不同波长的单色光，所以可见光是鉴别物质特征的最佳波段，也是遥感最常用的波段。⑥红外线：波长为 0.76～1000μm。按波长不同可分为近红外、短波红外、中

红外、长波红外和远红外。近红外和短波红外主要来自地球反射太阳的红外辐射，故称反射红外，其中的 0.76～1.3μm 波段可以使胶片感光，常被称为摄影红外；中红外至远红外主要来自地球自身的热辐射，所以称为热红外，在这个波段，只能通过扫描方式获取数据。红外线波段很宽，地物间不同的反射特性和发射特性在此波段都能较好地表现出来，因此该波段在遥感成像中具有重要意义。⑦微波：波长为 0.001～1m，分为毫米波、厘米波和分米波。由于微波波长比可见光、红外线要长，能穿透云、雾而不受天气的影响，因此能全天候、全天时进行遥感探测。微波对某些物质具有一定的穿透能力，能直接透过植被、冰雪、土壤等表层覆盖物。

3. [题解]：（1）电磁波的四要素。频率（或波长）、传播方向、振幅和偏振面。

（2）电磁波四个基本要素包含的信息。①频率或波长对应于可见光领域中目标物体的颜色，包含了与目标物体有关的丰富信息。在微波领域也可以通过目标和飞行平台的相对运动，利用频率上表现出的多普勒效应得到地表物体的信息。②从电磁波的传播方向上，可以了解物体的空间配置和形状的信息。③振幅表示电磁场的强度，被定义为振幅物理量偏离平衡位置的最大位移，即每个波峰的高度。从振幅中也可以得到物体的空间配置和形状信息。④偏振面（plane of polarization）是包含电场方向的平面。当电磁波反射或散射时，偏振的状态往往发生变化，此时电磁波与反射面及散射体的几何形状发生关系。偏振面对于微波雷达非常重要，这是因为从水平偏振和垂直偏振中得到的图像是不同的。

4. [题解]：（1）遥感中利用的电磁辐射源可分为自然辐射源和人工辐射源两大类。凡是能够产生电磁辐射的物体都是辐射源。自然辐射源包括太阳和地球；人工辐射源指人为发射的具有一定波长，或一定频率的波束，如微波雷达和激光雷达等。被动遥感方式接收的是自然辐射源的电磁辐射，主动遥感接收的是人工辐射源发出的电磁辐射的回波。

（2）太阳辐射的特点。①辐射特性与黑体基本一致。太阳表面温度约 6000K，因此太阳辐射可以用 6000K 的黑体来模拟。②太阳光谱是连续的。太阳辐射覆盖了很宽的波长范围，形成一个从 X 射线一直延伸到无线电波的连续的综合波谱。③太阳辐射的能量分配极不平衡。太阳辐射 97.5%的能量集中在近紫外–中红外（0.31~5.6μm）的波谱区间内，其中可见光占 43.5%、近红外占 36.8%。因此，太阳辐射属于短波辐射，是可见光及近红外遥感的主要辐射源。④太阳辐射经过大气层出现明显的衰减。大气吸收、散射和反射的综合影响，导致最终到达地球表面上的太阳辐射强度出现明显衰减，并对遥感技术过程产生深刻影响。

（3）地球辐射的特点。①地球辐射接近温度为 300K 的黑体辐射，其辐射的峰值波长为 9.66μm，因此地球是红外遥感的主要辐射源。②地球辐射在不同波段呈现不同的特点。在 0.3～2.5μm 的波段，地球辐射主要是反射太阳辐射，而地球自身的热辐射能量极弱，可以忽略不计；大于 6μm 的红外波段，地球辐射全部来自其自身发出的热辐射能量；在 2.5～6μm 的红外波段，地球辐射同时包括对太阳辐射的反射和地球自身的热辐射，这两种辐射能量交织在一起对遥感探测产生一定的影响。③地球辐射在传输过程中，受到大气中的水、二氧化碳、臭氧等物质吸收作用的影响，并造成辐射能量的衰减，从而对遥感技术过程产生一定影响。

5. [题解]：黑体辐射的三大定律是普朗克热辐射定律、斯特藩-玻耳兹曼定律和维恩位移定律。

（1）普朗克定律。德国物理学家马克斯·普朗克（Max Planck）研究发现并提出的表示黑体热辐射规律的定律，用公式可表示为：$W_\lambda=\dfrac{2\pi hc^2}{\lambda^5}\times\dfrac{1}{e^{ch/\lambda kT}-1}$。式中，$W_\lambda$ 为光谱辐射通量密度，单位为 W/（m^2·μm）；λ 为波长，单位为μm；h 为普朗克常数，$h=6.626\times10^{-34}\,\mathrm{J\cdot s}$；$k$ 为玻耳兹曼常数，$k=1.38\times10^{-23}\,\mathrm{J/K}$；$c$ 为光速，$c=2.998\times10^8$m/s；T 为黑体的热力学温度，单位为 K。物理意义：黑体辐射通量密度是温度和波长的函数。温度越高，辐射通量越大；辐射通量随波长发生连续变化。

（2）斯特藩-玻耳兹曼定律。表示黑体的总辐射通量与黑体温度之间关系的定理。任何物体辐射能量的大小都是其表面温度的函数。用公式可表示为：$W=\left[\dfrac{2\pi^5\cdot k^4}{15c^2h^2}\right]T^4=\sigma T^4$。物理意义：黑体的总辐射通量与其热力学温度的四次方成正比，即温度的微小变化就会引起辐射通量密度很大的变化。热红外遥感通过探测物体的辐射通量推算物体的热力学温度，并能根据地物辐射量的差异识别地物的类别。

（3）维恩位移定律。在一定温度下，绝对黑体的温度 K 与其对应的峰值波长 λ_m（辐射本领最大值）的乘积为一常数，用公式表示为：$\lambda_m T=2.8978\times10^{-3}\,\mathrm{m\cdot K}$。物理意义：黑体的辐射峰值波长 λ_m 与黑体的温度成反比，即光谱辐射通量的峰值波长 λ_m 随温度的增加向短波方向移动。

（4）黑体辐射定律在遥感中的应用。普朗克热辐射定律用于解释物体的辐射与温度的关系，是遥感反演陆面温度的物理基础；利用普朗克热辐射定律可以推导出维恩位移定律，它是反演地表物体温度时选择波长的依据；而玻耳兹曼定律讨论了地表温度与辐射亮度的关系，是反演地表温度的主要理论依据。

6. [题解]：从几种不同温度下黑体的辐射光谱曲线图中，可以直观地看出黑体辐射的三个特性：①辐射通量密度随波长连续变化。黑体的总辐射通量与其热力学温度的四次方成正比，即温度的微小变化就会引起辐射通量密度很大的变化。②黑体的辐射峰值波长 λ_m 与黑体的温度成反比，即黑体光谱辐射通量的峰值波长 λ_m 随温度的增加向短波方向移动。若知道了物体的温度，就可以推算出它的峰值波长 λ_m。③不同温度下黑体的辐射光谱曲线彼此不相交，故温度越高，所有波长上的光谱辐射通量密度也越大。

7. [题解]：反照率与反射率的区别是：①反射率（reflectance）是指某一波段向一定方向的反射，因而反照率（albedo）是反射率在所有方向上的积分；②反射率是波长的函数，不同波长反射率不一样，反照率是对全波长而言的。反照率的定义是地物全波段的反射比，反射率为各个波段的反射系数。因此，反照率为地物波长 0～∞的反射比。

8. [题解]：**（1）地物的结构与组分变化**。地物本身的结构和组分的变化，是引起反射率变化的内在因素。例如，土壤的含水量直接影响土壤的光谱反射率。土壤含水量越高，反射率越低，在红外区尤为明显。

（2）太阳位置。太阳位置主要指太阳的高度角和方位角。太阳高度角和方位角的不

同，必然引起地面物体入射照度的变化，从而导致反射率的变化。遥感技术通过卫星轨道设计，使卫星能在同一地方时间通过当地上空，就是为了减小太阳高度角和方位角对反射率的影响。

（3）环境因素。地物所处的环境背景不同，对地物的光谱反射率也有一定的影响。以植物为例，其环境背景主要指土壤。土壤湿度、土壤有机质含量等的变化，均引起土壤反射率的明显变化，也必然影响土壤上生长的植物的光谱特性。

总之，地物反射率的变化是一种重要的遥感信息，分析地物反射率变化的原因和规律，为遥感监测地物的变化过程提供了主要依据，对遥感图像的解译和信息提取具有重要意义。

9. [题解]：（1）光谱特性的时间效应。地物光谱特性随时间的变化称为光谱特性的时间效应（temporal effects）。时间尺度可以为几小时也可以为几个月，如植物在它整个一年的生长周期里，光谱特性几乎处于连续的变化状态中。地物光谱特性的时间效应可以通过遥感动态监测来了解它的变化过程和变化范围。充分认识地物的时间变化特性及地物光谱的时间效应有利于选择有效时段的遥感数据，提高目标识别能力和遥感应用效果。

（2）光谱特性的空间效应。在同一时刻、不同地理区域的同类地物具有不同的光谱响应，这种地物光谱特性随地点的变化称为光谱特性的空间效应（spatial effects）。这里的不同地点可以只有几米，如作物行距或植物形态变化造成"植—土"相对比例的变化，但更多情况下是指几千米、几百千米较大地理范围的空间变化。

10. [题解]：（1）二向性反射。反射不仅具有方向性，而且这种方向还依赖于入射的方向，即随着太阳入射角及观测角度的变化，物体表面的反射有明显的差异，这就是二向性反射。二向性反射是自然界中最基本的宏观现象之一，是用来表达物体表面对外来辐射的反射规律的。

（2）二向性反射率分布函数（BRDF）。1977 年 Nicodemus 首次提出了"双向反射率分布函数"的概念，用以表达目标物的二向性反射特征。其定义是：来自入射方向 i 的地表辐照度的微增量与其所引起的反射方向 r 的反射辐射亮度增量之间的比值。由于 BRDF 采用了二向性定义，并用入射辐射的辐照度统一标定了外来辐射对反射辐射亮度的贡献，所以，从本质上讲 BRDF 与入射辐射的空间分布特性无关，是一个纯粹描述物体反射特性的物理量。然而，在自然条件下测量 BRDF 比较困难，尤其是测量辐照度比较复杂，所以人们常用双向反射率因子（BRF）来代替 BRDF 表述目标物的二向性反射特征。

（3）双向反射率因子（BRF）。指在一定的辐照和观测条件下，目标物的反射辐射亮度与处于同一辐照度和观测条件下的标准参考面（朗伯全反射面）的反射辐射亮度之比。BRF 容易被测量，且在一定的假设条件下还可以与 BRDF 相联系。当入射和反射方向上的两个微小立体角趋向无穷小时，则在数值上 BRF 是 BRDF 的 π 倍，即 BRF=π（BRDF），这就为测定目标的 BRDF 值提供了一条现实可行的途径。

11. [题解]：造成太阳辐射衰减的主要原因是大气的散射、吸收和反射三种作用。

（1）大气散射作用。①太阳辐射在传播过程中受到大气中微粒（大气分子或气溶胶等）的影响而改变原来传播方向的现象称为散射。②大气散射有瑞利散射、米氏散射和非选择性散射三种主要类型。当大气粒子的直径远小于入射电磁波波长时，出现瑞利散射。瑞利散射的强度与波长的四次方成反比，波长越短散射越强。当大气粒子的直径约等于入射波长时，出现米氏散射。米氏散射是由大气中的尘埃、花粉、烟雾、水汽等气溶胶引起的，与瑞利散射相比，这种散射通常会影响比可见光更长的红外线波段。当大气粒子的直径远大于入射波长时，出现无选择性散射。大气中的水滴、大的尘埃粒子所引起的散射多属无选择性散射。这种散射对波长没有选择性，对所有波长的反射是均等的。③大气散射改变了太阳辐射的方向，降低了太阳光直射的强度，是太阳辐射能量衰减的主要因素之一。

（2）大气吸收作用。太阳辐射穿过大气时受到多种大气成分的吸收，从而导致辐射能量的衰减。①在紫外、红外及微波波段，大气吸收是引起电磁辐射能量衰减的主要原因。②臭氧、二氧化碳和水汽是三种最主要的吸收太阳辐射能量的大气成分。臭氧主要吸收0.3μm以下的紫外线，并在此形成一个强吸收带；二氧化碳在中、远红外波段（2.7μm、4.3μm、14.5μm 附近）均有强吸收带；水汽的吸收辐射是所有其他大气组分吸收辐射的好几倍，从可见光、红外直至微波波段，到处都有水的吸收带。水汽在 0.94mm、1.63mm 及 1.35cm 的微波波段有三个吸收峰。

（3）大气反射作用。太阳辐射传播过程中的反射现象主要发生在云层顶部。大气反射削弱了太阳辐射强度，其影响取决于云量的多少，而且与电磁波的波长有很大关系。波长不同，大气反射的程度也不同。

由于上述作用，约仅 31%的能量直接到达地表，经过地面反射再次穿过大气层被传感器接收到的更少。

12. [题解]：①最适合可见光遥感的大气条件是：天气晴朗、无云层覆盖；空气质量好、无污染。可见光波段，受散射作用的影响，太阳辐射无法穿透云雾层，因此云雾条件下可见光遥感无法获取地表目标地物的信息。②一天中最佳的遥感探测时间是 9：30～15：00。此时间段，太阳高度角大、光线强，对于可见光、近红外遥感是最佳的时间段，成像的质量也是最好的。

13. [题解]：太阳辐射通过大气层，与地表发生相互作用后，再次经过大气层才能被传感器接收。太阳辐射在传输过程中与大气中的气体和微粒相互作用造成辐射能量的衰减，进而对遥感成像质量和遥感图像解译产生影响。

（1）大气吸收对遥感过程的影响。①大气吸收在一些特殊的波段位置上吸收电磁辐射能量，形成了若干或强或弱、或宽或窄的大气吸收带，并造成了电磁辐射能量在这些特殊波段上的严重衰减。②大气吸收使遥感技术可利用的电磁波段受到限制。由于电磁辐射只有透过大气层才能与地表对象相互作用，地表信息才能被传感器探测并记录下来，因此，那些受大气吸收作用影响相对较小、大气透过率较高的电磁波段就成为遥感探测可以利用的有效电磁辐射波段，这就是大气窗口。③遥感传感器的探测波段只有设置在大气窗口以内，才能最大限度地接收地表信息，实现遥感探测。

（2）大气散射对遥感过程的影响。①大气散射作用改变了太阳辐射的方向，降低了太阳光直射的强度，造成遥感技术所利用的太阳辐射能量的衰减；②大气散射产生了漫反射的天空散射光，增强了大气层本身的“亮度”，使地面阴影呈现暗色而不是黑色，

使人们有可能在阴影处得到物体的部分信息；③散射使暗色物体表现得比自身亮度要亮，使亮色物体表现得比自身亮度要暗，其结果必然降低遥感图像的反差，进而影响图像的质量及图像上空间信息的表达能力。

14. [题解]：（1）晴朗的天空呈现蓝色是由瑞利散射引起的。晴朗的大气条件下，空气质量好，大气中的原子和分子的直径远小于入射太阳辐射的波长，于是太阳辐射与大气的相互作用就产生了瑞利散射。瑞利散射的强度与波长的四次方成反比，波长越短散射越强。可见光中，紫光的波长最短，散射能力最大。太阳光线射入大气后，最初散射最强的是紫光，但紫光在没有到达地面之前就已经被散射掉了，接近地面的紫光很少，而蓝光最多，所以在地面看晴朗的天空是蓝色。农村比城市的天更“蓝”，通常是因为农村的空气质量比城市更好。

（2）日出、日落时天空呈现橙红色也可以用瑞利散射来解释。日出、日落之时，太阳辐射穿过大气层时发生瑞利散射，波长较短的紫光、蓝光散射衰减较多，透射后“剩余”的日光中颜色偏于波长较长的红光，因此在太阳高度角很低的日出、日落时，看到的太阳光盘是橙红色的，这种偏于红色的阳光再通过天空中散射粒子散射后仍然是波长较长的光居多。因此，霞光大多偏于红、橙、黄等色彩，而且越接近地平线，霞的色彩越偏于红色。在接近天顶方向，阳光穿过低层大气较少，波长较短的光衰减相对少些，“剩余阳光”中仍有一些蓝绿色光，因而有时能看到蓝绿色霞光。有时，高层大气散射的蓝光与低层大气散射的红光“重叠”进入人的眼睛，就会看到紫色的天空。一般来讲，在日出日落方向上，从地面向天顶，霞的色彩排列是接近地面为红色，渐次变为橙、黄、绿、蓝各种颜色。

15. [题解]：（1）比辐射率：也叫发射率或发射系数，是指地物发射的辐射通量与同温度下黑体辐射通量之比。比辐射率是一个无量纲的量，取值为0～1。物体的比辐射率是物体发射能力的表征。

（2）影响比辐射率的因素。①物体组成成分。在8～14μm的热红外波段，许多物体的比辐射率都大于0.90，清水可达0.98～0.99，接近黑体，但是仍有一些物体，如粗铁片、铝箔、亮金等，其比辐射率小于0.7甚至更低。②物体的表面状态（表面粗糙度等）。③地物的物理性质（介电常数、含水量、温度）。④辐射波长。⑤观测角度。对于光滑表面，比辐射率随观测角的增加逐渐增加，到布儒斯特（Brewster）角时达到最大，然后迅速下降，到90° 时降为0；粗糙表面为朗伯面，其发射各向同性，比辐射率不随角度变化；介于两者间的一般粗糙面并非朗伯体特征，其发射各向异性。但实验已证明，随着粗糙度增大，比辐射率随观测角度变化要小些。

16. [题解]：阴雨天气环境下，云层中存在的大量的水汽、水滴、雾气等成分，这些物质在与太阳辐射相互作用的过程中，必然产生吸收和散射作用。吸收作用造成太阳辐射能量的衰减，而散射作用对遥感作业的影响最明显。在可见光和近红外波段，水汽、水滴、雾气等成分对太阳辐射的散射作用主要是米氏散射或无选择性散射，这些散射作用使太阳辐射无法穿过大气层，使可见光和近红外遥感所获取的图像质量下降，无法清晰、准确地获取地表环境要素的信息，因此在阴雨天气环境中进行遥感作业效果自然就很差了。

17. [题解]（1）**大气窗口：**指受大气吸收作用影响相对较小、大气透过率较高的电磁波段，是遥感探测可以利用的有效电磁辐射波段。

（2）**遥感中常用的大气窗口包括：**①0.3～1.155μm，包括部分紫外光、全部可见光和部分近红外，即紫外、可见光、近红外波段。这一波段是摄影成像的最佳波段，也是许多卫星遥感器扫描成像的常用波段。例如，Landsat 卫星 TM 的 1～4 波段；SPOT 卫星的 HRV 波段等。其中，0.3～0.4μm，透过率约为 70%；0.4～0.7μm，透过率大于 95%；0.7～1.1μm，透过率约为 80%。②1.4～1.9μm，近红外窗口，透过率为 60%～95%，其中，1.55～1.75μm 透过率较高。在白天日照条件好的时候扫描成像常用这些波段，如 TM 的 5、7 波段等用以探测植物含水量及云、雪或用于地质制图等。③2.0～2.5μm，近红外窗口，透过率约为 80%。④3.5～5.0μm，中红外窗口，透过率为 60%～70%。该波段物体的热辐射较强。这一区间除了地面物体反射太阳辐射外，地面物体自身也有长波辐射。例如，NOVV 卫星的 AVHRR（advanced very high resolution radiometer，改进型高分辨率辐射计）遥感器用 3.55～3.93μm 探测海面温度，获得昼夜云图。⑤8.0～14.0μm，热红外窗口，透过率约为 80%。主要来自物体热辐射的能量，适于夜间成像，测量探测目标的地物温度。⑥1.0～1.8mm，微波窗口，透过率为 35%～40%。⑦2.0～5.0mm，微波窗口，透过率为 50%～70%。⑧8.0～1000.0mm，微波窗口，透过率约 100%。由于微波具有穿云透雾的特性，因此具有全天候、全天时的工作特点，而且由前面的被动遥感波段过渡到微波的主动遥感波段。

18. [题解]（1）**遥感可利用的电磁波谱范围。**紫外 UV（0.3～0.38μm）；可见光 VIS（0.38～0.74μm）；近红外 NIR（0.74～1.3μm）；短波红外 SWIR（1.3～3μm）；中红外（3～6μm）；远红外 FIR（6～18μm）；微波 MW（1mm～lm）。其中，紫外-远红外（0.3～15μm）为光学波段，包括紫外-短波红外的反射波段（0.3～3μm）和发射红外波段（3～15μm）。前者，传感器所接收的能量主要来自太阳辐射和地面物体的反射辐射，其中的紫外-近红外波段（0.3～0.9μm）又称摄影波段，可以直接摄影成像，只是紫外（UV）容易被大气吸收与散射，遥感用得不多；后者，传感器所接收的能量主要来自地面物体自身的发射辐射，它直接与热有关，所以又被称为热红外波段。当然，它也接收部分的太阳辐射和地物的反射辐射。其中，6.0～8.0μm 由于水汽的强吸收而非大气窗口，遥感难以利用。

（2）**不同波长的电磁波与物质的相互作用有很大差异，这是传感器设计的重要依据。**由于物体不同波段的光谱特征差异很大，因此，需要研制各种不同的探测器，并设计多种不同的波谱通道来采集信息。例如，在红外区 3～5μm 和 8～14μm 两个窗口，可利用热扫描仪等传感器探测和感应辐射能量的光谱差异；多光谱扫描仪可以通过从可见光到热红外不同的狭窄波段区感应能量；而雷达和被动微波系统运用 1mm～lm 的大气窗口。

（3）**根据待定遥感任务选择传感器时，必须考虑以下几点。**①传感器可用的光谱灵敏度；②需感应的波谱段是否在大气窗口内；③这些波谱段内，可用能量的能源大小及光谱组成；④针对待定遥感任务，传感器波谱区间的选择必须基于能量与地表特征相互作用的方式。

19. [题解]（1）**对时相与时相变化。**时相指地表环境要素或生物群落的组成和外貌

在特定时间条件下所呈现出来的状态。季相也是时相，通常是指植物在不同季节表现出的外貌特征。地表环境要素都有时相变化过程和规律。植物生长呈现出的季节性变化规律，称为季相节律。物候现象就是典型的季相变化规律，物候历就是基于物候规律整理而成的。遥感能提供地表各种时间分辨率的多时相遥感影像。

（2）地物光谱特性的时间效应。地物光谱特性随时间的变化称为光谱特性的时间效应。例如，植物在其生长周期里，光谱特性几乎处于连续的变化状态中。地物光谱特性的时间效应可以通过遥感动态监测来了解它的变化过程和变化范围，是遥感研究中时相选择的基础和依据。

（3）遥感研究中时相选择的意义。①充分认识地物的时相变化规律及地物光谱特性的时间效应有利于选择最佳时相的遥感数据，提高目标识别能力和效果。最佳时相，指的是目标地物与背景地物之间光谱差异最大、识别效果最好的时段。例如，“三北”森林资源调查以识别各类树种为目标，选择时相差异最大的9～10月最为理想，此时落叶松开始落叶，杨桦树叶已变色可与其他阔叶树种区分，而处于低山和河谷平原的刺槐及杨树仍保持绿色。②多时相遥感数据的对比和综合分析，是研究和追踪自然历史演变轨迹、监测环境和资源动态变化的重要和有效手段。通过研究各个时相数据的信息特点，确定若干典型时相或代表时相的遥感数据，能显著提高遥感动态监测的效果。

五、计算题（5）

1. [题解]：普朗克公式表示为$M=\dfrac{2\pi hc^2}{\lambda^5}\cdot\dfrac{1}{e^{hc/\lambda kT}-1}$

式中，M为辐射出射度，单位为$\mathrm{W/(m^2\cdot\mu m)}$；$\lambda$为波长，单位为μm；$h$为普朗克常数，$h=6.626\times10^{-34}\mathrm{J\cdot s}$；$k$为玻耳兹曼常数，$k=1.38\times10^{-23}\mathrm{J/K}$；$c$为光速，$c=2.998\times10^8\mathrm{m/s}$；$T$为黑体的热力学温度，单位为K；普朗克第一常数$c_1=2\pi hc^2=3.7418\times10^8\ \mathrm{W\cdot m^2}$，普朗克第二常数$c_2=\dfrac{hc}{k}=1.439\times10^4\ \mathrm{\mu m\cdot K}$。

当λ=0.62 μm时，

$$M=\frac{2\pi hc^2}{\lambda^5}\cdot\frac{1}{e^{\frac{hc}{\lambda kT}}-1}=\frac{c_1}{\lambda^5}\cdot\frac{1}{e^{\frac{c_2}{\lambda T}}-1}=8.73\times10^7\quad \mathrm{W/(m^2\cdot\mu m)}$$

当λ=0.5 μm时，

$$M=\frac{2\pi hc^2}{\lambda^5}\cdot\frac{1}{e^{\frac{hc}{\lambda kT}}-1}=\frac{c_1}{\lambda^5}\cdot\frac{1}{e^{\frac{c_2}{\lambda T}}-1}=9.99\times10^7\quad \mathrm{W/(m^2\cdot\mu m)}$$

当λ=0.43 μm时，

$$M=\frac{2\pi hc^2}{\lambda^5}\cdot\frac{1}{e^{\frac{hc}{\lambda kT}}-1}=\frac{c_1}{\lambda^5}\cdot\frac{1}{e^{\frac{c_2}{\lambda T}}-1}=9.69\times10^7\quad \mathrm{W/(m^2\cdot\mu m)}$$

2. [题解]：（1）求太阳有效温度 T。

斯特藩-玻耳兹曼定律表示为：$M=\sigma T^4$，式中，斯特藩-玻耳兹曼常数为 $\sigma=5.67\times10^{-8}\text{W}/(\text{m}^2\cdot\text{K}^4)$。

因此，$T=\sqrt[4]{\dfrac{M}{\sigma}}=\left(\dfrac{6.284\times10^{-7}\text{W}/\text{m}^2}{5.67\times10^{-8}\text{W}/(\text{m}^2\cdot\text{K}^4)}\right)^{-4}=5770\text{K}$

（2）求太阳光谱中辐射最强波长 λ_{max}。

维恩位移定律表示为 $\lambda_{max}\cdot T=b$。式中，b 为常数，$b=2.898\times10^3\text{m}\cdot\text{K}$。

因此，$\lambda_{max}=\dfrac{b}{T}=\dfrac{2.898\times10^{-3}\text{m}\cdot\text{K}}{5770\text{K}}=0.50\mu\text{m}$

3. [题解]：太阳总辐射能量计算公式表示为：$W_{sun}=4\times\pi\times R^2\times I$。式中，$W_{sun}$ 为太阳的总辐射能量，单位为 W；R 为太阳距地表的平均距离，$R=1.5\times10^{11}\text{m}$；$I$ 为地表太阳平均辐照度，$I=1.4\times10^3\text{W}/\text{m}^2$。

所以，$W_{sun}=4\times\pi\times R^2\times I=4\times\pi\times\left(1.5\times10^{11}\right)^2\times1.4\times10^3=3.96\times10^{26}(\text{W})$

4. [题解]：（1）计算太阳和北极星温度。

维恩位移定律表示为 $\lambda_{max}\cdot T=b$。式中，b 为常数，$b=2.898\times10^3\text{m}\cdot\text{K}$。

根据维恩位移定律可得

太阳表面的温度 $T_{sun}=\dfrac{b}{\lambda_{max}}=\dfrac{2898}{0.51}=5682.3(\text{K})$

北极星表面温度 $T_{star}=\dfrac{b}{\lambda_{max}}=\dfrac{2898}{0.35}=8280(\text{K})$

（2）计算太阳和北极星单位面积上的发射功率。

斯特藩-玻耳兹曼定律表示为 $M=\sigma T^4$，式中，$\sigma=5.67\times10^{-8}\text{W}/(\text{m}^2\cdot\text{K}^4)$。

根据斯特藩-玻耳兹曼定律可得

太阳的辐射功率 $M_{sun}=\sigma\times T_{sun}^4=5.67\times10^{-8}\times5682.3^4=5.91\times10^7(\text{W}/\text{m}^2)$

北极星的辐射功率 $M_{star}=\sigma\times T_{star}^4=5.67\times10^{-8}\times8280^4=2.67\times10^8(\text{W}/\text{m}^2)$

5. [题解]：（1）计算太阳总辐射通量 $\boldsymbol{E_{sun}}$。

$$
\begin{aligned}
E_{sun}&=I_0\times S=I_0\times4\times\pi\times R^2=1.360\times10^3\times4\times\pi\times(1.496\times10^{11})^2\\
&=3.82\times10^{26}(\text{W})
\end{aligned}
$$

（2）计算太阳的辐射出射度 $\boldsymbol{M_{sun}}$。

因为，$E=M_{sun}\times4\times\pi\times r_{sun}^2$

所以，$M_{sun}=\dfrac{E}{4\times\pi\times r_{sun}^2}=\dfrac{3.82\times10^{26}}{4\times\pi\times(6.96\times10^8)^2}=6.28\times10^7(\text{W}/\text{m}^2)$

六、论述题（2）

1. [题解]：（1）大气对可见光遥感的影响。主要是由大气散射和大气吸收引起的。

①在晴空条件下，瑞利散射是造成遥感图像辐射畸变、图像模糊的主要原因。它降低了图像的“清晰度”或“对比度”。对于彩色图像则使其带蓝灰色，特别是对高空摄影图像影响更为明显。因此，摄影像机等遥感仪器多利用特制的滤光片，阻止蓝紫光透过以消除或减少图像模糊，提高影像的灵敏度和清晰度。②在可见光波段，大气分子总体吸收较弱，该波段是遥感探测重要的大气窗口。大气分子中的 O_3、O_2 主要吸收 0.3μm 以下的紫外辐射，CO_2、H_2O 主要吸收 2.5μm 以外的红外辐射。因此，对于可见光波段而言，大气窗口内的辐射衰减主要由散射引起，大气吸收的能量仅占衰减能量的 3%。③除了吸收和散射以外，大气本身作为一个反射体（散射体）的程辐射也会使传感器接收到的能量增加，但它与所探测的地面信息无关，而是作为噪声会降低遥感图像数据的质量。

（2）大气对热红外遥感的影响。①大气层对热红外传感器接收的辐射能量有正反两方面的影响。一方面，大气层的气体和悬浮微粒可吸收地面物体的发射辐射，导致到达热传感器的能量减少；悬浮粒子的存在引起散射，使地面信号减弱。另一方面，大气层中的气体、悬浮微粒自身能发散辐射能，叠加于地面热辐射信号之上。因此，大气的吸收和散射往往使地面物体的热信号减弱，表现出比物体应有的温度凉些；而大气的发射往往使地面物体的热信号增强，表现出比物体应有的温度暖些。②正反两方面大气影响的综合效果与成像时的气象条件及感应辐射的大气路径长度或距离直接有关。气象条件对大气热效应的大小和形式有很大的影响。雾和云对热辐射基本上是不透明的。即使是晴朗天气，气溶胶也能造成热响应信号的较大改变。灰尘、碳微粒、烟和水滴能完全改变热辐射测量；大气路径长度方面，当获取信息的高度低于 300m 时，热传感器的温度测量可能有 2℃或更多的偏差。③地面与大气都是热红外辐射的辐射源，大气不但是削弱辐射的介质，而且它本身也发射辐射，有时甚至发射辐射超过吸收部分。从整层大气的热红外波段吸收谱来看，水汽红外吸收带很强，占较宽的波段。大气在 8～14μm 波段吸收率小，透明度大，为热红外波段的主要大气窗口，但在此窗口的 9.6μm 处，有一个窄的 O_3 吸收带。

（3）对微波遥感的影响。微波的波长远远大于大气分子的直径，所以大气对微波造成瑞利散射。由于瑞利散射与波长的四次方成反比，因此对于微波而言，大气分子的瑞利散射可以不计。只有水汽在 0.94mm、1.63mm 及 1.35cm 处有三个吸收峰。

2. [题解]：地物光谱测量通常是指地物的反射光谱测量。反射光谱测量是通过仪器测量地物在各种波长下的反射率，并在此基础上绘制出地物的反射光谱曲线。

（1）地物光谱测量的方法。地物反射光谱特性测量分为实验室测量和野外测量两类。实验室测量是在限定的条件下完成的，精度较高，但由于是一种非自然状态下的测量，因此测量数据一般仅供参考使用；野外测量是在自然条件下实测的，因此能反映出测量瞬间实际地物的反射特性。野外测量通常采用比较法，有垂直测量和非垂直测量两种类型。为了保证观测数据能和航空、航天传感器所获得数据进行比较，并保证与多数传感器采集数据的方向一致，一般情况下均采用观测仪器垂直向下测量的方法。这种测量把实际物体视为朗伯体，因此其测量值有一定的适用范围。而非垂直测量是在野外通过实测不同角度下的方向反射比因子来实现的，是更精确的测量方法。

（2）地物光谱测量的意义。①在飞行前或卫星发射前，系统地测量地面各种地物的光谱特性，为选择传感器的最佳波段提供依据；②为遥感数据大气校正提供参考标准，为此地面测量最好与空中遥感同步进行；③建立地物的标准光谱数据库，为计算机图像自动分类和识别提供光谱数据，为遥感图像的解译提供依据。

（3）地物光谱数据库在遥感分类中的作用。典型的地物光谱数据库系统是一个集地物光谱数据库、地表先验知识库、遥感应用模型库与航空航天影像库为一体的综合遥感信息应用平台。地物光谱是遥感分类和图像解译的基础和依据，通过地物光谱数据库不但能获取地物的光谱特性曲线，而且可以对不同地物的光谱进行比较，获得差别信息，进而实现对不同地物的分类。可见，地物光谱数据库在遥感分类中起着最基础、最重要的作用。

第三章　传感器与成像原理

数据获取是遥感技术的核心，而传感器则是遥感数据获取的关键设备。无论是主动遥感还是被动遥感，也无论是航空遥感还是航天遥感，从成像方式上主要有摄影成像系统、扫描成像系统和微波成像系统。本章内容包括：传感器概述、摄影成像系统和扫描成像系统。

本章重点：①传感器性能指标及其评价；②航空摄影像片的几何特性；③多光谱扫描成像的类型及其特点；④成像光谱技术的特点。

一、传感器概述

1. 传感器的分类

（1）按电磁波辐射来源的不同，分为主动式传感器（active sensor）和被动式传感器（passive sensor）。

（2）按成像原理和所获取图像的性质不同，分为摄影机、扫描仪和雷达三种类型。

（3）按记录电磁波信息方式的不同，分为成像方式（imaging method）的传感器和非成像方式（non-imaging method）的传感器。

2. 传感器的组成

从结构上看，所有类型的传感器基本上都由收集器、探测器、处理器、输出器四部分组成。

（1）收集器用于接收目标物发射或反射的电磁辐射能，并把它们进行聚焦，然后送往探测系统。摄影机的收集元件是凸透镜；雷达的收集元件是天线。

（2）探测器是接收地物电磁辐射的物理元件，其功能是实现能量转换，测量和记录接收到的电磁辐射能。常用的探测元件有感光胶片、光电敏感元件、固体敏感元件和波导。

（3）处理器的主要功能是对探测器探测到的化学能或电能信息进行加工处理，即进行信号的放大、增强或调制。

（4）输出器的输出一般有直接和间接两种方式。直接方式有摄影分幅胶片、扫描航带胶片、合成孔径雷达的波带片。间接方式有模拟磁带和数字磁带。

3. 传感器的性能指标

分辨率是衡量传感器性能的最重要的指标。传感器的分辨率包括空间分辨率、光谱分辨率、辐射分辨率和时间分辨率。

（1）空间分辨率：指传感器所能识别的最小地面目标的大小，是反映遥感图像分辨地面目标细节能力的重要指标。

（2）光谱分辨率：指传感器所使用的波段数、波长及波段宽度，也就是选择的通道数、每个通道的波长和带宽，这三个要素共同决定了光谱分辨率。

（3）辐射分辨率：指传感器区分地物辐射能量细微变化的能力，即传感器的灵敏度。传感器的辐射分辨率越高，其对地物反射或发射辐射能量的微小变化的探测能力越强。

（4）时间分辨率：指卫星对同一地点重复成像的时间间隔，即采样的时间频率。时间分辨率的大小通常是由卫星的回归周期决定的，但也与传感器的个性化设计有关。

二、摄影成像系统

摄影成像是利用光学镜头和放置在焦平面上的感光胶片等组成的成像系统记录地物影像的一种技术，是遥感最基础的成像方式之一，是航空遥感最重要的成像方式。

1. 摄影类型的传感器

摄影类型传感器主要包括框幅式摄影机、缝隙摄影机、全景摄影机及多光谱摄影机等。

（1）单镜头框幅式摄影机：这类相机在空间摄影的瞬间，地面视场范围内的目标辐射信息一次性通过镜头中心后在焦平面上成像，获得一张完整的分幅像片。

（2）缝隙摄影机：又称航带式或推扫式摄影机。摄影瞬间所获取的图像是与航向垂直、且与缝隙等宽的一条地面图像带。

（3）全景摄影机：其成像原理是利用焦平面上一条平行于飞行方向的狭缝来限制瞬时视场，在摄影瞬间获得地面上平行于航迹线的一条很窄的图像。当物镜沿垂直航线方向摆动时，就得到一幅全景像片。

（4）多光谱摄影机：将同一地区同一瞬间摄取多个波段图像的摄影机称为多光谱摄影机。常见的多光谱摄影机有单镜头和多镜头两种形式。

2. 航空摄影像片的几何特性

（1）航空摄影的类型：①垂直摄影。摄影机主光轴与通过透镜中心的地面铅垂线间的夹角在 3° 以内。②倾斜摄影。摄影机主光轴与主垂线之间的夹角大于 3° 。

（2）航空摄影像片的投影：航空摄影像片多为地面的中心投影。中心投影是指地面物体通过摄影机镜头中心投射到承影面上，形成透视图像。

（3）中心投影和垂直投影的区别：投影距离、投影面倾斜及地面起伏变化等对垂直投影没有任何影响，但对中心投影的影响则是非常明显的。

（4）中心投影的成像特点：①当投影距离发生变化时，即航空摄影高度变化时，摄影像片的比例尺会随之发生变化。②当投影面倾斜时，像片上不同区域的比例尺明显不一致，无法直接确定距离、面积和海拔高度等信息。③当地表地形有起伏时，会产生像点位移。

（5）像点位移及其规律：地形起伏除引起像片不同部位的比例尺变化外，还会引起地物的点位在平面位置上的移动，这种现象称为像点位移。位移量也称“投影误差”。①位移量与地形高差 h 成正比。②位移量与像点到像主点的距离 r 成正比。③位移量与航高成反比。

3. 航空摄影像片的类型和特点

（1）黑白全色片：对可见光波段（0.4～0.76μm）内的各种色光都能感光，是目前应用较广的航空遥感资料之一。

（2）黑白红外片：对可见光、近红外（0.4～1.3μm）波段感光，尤其对水体、植被反应灵敏，所摄像片具有较高的反差和分辨率。

（3）天然彩色像片：感光膜由三层乳胶层组成，片基以上依次为感红层、感绿层、感蓝层。胶片对整个可见光波段的光线敏感，所得的彩色图像近于人的视觉效果。

（4）彩色红外像片：片基以上依次为感红层、感绿层、感红外层。在彩色红外像片上，“绿色”物体呈蓝色，“红色”物体呈绿色，“反射强红外”的物体则显示红色。

（5）多光谱摄影像片：利用不同的滤色镜-感光胶片组合，以多光谱摄影方式获取的一组黑白像片。因感光胶片感色性能的限制，波段划分不能过细，通常采用 4～6 个。

三、扫描成像系统

1. 多光谱扫描成像

多光谱扫描成像是以逐点逐行的扫描方式，分波段获取地表电磁辐射能量，形成二维地面图像的一种成像方式。根据成像方式的不同，可分为光学机械扫描和推扫式扫描两种主要类型。

（1）光学机械扫描：又称物面扫描（across-track scanning），是通过传感器的旋转扫描镜沿着垂直于遥感平台飞行方向的逐点逐行的横向扫描，获取地面二维遥感图像的。

（2）从光-机扫描系统的成像方式和过程可知，光-机扫描是行扫描，每条扫描线均有一个投影中心，所得的影像是多中心投影影像。

（3）光机扫描图像的几何特性：飞行方向和扫描方向的比例尺不一致。在一条扫描线上，因中心投影及地面起伏会产生像点位移，且离投影中心越远，像点位移量越大。

（4）推扫式扫描：又称“像面”扫描（along-track scanning），是利用由半导体材料制成的电荷耦合器件（charge coupled device，CCD），组成线阵列或面阵列传感器，在整个视场内借助遥感平台自身的移动，像刷子扫地一样扫出一条带状轨迹，获取沿着飞行方向的地面二维图像。

（5）推扫式扫描系统与光-机扫描系统在数据的记录方式上有明显不同。光-机扫描系统利用旋转扫描镜，沿扫描线逐点扫描成像；而推扫式扫描系统不用扫描镜，探测器按扫描方向（垂直于飞行方向）阵列式排列来感应地面响应，以替代机械的真扫描。

2. 成像光谱技术

（1）既能成像又能获取目标光谱曲线的“谱像合一”的技术，称为成像光谱技术。按照这种技术原理制成的扫描仪称为成像光谱仪。

（2）成像光谱技术的特点：①高光谱分辨率；②图-谱合一。

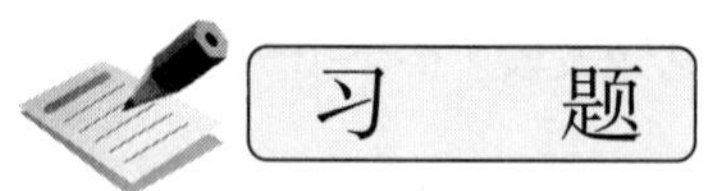

一、名词解释（22）

1. 传感器　2. 主动式传感器　3. 被动式传感器　4. 探测器　5. 空间分辨率　6. 瞬时视场角（IFOV）　7. 光谱分辨率　8. 辐射分辨率　9. 信噪比（S/N）　10. 时间分辨率　11. 垂直投影　12. 中心投影　13. 像点位移　14. 航向重叠　15. 旁向重叠　16. 像对　17. 光学机械扫描　18. 推扫式扫描　19. 线阵扫描成像　20. 成像光谱技术　21. CCD　22. 全景畸变

二、填空题（20）

1. 按电磁波辐射来源的不同，可将传感器分为________和________。
2. 按成像原理和所获取图像的性质不同，可将传感器分为________、________和________三种类型。
3. 目前，遥感中使用的传感器大体上可分为________、________、________和________四种类型。
4. 摄影机按所获取图像的特性又可细分为________、________、________三种。
5. 扫描类型的传感器按扫描成像方式又可分为________和________。
6. 雷达按其天线形式分为________和________。
7. 按记录电磁波信息方式的不同，可将传感器分为________的传感器和________的传

感器。

8. 从结构上看，所有类型的传感器基本上由________、________、________、________四部分组成。
9. 探测器是接收地物电磁辐射的物理元件，是传感器中最重要的部分。常用的探测元件有________、________、________和________。
10. 分辨率是衡量传感器性能及反映遥感数据质量的最重要的指标。传感器的分辨率包括________、________、________和________。
11. 光学遥感器所获取的信息中最重要的三个特性是：________、________和________，这些特性确定了光学遥感器的性能。
12. 辐射分辨率指传感器对________的敏感程度、区分能力，即探测器的灵敏度。辐射分辨率在________、________波段用噪声等效反射率表示，在________波段用噪声等效温差、最小可探测温差和最小可分辨温差表示。
13. 根据成像过程中所使用的波段数，可以把光学遥感系统分为________、________、________和________。
14. 摄影类型传感器主要包括框幅式摄影机、缝隙摄影机、________及________等。
15. 当航空摄影高度变化时，摄影像片的比例尺会随之发生变化。航高越小，像片比例尺________，对地物的分辨能力________。
16. 在航片立体观察时像片放置的位置或方向不同，会产生不同的立体效应。立体效应有________、________和________三种类型。
17. 彩色红外胶片的三层感光乳胶层中，以感红外光层替代了天然彩色胶片的感蓝光层，片基以上依次为________、________和________。
18. 根据成像方式的不同，多光谱扫描系统可分为________和________两种主要类型。
19. 美国第一个极轨平台 EOS-A 的 MODIS 共________个波段，波段范围为 0.4～14.3μm，波段间隔 10～500nm。
20. 空间分辨率，又称地面分辨率。它们均反映对两个非常靠近的目标物的识别、区分能力，有时也称分辨力或解像力。一般有________、________、________三种表示方法。

三、是非题（14）

1. 成像方式的传感器不仅能获取目标的图像，还能获取研究对象的特征数据，而非成像方式的传感器只能获取研究对象的特征数据。
2. 感光胶片通过光化学作用探测地物的电磁辐射，其响应波段被局限在 0.4～0.76μm 的可见光波段。
3. IFOV 越小，传感器所能分辨的地面单元就越小，空间分辨率就越高。
4. 像元的大小是遥感图像分辨率能力的最重要的指标。像元越小，图像的分辨能力越高；像元越大，图像的分辨能力越低。
5. 传感器的波段越多、频带宽度越窄，所包含的信息量就越大，针对性也就越强。
6. Landsat/MSS 灰度级是 2^6（0～63），Landsat4、5/TM 灰度级是 2^8（0～255），因此

TM 比 MSS 的辐射分辨率更高，图像的可检测能力更强。

7. 对热红外遥感而言，图像灰度变化反映了地物亮度温度的变化。灰度分辨率越高，对地物亮度温度的区分就越细，识别效果就越好。
8. 投影距离、投影面倾斜及地面起伏变化对垂直投影没有任何影响。
9. 倾斜摄影的像片中，不同区域的比例尺明显不一致，因此无法直接确定距离、面积和海拔高度等信息，像片只有经过专门的正射纠正后才能用于平面制图与分析。
10. 当地表地形有起伏时，地面点在中心投影和垂直投影的像片上都会产生像点位移，即投影误差。
11. 黑白全色片仅对可见光波段（0.4～0.76μm）内的各种色光感光，而黑白红外片既能对可见光，也能对近红外（0.76～1.3μm）波段感光。
12. 在彩色红外像片上，“绿色”物体呈蓝色，“红色”物体呈绿色，“反射强红外”的物体则显示红色。可见，彩红外像片上重现的“物体颜色”均向短波段方向移动了一个色位。
13. 光-机扫描是行扫描，每条扫描线均有一个投影中心，所得的影像是多中心投影影像。
14. 地物发射电磁辐射的能力与地物的发生率成正比，与地物温度的四次方成正比，因此，热红外图像对温度的敏感性比对发射本领的敏感性更高，温度的变化能产生较高的色调差别。

四、简答题（14）

1. 什么是传感器？它是如何分类的？
2. 简要回答传感器的基本组成。
3. 简要回答光学传感器的辐射测量特性所包含的内容。
4. 传感器是遥感成像的关键设备，如何全面评价一种传感器的性能？
5. 简要回答中心投影与垂直投影的区别。
6. 什么是像点位移？简要说明中心投影过程中像点位移的基本规律。
7. 摄影类型传感器与扫描类型传感器的成像原理有何不同？
8. 与多光谱摄影系统相比，多光谱扫描系统的特点有哪些？
9. 简要说明彩红外航空像片的成像原理及其特点。
10. 试述光学机械扫描和推扫式扫描的主要区别。
11. 与光学机械扫描相比，推扫式扫描的主要优缺点是什么？
12. 成像光谱技术的特点和意义是什么？
13. 简要说明多光谱遥感与高光谱遥感的异同。
14. 对物面扫描的成像仪为什么会产生全景畸变？扫描角为 θ 时影像的畸变多大？

五、论述题（1）

1. 根据你对遥感图像的空间分辨率、光谱分辨率、辐射分辨率和时间分辨率的理解，谈谈实际应用中如何选择合适的分辨率。

参考答案与题解

一、名词解释（22）

1. 传感器：也叫敏感器或探测器，是收集、探测并记录地物电磁波辐射信息的仪器，是数据获取的核心部件，如摄影机、扫描仪等。

2. 主动式传感器：指向目标发射电磁波，然后收集从目标反射回来的电磁波信息的传感器，如合成孔径雷达等。

3. 被动式传感器：指只能收集地面目标反射来自太阳光的能量或目标自身辐射的电磁波能量的传感器，如摄影相机和多光谱扫描仪等。

4. 探测器：指接收地物电磁辐射的物理元件，是传感器中最重要的部分，其功能是实现能量转换，测量和记录接收到的电磁辐射能。常用的探测元件有感光胶片、光电敏感元件、固体敏感元件和波导。

5. 空间分辨率：指传感器所能识别的最小地面目标的大小，是反映遥感图像分辨地面目标细节能力的重要指标。

6. 瞬时视场角（IFOV）：是指传感器内单个探测元件的受光角度或观测视野，它决定了在给定高度上瞬间观测的地表面积，这个面积就是传感器所能分辨的最小单元。IFOV 越小，最小可分辨单元越小，图像空间分辨率越高。IFOV 取决于传感器光学系统和探测器的大小。

7. 光谱分辨率：指传感器所使用的波段数、波长及波段宽度，也就是选择的通道数、每个通道的波长和带宽，这三个要素共同决定了光谱分辨率。传感器的波段数量越多、带宽越窄，其光谱分辨率就越高。

8. 辐射分辨率：指传感器区分地物辐射能量细微变化的能力，即传感器的灵敏度。传感器的辐射分辨率越高，其对地物反射或发射辐射能量的微小变化的探测能力越强，所获取图像的层次就越丰富。

9. 信噪比（S/N）：指有效信号（signal）与噪声（noise）之比，即信号功率与噪声功率之比。而为了实用方便，倍噪比常定义为信号均方根电压和噪声均方根电压之比，单位均为分贝（dB）。

10. 时间分辨率：指卫星对同一地点重复成像的时间间隔，即采样的时间频率。时间分辨率主要是针对遥感卫星系统来说的，是衡量卫星系统成像能力和成像特点的一个重要指标。

11. 垂直投影：是平面地图采用的一种几何投影方式。将地面点沿铅垂线投到水平面上，得到地面点在水平面上的平面位置，构成地面点的相应平面图形。

12. 中心投影：指把光由一点向外散射形成的投影。中心投影的投影线交于一点。地面物体通过摄影机镜头中心投射到承影面上，形成透视图像就是中心投影图像。

13. 像点位移：在中心投影的像片上，地形的起伏除引起像片不同部位的比例尺变化外，还会引起地物的点位在平面位置上的移动，这种现象称为像点位移。

14. 航向重叠：像片重叠是指相邻像片相同影像的重叠。其中，同一航线上两相邻像片的重叠称航向重叠。

15. 旁向重叠：像片重叠是指相邻像片相同影像的重叠。其中，相邻航线之间两相邻像片的重叠称旁向重叠。

16. 像对：航空摄影时，摄影机在不同的空间位置上（摄站）获得的具有一定重叠影像的一对像片。

17. 光学机械扫描：也称物面扫描 （across-track scanning）。它是通过传感器的旋转扫描镜沿着垂直于遥感平台飞行方向的逐点逐行的横向扫描，获取地面二维遥感图像的。

18. 推扫式扫描：又称“像面”扫描（along-track scanning），是利用由半导体材料制成的电荷耦合器件（CCD），组成线阵列或面阵列传感器，采用广角光学系统，在整个视场内借助遥感平台自身的移动，像刷子扫地一样扫出一条带状轨迹，获取沿着飞行方向的地面二维图像。

19. 线阵扫描成像：指瞬间在像面上先形成一条线图像，甚至是一幅二维影像，然后对影像进行行扫描。每次扫描时，同一扫描行通过中心投影成像，如线阵列 CCD 推扫式成像仪成像。

20. 成像光谱技术：传感器在获取目标地物图像的同时，也能获取反映地物特点的连续、光滑的光谱曲线。这种既能成像又能获取目标光谱曲线的“谱像合一”的技术，称为成像光谱技术。

21. CCD：电荷耦合器件（charge coupled device，CCD），一种用电荷量表示信号大小，用耦合方式传输信号的探测元件，具有自扫描、感受波谱范围宽、畸变小、体积小、重量轻、系统噪声低、功耗小、寿命长、可靠性高等一系列优点，并可做成集成度非常高的组合件。

22. 全景畸变：扫描成像过程中，由于像距保持不变，物距随扫描角度的增大而增大，从而导致图像上从中心到两边比例尺逐渐缩小，这种图像畸变就是全景畸变。并且扫描时，飞机向前运动，扫描摆动的非线性因素使畸变复杂化，是常见的一种几何畸变。

二、填空题（20）

1. 主动式传感器（active sensor）　被动式传感器（passive sensor）
2. 摄影机　扫描仪　雷达
3. 摄影类型的传感器　扫描成像类型的传感器　雷达成像类型的传感器　非图像类型的传感器
4. 框幅式　缝隙式　全景式
5. 光机扫描仪　推帚式扫描仪
6. 真实孔径雷达　合成孔径雷达
7. 成像方式（imaging method）　非成像方式（non-imaging method）
8. 收集器　探测器　处理器　输出器
9. 感光胶片　光电敏感元件　固体敏感元件　波导

10. 空间分辨率　光谱分辨率　辐射分辨率　时间分辨率
11. 光谱特性　辐射度量特性　几何特性
12. 光谱信号强弱　可见光、近红外　热红外
13. 全色成像系统　多光谱成像系统　超光谱成像系统　高光谱成像系统
14. 全景摄影机　多光谱摄影机
15. 越大　越强
16. 正立体效应　负立体效应　零立体效应
17. 感红层　感绿层　感红外层
18. 光学机械扫描　推扫式扫描
19. 36
20. 像元　线对数　瞬时视场

三、是非题（14）

1. [答案]错误。[题解]成像方式的传感器只能获取目标的图像，并不获取研究对象的特征数据。

2. [答案]错误。[题解]感光胶片通过光化学作用可探测近紫外至近红外波段的电磁辐射，其响应波段在0.3～1.4μm，比可见光的光谱区间要大。

3. [答案]正确。IFOV，即瞬时视场角，是表示传感器空间分辨率大小的一种重要方法。

4. [答案]正确。

5. [答案]正确。[题解]换句话说，传感器的光谱分辨率越高，所含信息量越大。高光谱遥感就比多光谱遥感能获得更多、针对性更强的信息。

6. [答案]正确。[题解]灰度级数的增加，提高了图像显示的灰度层次，可更准确地表现地表辐射的差异，提高图像的可检测能力。

7. [答案]正确。

8. [答案]正确。[题解]投影距离、投影面倾斜、地面起伏只对中心投影有影响，对垂直投影没有任何影响。

9. [答案]正确。

10. [答案]错误。地表地形有起伏时，地面点只有在中心投影的像片上才会产生像点位移，垂直投影在任何情况下都不会产生像点位移。

11. [答案]正确。

12. [答案]正确。

13. [答案]正确。

14. [答案]正确。

四、简答题（14）

1. [题解]：传感器也叫敏感器或探测器，是收集、探测并记录地物电磁波辐射信息的仪器。传感器常见的分类方式有以下三种。

（1）按电磁波辐射来源的不同，分为主动式传感器（active sensor）和被动式传感器（passive sensor）。主动式传感器向目标发射电磁波，然后收集从目标反射回来的电磁波信息，如合成孔径侧视雷达等；被动式传感器收集的是地面目标反射来自太阳光的能量或目标自身辐射的电磁波能量，如摄影相机和多光谱扫描仪等。

（2）按成像原理和所获取图像的性质不同，分为摄影机、扫描仪和雷达三种类型。摄影机按所获取图像的特性又可细分为框幅式、缝隙式、全景式三种；扫描类型的传感器按扫描成像方式又可分为光机扫描仪和推帚式扫描仪；雷达按其天线形式分为真实孔径雷达和合成孔径雷达。

（3）按记录电磁波信息方式的不同，分为成像方式（imaging method）的传感器和非成像方式（non-imaging method）的传感器。成像方式的传感器的输出结果是目标的图像，而非成像方式的传感器输出结果是研究对象的特征数据，如微波高度计记录的是目标距平台的高度数据。

2. [题解]：从结构上看，所有类型的传感器基本上都由收集器、探测器、处理器、输出器四部分组成。

（1）收集器：用于接收目标物发射或反射的电磁辐射能，并把它们进行聚焦，然后送往探测系统。摄影机的收集元件是凸透镜；扫描仪用各种形式的反射镜以扫描方式收集电磁波，雷达的收集元件是天线，两者都采用抛物面聚光。如果进行多波段遥感，那么收集系统中还包含按波段分波束的元件，如滤色镜、棱镜、光栅、分光镜、滤光片等。

（2）探测器：是接收地物电磁辐射的物理元件，其功能是实现能量转换，测量和记录接收到的电磁辐射能。常用的探测元件有感光胶片、光电敏感元件、固体敏感元件和波导。不同探测元件有不同的最佳使用波段和不同的响应特性曲线波段。感光胶片通过光化学作用探测近紫外至近红外波段的电磁辐射，其响应波段在0.3～1.4μm；光电敏感元件是利用某些特殊材料的光电效应把电磁波信息转换为电信号来探测电磁辐射的，其工作波段涵盖了紫外至红外波段；热探测器是利用辐射的热效应工作的；雷达在技术上属于无线电技术。它的探测元件称作波导，靠微波在波导腔中的反射来传播。

（3）处理器：主要功能是对探测器探测到的化学能或电能信息进行加工处理，即进行信号的放大、增强或调制。在传感器中，除摄影使用的感光胶片无须进行信号转化外，其他的传感器都有信号转化问题。光电敏感元件、固体敏感元件和波导输出的都是电信号，从电信号转化到光信号必须有一个信号转化系统，即光电转化器。光电转换使输入的电信号输出时或经光机扫描时序输出光点，或经电子扫描在荧光屏上输出整幅图像。

（4）输出器：遥感图像信息的输出一般有直接和间接两种方式。直接方式有摄影分幅胶片、扫描航带胶片、合成孔径雷达的波带片，还有一种是在显像管荧光屏上显示，但荧光屏上的图像仍需用摄影方式把它拍成胶片。间接方式有模拟磁带和数字磁带。输出器的类型有扫描晒像仪、阴极射线管、电视显像管、磁带记录仪、彩色喷墨记录仪等。

3. [题解]：光学传感器的辐射测量特性指的是用光学传感器测量时，来自目标反射

或辐射的电磁波中的物理量在通过光学系统后会发生何种变化，一般用以下指标描述：①传感器的测量精度，包括所测亮度的绝对精度和两点间亮度差的相对精度；②探测灵敏度，通常用噪声等效功率表示，是衡量探测器接收信号能力的性能参数；③动态范围，指传感器可测量的最大信号与可检测的最小信号之比；④信噪比 S/N，指有效信号与噪声之比，即信号功率与噪声功率之比。

4. [题解]：衡量传感器性能的指标很多，其中最重要的就是传感器的分辨率，包括空间分辨率、光谱分辨率、辐射分辨率和时间分辨率。

（1）空间分辨率。空间分辨率指传感器所能识别的最小地面目标的大小，是反映遥感图像分辨地面目标细节能力的重要指标。被动遥感空间分辨率的高低主要取决于传感器的瞬时视场角（IFOV）。IFOV 越小，传感器所能分辨的地面单元就越小，空间分辨率就越大；像元是遥感成像的基本采样点，是构成遥感图像的最小单元。像元的大小是遥感图像分辨率能力的最重要的指标，像元越小，图像的分辨能力越高；像元越大，图像的分辨能力越低。

（2）光谱分辨率。光谱分辨率指传感器所使用的波段数、波长及波段宽度，也就是选择的通道数、每个通道的波长和带宽，这三个要素共同决定了光谱分辨率。传感器的波段数量越多、带宽越窄，其光谱分辨率就越高。根据成像过程中所使用的波段数，可以把光学遥感系统分为全色成像系统、多光谱成像系统、超光谱成像系统和高光谱成像系统。

（3）辐射分辨率。辐射分辨率是指传感器区分地物辐射能量细微变化的能力，即传感器的灵敏度。传感器的辐射分辨率越高，其对地物反射或发射辐射能量的微小变化的探测能力越强，所获取图像的层次就越丰富。辐射分辨率一般用灰度的分级数来表示，即最暗—最亮灰度值（亮度值）间分级的数目（量化级数），因此也称为灰度分辨率。

（4）时间分辨率。时间分辨率指卫星对同一地点重复成像的时间间隔，即采样的时间频率。时间分辨率的大小是由卫星的回归周期决定的。卫星回归周期越短，时间分辨率就越高。对大多数卫星系统来说，时间分辨率就是卫星的回归周期。但是，传感器的个性化设计可以使时间分辨率远小于回归周期。

5. [题解]：中心投影垂直投影有本质区别，概括起来就是：投影距离、投影面倾斜及地面起伏变化等对垂直投影没有任何影响，但对中心投影的影响则是非常明显的。

（1）当投影距离发生变化时，即航空摄影高度变化时，摄影像片的比例尺会随之发生变化。航高越大，像片比例尺越小，对地物的分辨能力越低；航高越小，像片比例尺越大，对地物的分辨能力越高。

（2）当投影面倾斜时，像片上不同区域的比例尺明显不一致。各点的相对位置和形状不再保持原来的样子，因此无法直接确定距离、面积和海拔高度等信息，像片只有经过专门的正射纠正后才能用于平面制图与分析。

（3）当地表地形有起伏时，地面点在中心投影的像片上会产生像点位移，即投影误差。地面起伏越大，投影点水平位置的位移量就越大。

6. [题解]：**（1）像点位移。**在中心投影的像片上，地形的起伏除引起像片不同部位的比例尺变化外，还会引起地物的点位在平面位置上的移动，这种现象称为像点位移。

（2）像点位移的基本规律。①位移量与地形高差 h 成正比，即高差越大，引起的像点位移量也越大。当地面高差为正时，δ 为正值，像点位移是背离像主点方向移动的；高差为负时，δ 为负值，像点朝向像主点方向移动。②位移量与像点到像主点的距离 r 成正比，即距主点越远的像点位移量越大，像片中心部分位移量越小。像主点处 $r=0$，无像点位移。③位移量与航高成反比，即航高越大，像点位移量越小。

7. [题解]：（1）摄影类型传感器的成像原理和特点。①原理：利用光学镜头和放置在焦平面上的感光胶片等组成成像系统，由物镜收集电磁波，并聚焦到感光胶片上，通过感光材料的探测与记录，在感光胶片上留下目标的潜像，然后经过摄影处理得到可见的图像。②特点：空间分辨率高，几何完整性好，视场角大，便于进行较精确的测量与分析。不足之处是：胶片感光范围受限（0.4～1.1μm），因此应用范围也受到很大限制。

（2）扫描类型传感器的成像原理和特点。①原理：采用专门的光敏或热敏探测器把收集到的地物电磁波能量变成电信号记录下来，然后通过无线电频道向地面发送，从而实现了遥感信息的实时传输。②特点：传感器的探测范围从可见光区延伸到了整个红外区，又便于数据的存储与传输，因此成为航天遥感普遍采用的一类传感器。

8. [题解]：（1）探测的光谱范围更大。摄影系统的波谱区域仅局限在 0.3～0.9μm 的光学摄影波段内；多波段扫描系统运用电子探测器，可将感应波段扩展到 0.3～14μm，包括紫外、可见光、近红外、中红外、热红外谱区，且可以感应很窄的光谱波段。

（2）数据传输、分析快捷方便。摄影系统以回收胶片方式为主，而胶片—图像的转换，需由地面完成；扫描系统是数字记录形式，能根据要求迅速发送、记录、分析或处理输出的电信号，并可实时显示。

（3）数据产品更适合定标处理。摄影系统的图像由胶片光化学过程获得，辐射定标困难；扫描系统的数据由电子产生，更适于定标，可给出定量的辐射数据。

（4）探测器动态范围更大。扫描系统的电子格式允许记录很宽范围的值，即探测器的动态范围，通常比摄影胶片大，且在探测过程中探测器并不损耗。

（5）数据对比性强。多光谱摄影系统用多个分离的光学系统独立采集每个波段的数据，导致各波段数据在空间和辐射方面的可比性差；多光谱扫描系统用同一光电系统同时采集整个光谱波段的数据，再经分光系统分解成不同波长的光，便于数据的对比。

9. [题解]：（1）彩红外航空像片的成像原理。天然彩色胶片的感光膜由感红层、感绿层、感蓝层三层乳胶层组成，而彩色红外胶片的三层感光乳胶层中，以感红外光层替代了天然彩色胶片的感蓝光层，片基以上依次为感红层、感绿层、感红外层。当目标反射 0.5～0.9μm 波长的电磁波能量入射到胶片上时，其中的红外分量、绿光分量、红光分量分别在相应的乳胶层感光，经显影、定影处理后，在胶片（负片）上分别呈青、黄、品红影像，而在像片（正片）上分别呈现红、蓝、绿（负片色彩的互补色）的彩色影像。在彩色红外像片上，“绿色”物体呈蓝色，“红色”物体呈绿色，“反射强红外”的物体则显示红色。可见，彩红外像片上重现的“物体颜色”均向短波段方向移动了一个色位。

（2）彩红外像片的特点。①色彩更鲜艳、层次更丰富、图像更清晰、地物对比更明显，有较强的透雾能力，更有利于图像的解译。②感光范围从可见光扩展到近红外（0.7～

0.9μm），因此信息量更加丰富，识别地物的能力更强。

10. [题解]：根据成像方式的不同，多光谱扫描系统可分为光学机械扫描和推扫式扫描两种主要类型。

（1）光学机械扫描。光学机械扫描是通过传感器的旋转扫描镜沿着垂直于遥感平台飞行方向的逐点逐行的横向扫描，获取地面二维遥感图像的，也称物面扫描（across-track scanning）。光-机扫描系统由机械扫描系统、聚焦系统、分光系统、检测系统、记录系统等组成。机械扫描装置和分光装置是多光谱机械扫描系统的核心部分。

（2）推扫式扫描。推扫式扫描又称“像面”扫描（along-track scanning），是利用由半导体材料制成的电荷耦合器件（charge coupled device，CCD），组成线阵列或面阵列传感器，采用广角光学系统，在整个视场内借助遥感平台自身的移动，像刷子扫地一样扫出一条带状轨迹，获取沿着飞行方向的地面二维图像。

（3）主要区别。数据记录方式明显不同。光-机扫描系统利用旋转扫描镜，沿扫描线逐点扫描成像；而推扫式扫描系统不用扫描镜，探测器按扫描方向（垂直于飞行方向）阵列式排列来感应地面响应，以替代机械的真扫描。若探测器按线性阵列排列，则可以同时得到整行数据；若探测器按面阵列排列，则同时得到的是整幅图像。

11. [题解]：**（1）推扫式扫描的主要优点**。①探测器有了相对较长的信息采集时间，可以更充分地测量每个地面分辨单元的能量，获取更强的记录信号和更大的感应范围，增加了相对信噪比，从而能得到具有更高空间分辨率和辐射分辨率的遥感图像。②探测器元件之间有固定的关系，消除了因扫描过程中扫描镜速度变化所引起的几何误差，具有更大的稳定性。因此，线性阵列系统的几何完整性更好、几何精度更高。③探测器是CCD固态微电子器件，具有小而轻、能耗低、稳定性好等优点。④由于成像系统没有了机械运动，因此系统的使用寿命更长。

（2）推扫式扫描的主要缺点。①大量探测器之间灵敏度的差异，往往会产生带状噪声，需要进行校准；②目前长于近红外波段的 CCD 探测器的光谱灵敏度尚受到限制；③推扫式扫描仪的总视场一般不如光机扫描仪。

12. [题解]：**（1）成像光谱技术**。在一定的波长范围内，由于传感器的探测波段被分割得很细、很多，从而使其在获取目标地物图像的同时，也能获取反映地物特点的连续、光滑的光谱曲线。这种既能成像又能获取目标光谱曲线的“图-谱合一”的技术，就是成像光谱技术。成像光谱技术是高光谱遥感的核心技术。

（2）成像光谱技术的特点。①高光谱分辨率。成像光谱仪能获得多达几十甚至数百个波段的图像数据，光谱波段覆盖了可见光、近红外、中红外和热红外区域的全部光谱带。因此，比多光谱成像技术具有更高的光谱分辨能力。②图-谱合一。成像光谱技术在获得数十、数百个光谱图像的同时，还能够获取图像中每个像元的连续光谱曲线。

（3）成像光谱技术的意义。①成像光谱技术能够在空间和光谱维上快速区分和识别地面目标。②高光谱分辨率图像提供的单个像元或像元组的连续光谱，能客观地反映地物光谱特征及光谱特征的微小变化，并与实验室、野外及光谱数据库中的光谱匹配，从而检测出具有诊断意义的地物光谱特征，使利用光谱信息准确识别地物属性成为可能。

13. [题解]：**（1）多光谱遥感**。多光谱遥感是将电磁波分成若干个较窄的波谱通道，以摄影或扫描的方式同步获取地表不同波段信息的一种遥感技术。多光谱遥感能提供比单波段摄影更为丰富的遥感信息，它不仅可以根据影像的形态、结构差异判别地物，还可以根据光谱特性判别地物。Landsat 的 MSS、TM，SPOT 的 HRV 等多光谱传感器在航天遥感中得到了广泛应用。

（2）高光谱遥感。高光谱遥感指在电磁波谱的可见光、近红外、中红外和热红外波段范围内，获取许多非常窄的光谱连续的影像数据的技术。其成像光谱仪可以收集到上百个非常窄的光谱波段信息。高光谱遥感的特点，实际上就是成像光谱技术的特点，即①高光谱分辨率；②图-谱合一。

（3）多光谱遥感与高光谱遥感的相同点。①都是采用多个电磁波波段进行探测；②都能获取地物的光谱信息；③成像过程基本相似。

（4）多光谱遥感与高光谱遥感的不同点。①光谱分辨能力相差悬殊。多光谱遥感在可见光和近红外光谱区只有几个波段，最多不超过 10 个波段。而高光谱遥感有几十个，甚至上百个波段，光谱波段覆盖了可见光、近红外、中红外和热红外区域的全部光谱带。例如，美国第一个极轨平台 EOS-A 的 MODIS（中分辨率成像光谱仪）共 36 个波段；美国 EO-l 卫星的 ALI（高级陆地成像仪），波段数量达到了 542 个。②高光谱遥感具有“图-谱合一”的技术优势，能获得像元连续的光谱曲线，而多光谱遥感则不能。由于能够提供单个像元或像元组的连续光谱，反映地物光谱特征及光谱特征的微小变化，可以进行光谱波形形态分析，并与实验室、野外及光谱数据库中的光谱匹配，从而检测出具有诊断意义的地物光谱特征，从而使利用光谱信息准确识别地物属性成为可能。③信息量及数据处理方法有差异。高光谱遥感包含了更为丰富的空间、辐射和光谱三重信息，数据量巨大。数据存储方面，高光谱遥感不能沿用常规少量波段多光谱遥感图像的二维结构表达方法，而是采用了一种新型的数据格式——图像立方体。④应用领域和前景不同。

14. [题解]：（1）对物面扫描的成像仪及其特点。扫描成像类型的传感器有两种主要形式，即对物面扫描的成像仪（across-track scanning）和对像面扫描的成像仪（along-track scanning）。对物面扫描的成像仪的特点是，对地面直接进行逐点逐行的扫描成像。这类扫描仪有：红外扫描仪、多光谱扫描仪、成像光谱仪等。

（2）产生全景畸变的原因。地面分辨率随扫描角度的变化而发生变化，由此而产生的图像畸变就是全景畸变。其成因是：扫描成像过程中，像距保持不变，总在焦平面上，而物距则随 θ 角（扫描角）的变化而变化。

（3）全景畸变的计算。畸变可以用分辨率来表示。设垂直指向观测时，扫描角 θ 为 0，行高为 H_0，地面分辨率为 a_0。当扫描角为 θ 时，仪器至观测中心的距离为 H_θ，其平行于航线方向的地面分辨率为 a_θ，垂直于航线方向的分辨率为 a'_θ，则

$$a_\theta = \beta H_\theta = a_0 \sec\theta$$

$$a'_\theta = a_\theta \sec\theta = a_0 \sec^2\theta$$

五、论述题（1）

1. [题解]：空间分辨率、光谱分辨率、辐射分辨率和时间分辨率，往往有不同的针

对性。对传感器来说，它们是衡量传感器性能的指标；对遥感图像来说，它们是描述遥感图像特征的基本要素；对遥感信息来说，它们是遥感信息地学评价的标准。

（1）空间分辨率及其选择。①空间分辨率也称为地面分辨率，前者是针对地面而言的，指可以识别的最小地面距离或最小目标物的大小。后者是针对传感器或图像而言的，指图像上能够详细区分的最小单元的尺寸或大小，或指传感器区分两个目标的最小角度或线性距离的度量。它们均反映对两个非常靠近的目标物的识别、区分能力，有时也称分辨力或解像力。②空间分辨率一般可有三种表示法：像元、线对数和瞬时视场角。三种方法意义相仿，只是考虑问题的角度不同，它们之间可以相互转换。③空间分辨率的选择：首先，需要根据研究对象的空间尺度，选择合适的空间分辨率图像。大尺度选择较低空间分辨率图像，小尺度选择高空间分辨率图像。例如，资源调查、环境质量评价、土地类型等大型环境特征，均属百米级（80～100m）的环境问题，选用 TM 图像即可；港湾、水库、工程设计、城市规划等小型环境特征，空间尺度在 5～10m，属地区性环境工程问题，可选航空遥感资料、高空间分辨率的 SPOT、QuickBird 等图像。其次，空间分辨率的大小是识别地物的基础。一般来说，图像空间分辨率越高，识别物体的能力越强。但目标在图像的可分辨程度并不完全取决于空间分辨率的具体值，而是和它的形状、大小，以及它与周围物体亮度、结构的相对差异有关，并不是分辨率越高识别地物的效果就越好。因此，选择必须考虑具体的应用目的。

（2）光谱分辨率及其选择。①光谱分辨率指传感器所选用的波段数量的多少、各波段的波长位置及波长间隔的大小，即选择的通道数、每个通道的中心波长、带宽，这三个因素共同决定光谱分辨率。②光谱分辨率越高，专题研究的针对性越强，对物体的识别精度越高，遥感应用分析的效果也就越好。例如，航空可见、红外成像光谱仪 AVIRIS 有 224 个波段（0.4～2.45μm，波段间隔近 10nm），可以捕捉到各种物质特征波长的微小差异。③光谱分辨率的选择要根据具体研究对象的特点和目标任务总和确定，波段并非越多越好。波段分得越细，各波段数据间的相关性可能越大，增加数据的冗余度，往往相邻波段区间内的数据相互交叉、重复，而未必能达到预期的识别效果。同时，波段越多、数据量越大，也给数据传输、处理和鉴别带来新的困难。

（3）辐射分辨率及其选择。①辐射分辨率是指传感器区分地物辐射能量细微变化的能力，即传感器的灵敏度。辐射分辨率一般用灰度的分级数来表示，即最暗—最亮灰度值（亮度值）间分级的数目（量化级数），因此也称为灰度分辨率。②传感器的辐射分辨率越高，其对地物反射或发射辐射能量的微小变化的探测能力越强，所获取图像的层次就越丰富。例如，Landsat/MSS 辐射分辨率为 6bits（量化级数=2^6=64），而 Landsat/TM 辐射分辨率为 8 bits（量化级数=2^8=256），显然，TM 比 MSS 的辐射分辨率显著提高，图像的可检测能力明显增强。

（4）时间分辨率及其选择。①时间分辨率指卫星对同一地点重复成像的时间间隔，即采样的时间频率。时间分辨率的大小是由卫星的回归周期决定的。卫星回归周期越短，时间分辨率就越高。对大多数卫星系统来说，时间分辨率就是卫星的回归周期。②时间分辨率的大小主要取决于卫星的回归周期，但与传感器的设计等因素也有直接关系。传感器的个性化设计可以使时间分辨率远小于回归周期。例如，SPOT 卫星垂直模式和倾斜模式结合使用，使其能在两条或多条卫星轨道上从不同角度观测同一指定地区，从而增加对地面上特定地区的观测次数，提高了卫星重复观测的能力，使系统重复观测的能力从单星的 26 天提高到 1～5 天。③图像时间分辨率越高（越短），越有利于反映空间事物的动态变化过程，越有利于环境要素的动态监测。因此，时间分辨率的选择，主要根据目标对象随时间变化的周期来确定。例如，火山爆发、森林火灾、洪涝灾害等短周期现象的实时动态监测，就需要选择气象卫星等高时间分辨率的图像数据。

第四章　遥感卫星及其运行特点

遥感卫星也称地球观测卫星，是航天遥感平台的一种主要类型。本章内容包括：遥感卫星的轨道及陆地卫星、气象卫星和海洋卫星等不同系列遥感卫星的发展概况、数据特点及其主要应用。

本章重点：①地球同步轨道和太阳同步轨道的特点；②遥感成像对卫星轨道的要求；③Landsat、Spot 等主要陆地卫星的成像特点和图像特征。

一、遥感卫星的轨道

1. 卫星的轨道参数

（1）卫星的飞行轨迹叫做卫星轨道。卫星按照一定的规律在包含地球在内并通过地球中心的平面内运行，这个平面就是轨道面。卫星正下方的地面点称为星下点。星下点的集合称为星下点轨迹。

（2）卫星运行的规律符合开普勒三大定律：卫星运行的轨道是一椭圆，地球位于该椭圆的一个焦点上；卫星在椭圆轨道上运行时，卫星与地球的连线在相等的时间内扫过的面积相等；卫星绕地球运转周期的平方与其轨道平均半径的立方成正比。

（3）卫星的轨道参数：轨道长半径（α）、轨道偏心率（e）、轨道面倾角（i）、升交点赤经（Ω）、近地点角距（ω）、卫星过近地点时刻（t）。

（4）卫星位置的测量方法主要有两种：一种是通过测量卫星到测站的距离和距离的变化率来确定卫星的位置；另一种是利用来自 GPS 卫星的信号确定卫星的位置。

2. 卫星的姿态

遥感卫星的姿态一般可以从三轴倾斜和振动两个方面来描述。

（1）三轴倾斜：指卫星在飞行过程中的滚动（rolling）、俯仰（pitching）和偏航（yawing）现象。

（2）振动：指卫星在运行过程中除滚动、俯仰和偏航之外的非系统性的不稳定抖动。振动对卫星的姿态影响很大，但这种影响是随机的，很难被准确消除。

（3）确定卫星姿态的方法通常有两种：一种是利用姿态测量传感器进行测量；另一种是利用星相机测定姿态角。

3. 遥感卫星的轨道类型

遥感卫星的轨道有地球同步轨道和太阳同步轨道两种主要类型。

（1）地球同步轨道：卫星的轨道周期等于地球在惯性空间中的自转周期，且方向也与之一致。按照轨道倾角的不同，地球同步轨道可分为极地轨道、倾斜轨道和静止轨道。

在静止轨道上运行的卫星称作静止卫星。地球静止轨道卫星的高度很大，大约为36000km，因此可对特定区域重复观测，并且观测范围很大，被广泛应用于气象等领域中。

（2）太阳同步轨道：指卫星的轨道面绕地球的自转轴旋转，旋转方向与地球的公转方向相同，并且旋转的角速度等于地球公转的平均角速度。

太阳同步轨道分为回归轨道和准回归轨道两种类型。遥感卫星常采用太阳同步准回归轨道。

4. 遥感成像对卫星轨道的要求

为了有效实施对地观测，获取具有全球覆盖的遥感数据，资源遥感卫星通常多采用近极地、近圆形、太阳同步准回归轨道。

（1）采用倾角大于 90° 的近极地轨道和准回归轨道，可以保证卫星获取包括南、北极在内的具有全球覆盖的遥感数据。

（2）采用圆形或近圆形轨道，能使卫星在不同地区所获取的图像比例变化不大，同时也便于传感器用固定的扫描频率对地面扫描成像，避免出现扫描行之间不衔接的现象。

（3）采用太阳同步轨道，能使卫星在大约同一地方时飞过成像地区上空，确保每次成像处于基本相同的光照条件，有利于不同时相遥感数据的对比分析和地表动态变化监测。

二、气 象 卫 星

气象卫星按轨道的不同分为极地轨道气象卫星和地球静止轨道气象卫星。

（1）极地轨道气象卫星为低航高、近极地太阳同步轨道，轨道高度为 800～1600km，南北向绕地球运转，能对东西宽约 2800km 的带状地域进行观测。

（2）极地轨道气象卫星的特点：①可获得全球资料。②轨道高度低，可观测项目比同步气象卫星更丰富。③探测精度和空间分辨率高于同步卫星。④装载的有效载荷较多。⑤对同一地区不能连续观测。

（3）目前，主要的极地轨道气象卫星有美国的 NOAA 卫星、欧洲联盟（简称欧盟）的 METOP 卫星、俄罗斯的 Meteor 卫星及我国的 FY-1 卫星、FY-3 卫星，等等。

（4）静止轨道气象卫星又称为高轨地球同步轨道气象卫星，特点是：①覆盖范围大。②时间分辨率高，有利于对短周期灾害性天气的动态监测。③轨道高度高，空间分辨率低，边缘几何畸变严重，定位与配准精度不高。

（5）目前，主要的静止轨道气象卫星有美国的 GOES 卫星、欧洲空间局的 METEOSAT 卫星、日本的 GMS/MITSAT 卫星、俄罗斯的 GOMS 卫星及我国的 FY-2 卫星等。

三、陆 地 卫 星

1. Landsat 系列卫星

（1）1972 年 7 月第一颗地球资源技术卫星 ERTS-1 成功发射，之后美国国家航空航天局（National Aeronautics and Space Administration，NASA）将“地球资源技术卫星”（ERTS）计划更名为“陆地卫星”计划。到目前为止，NASA 已先后发射了 8 颗 Landsat 系列卫星。

（2）Landsat 卫星均采用近极地、太阳同步准回归轨道，轨道倾角在 98.3º～99.1º。除 Landsat-8 为圆形轨道外，其余均为近圆形轨道。

（3）MSS 多光谱扫描仪，是陆地卫星 Landsat1、2、3 上装载的一种多光谱光学-机械扫描仪，它以 4 个波段探测地球，每个波段的空间分辨率约为 80m，辐射分辨率为 6bit。

（4）TM 专题制图仪，是 Landsat4、5 上搭载的第二代多光谱光学-机械扫描仪。TM 具有更高的空间分辨率和辐射分辨率，除热红外波段空间分辨率为 120m 外，其余波段均达到 30m；辐射分辨率为 8bit；光谱分辨率增加为 7 个波段。

（5）ETM+增强型专题制图仪，是 Landsat-7 搭载的一台 8 波段的多光谱扫描辐射计，增加了分辨率为 15m 的全色波段（PAN）；热红外波段的探测器阵列从过去的 4 个增加到 8 个，对应地面的分辨率从 120m 提高到 60m。

2. SPOT 系列卫星

（1）SPOT 对地观测卫星系统是由法国空间研究中心联合比利时和瑞典等一些欧洲共同体国家设计、研制和发展起来的，迄今已发射了 7 颗卫星。

（2）SPOT 系列卫星的轨道特征与 Landsat 系列卫星相同，也属于中等高度、准圆形、近极地、太阳同步准回归轨道。卫星的回归周期为 26 天。

（3）SPOT-1、2、3 的主要成像传感器为两台高分辨率可见光扫描仪（HRV）；SPOT-4 加载了“植被”成像装置（VEGETATION）；SPOT-5 装载了两台高分辨率几何装置（HRG）和高分辨率立体成像装置（HRS）；SPOT-6、7 为双子星座，装载了两台 NAOMI，其全色波段分辨率可达到 1.5m，多光谱波段分辨率可达 6m。

（4）SPOT 卫星的观测模式：①垂直观测模式；②倾斜观测模式；③立体观测模式；④星座观测模式。多种模式的使用，提高了卫星重复观测的能力，使系统重复观测的能力从单星的 26 天提高到 1～5 天。

3. 高分辨率陆地卫星

（1）1999 年 9 月 24 日由美国 Space Imaging 公司发射的 IKONOS 卫星，是世界上第一颗提供高分辨率卫星影像的商业遥感卫星，其光学传感器具有全色模式 0.82m、多光谱模式 3.3m 的星下点分辨率。

（2）2001 年 10 月由美国 Digital Globe 公司发射的 QuickBird 卫星，是世界上最早提供亚米级分辨率的商业卫星，其光学传感器具有全色模式 0.61m、多光谱模式 2.44m 的高分辨率。WorldView1、2 是 QuickBird 的后继卫星。

（3）2006 年，美国的 OrbImage 公司与 Space Image 公司合并成立了 GeoEye 公司，这是世界上规模最大的商业卫星遥感公司。2008 年 6 月发射的 GeoEye-1 可获得全色 0.41m 和多光谱 1.64m 的高分辨率图像。

（4）2013 年 2 月，Digital Globe 公司与 GeoEye 公司合并，使 Digital Globe 公司成为全球仅有的可提供全球范围影像和地理空间分析的供应商。GeoEye 卫星又改称 WorldView 卫星。

（5）2014 年 8 月发射的 WorldView-3，被誉为全球最精密的商业影像卫星，其空间分辨率：全色波段为 0.31m，多光谱波段为 1.24m，短波红外波段为 3.7m，CAVIS 波段为 30m。

4. 中国的资源系列卫星

（1）中国的资源卫星包括 ZY-1、ZY-2 和 ZY-3 三个系列。其中，ZY-1 由中、巴（巴西）两国共同投资和联合研制，也称 CBERS 系列卫星。目前，已成功发射了 CBERS-1、CBERS-2、CBERS-2B 和 CBERS-4 共四颗卫星。

（2）ZY-3 01 星是中国第一颗民用高分辨率光学传输型测绘卫星，于 2012 年 1 月 9 日发射。它搭载了四台光学相机，包括一台地面分辨率 2.1m 的正视全色 TDI CCD 相机、两台地面分辨率 3.6m 的前视和后视全色 TDI CCD 相机、一台地面分辨率 5.8m 的正视多光谱相机。

（3）ZY-3 02 星是我国民用空间基础设施体系的第一颗业务卫星，于 2016 年 5 月 30 日成功发射。它与 ZY-3 01 星组网运行。这颗立体测绘卫星的发射成功，标志着我国民用空间基础设施体系建设正式开始。

四、海洋卫星

（1）海洋卫星按用途可分为海洋水色卫星、海洋动力环境卫星和海洋综合探测卫星。

（2）加拿大的 Radarsat-1 是世界上第一个商业化的 SAR 运行系统。Radarsat-2 是目前世界上最先进的民用高分辨率合成孔径雷达卫星之一，具有 3～100m 分辨率的成像能力，多种极化方式使用户选择更为灵活。

（3）欧洲空间局的 ERS 系列卫星采用先进的微波遥感技术获取全球全天候与全天

时图像，主要用于海洋学、冰川学、海冰制图等领域。NVISAT 卫星是 ERS 卫星的后继星。

（4）中国的海洋卫星包括海洋水色环境卫星（HY-1）、海洋动力环境卫星（HY-2）、海洋雷达卫星（HY-3）。HY-1 卫星主要用于海洋水色色素的探测；HY-2 卫星是我国第一颗海洋动力环境卫星。

习　题

一、名词解释（21）

1. 卫星轨道　2. 轨道面　3. 星下点　4. 升交点　5. 降交点　6. 升交点赤经
7. 轨道倾角　8. 近地点角距　9. 地心直角坐标系　10. 卫星姿态角
11. 开普勒第三定律　12. 三轴倾斜　13. 遥感卫星　14. 地球同步轨道
15. 回归轨道　16. 准回归轨道　17. 气象卫星　18. 静止轨道气象卫星
19. 异轨立体　20. 水色卫星　21. 时相遥感数据

二、填空题（36）

1. 轨道面倾角是指卫星轨道面与地球赤道面之间的夹角。当 $0° < i < 90°$ 时，卫星运行方向与地球自转方向一致，这种卫星称为________；当 $i = 90°$ 时，轨道面与地轴重合，这种卫星称为________；当 $90° < i < 180°$ 时，卫星运行方向与地球自转方向相反，这种卫星称为________。
2. 按照高度的不同可将卫星分为________、________和________三种类型。
3. 遥感卫星的姿态一般可以从________和________两个方面来描述。
4. 遥感卫星的轨道有________和________两种主要类型。
5. 按照轨道倾角的不同，地球同步轨道可分为________、________和________。
6. 太阳同步轨道可以分为回归轨道和准回归轨道两种类型，遥感卫星通常采用________。
7. 根据形状不同，人造卫星的轨道可分为________、________和________三种类型。
8. 气象卫星按轨道的不同分为________和________。
9. 目前，世界上主要的极地轨道气象卫星有美国的________卫星、欧盟的________卫星、俄罗斯的________卫星及我国的________卫星等。
10. 目前，主要的静止轨道气象卫星有美国的________卫星、欧洲空间局的________卫星、日本的________卫星、俄罗斯的________卫星、印度的________卫星及我国的________卫星等。
11. 1967 年美国国家航空航天局（NASA）制订了________计划（ERTS 计划），之后 NASA 将 ERTS 计划更名为________计划。到目前为止，NASA 已先后发射了________颗 Landsat 卫星。
12. MSS 是陆地卫星 Landsat 上装载的一种多光谱光学-机械扫描仪，它以________个波段探测地球，每个波段的空间分辨率约为________m。

13. 与 MSS 相比，TM 具有更高的空间分辨率和辐射分辨率，除热红外波段空间分辨率为________m 外，其余波段均达到________m。
14. 在专题制图仪（TM）图像中，对水体穿透能力相对最强的波段是________。
15. Landsat-7 的回归周期是________天，辐射分辨率（灰度量化级）是________。
16. 与 TM 相比，ETM+是一台________波段的多光谱扫描辐射计，增加了分辨率为________m 的全色波段（PAN）。
17. Landsat-8 是最新一代的 Landsat 系列卫星，其核心传感器由________和________组成。
18. 通过对 TM7 个波段数据的分析，可获得 5 个具有明确物理意义的特征变量，分别是：________、________、________、________和________。
19. MSS、TM 数据分景管理采用了 WRS（worldwide reference system）全球参考系。WRS 网格的二维坐标采用 PATH 和 ROW 对每景图像数据进行标识，其中，PATH 代表________，ROW 代表________。
20. SPOT-6 装载了两台 NAOMI，其全色波段分辨率可达到________m，多光谱波段分辨率可达________m。
21. 除了垂直观测和倾斜观测两种主要模式外，SPOT 卫星还具备一种通过获取一个或多个立体像对构建三维地形模型的________模式。
22. CBERS 系列卫星，是由________共同投资和联合研制的我国第一代传输型地球资源卫星，它的成功发射与运行填补了我国地球资源卫星的空白。
23. CBERS1、2 属于第一代传输型地球资源卫星。该卫星携带了三种具有不同空间分辨率的传感器，即________、________和________。
24. 当前最主要的高分辨率卫星有________、________、________、________、________等。
25. ________卫星是世界上第一颗提供高分辨率卫星影像的商业遥感卫星，可提供 1m 分辨率的高清晰度卫星影像。
26. ________卫星是世界上最早提供亚米级分辨率的商业卫星，该卫星的光学传感器具有全色模式 0.61m、多光谱模式 2.44m 的高分辨率。
27. 目前，________被誉为全球最精密的商业影像卫星，该卫星使遥感图像的空间分辨率达到了 0.31m。
28. 2015 年 12 月 29 日 0 时 04 分，中国在西昌卫星发射中心用长征三号乙运载火箭成功发射“高分四号”卫星。这是中国首颗________卫星。
29. ________是中国第一个专门用于环境与灾害监测预报的小卫星星座，是继气象、海洋、资源卫星系列之后发射的又一新型的民用卫星系统。该卫星星座由两颗光学小卫星和一颗合成孔径雷达小卫星组成。
30. ________卫星是用于环境与灾害监测预报的中国首颗民用雷达卫星，也是中国首颗 S 波段合成孔径雷达（SAR）卫星。
31. ________遥感卫星星座，是我国核准的第一个民用商业遥感卫星项目，于 2015 年 7 月 11 日进入预定轨道。该星座由三颗 1m 全色、4m 多光谱的光学遥感卫星组成，可提供覆盖全球、空间和时间分辨率俱佳的遥感卫星数据和空间信息产品。

32. MODIS（moderate-resolution imaging spectroradiometer），是________卫星和________卫星上的主要传感器。
33. MODIS 数据从可见光、近红外到热红外波段共设置了________个光谱通道，空间分辨率比 NOAA/AVHRR 有了很大的提高，最高可达________m。
34. 海洋卫星按用途可分为________、________和________。
35. 中国遥感卫星地面站是由________、________、________组成的覆盖我国全部领土和亚洲 70%疆土的数据接收站网。
36. 目前,民用遥感卫星按其工作方式有四种主要类型,即________、________、________及________。

三、是非题（18）

1. 卫星轨道的形状和卫星在绕地球的椭圆轨道上的空间位置可以用轨道长半径、轨道偏心率、轨道倾角等 6 个轨道参数来描述。其中，卫星轨道倾角是决定卫星轨道形状的参数。
2. 轨道面倾角是指卫星轨道面与地球赤道面之间的夹角（i）。当 $90° < i < 180°$ 时，卫星运行方向与地球自转方向相反，这种卫星称为顺轨卫星。
3. 当轨道面的倾角为零度，即卫星在地球赤道上空运行时，由于运行方向与地球自转方向相同，运行周期又与地球同步，卫星仿佛静止在了赤道上空一样，因此把零倾角的同步轨道称为静止轨道。
4. 地球同步轨道上运行的卫星每天在相同时间经过相同地点的上空，其星下点轨迹是一条“8”字形的封闭曲线，而地球同步静止卫星的星下点轨迹则是一个点。
5. 太阳同步轨道是通过“轨道的进动”实现的。当轨道倾角小于 90°时，轨道面逆地球自转方向进动，而当轨道倾角大于 90°时，轨道面就顺着地球自转方向进动。
6. 太阳同步轨道可以分为回归轨道和准回归轨道两种类型，遥感卫星通常采用太阳同步回归轨道。
7. 卫星系统的时间分辨率就是卫星的回归周期（重访周期）。
8. “风云一号”气象卫星（FY-1），属于近极地太阳同步气象卫星，是我国第一代气象观测卫星。
9. “风云三号”气象卫星（FY-3）是在 FY-1 基础上发展起来的我国第二代极轨气象卫星，其轨道为地球同步静止轨道。
10. FY-2 是我国自行自主研制的第一代静止业务气象卫星，与极地轨道气象卫星相辅相成，构成了我国气象卫星的应用体系。
11. Landsat 系列卫星的轨道都是近圆形轨道。
12. TM1（0.45～0.52μm），为 Landsat-7/ETM+新增加的蓝波段。该波段位于水体衰减系数最小、散射最弱的部位，对水的穿透力最大（对清水可达 30m）。
13. TM4（0.76～0.90μm），为 Landsat-7/ETM+的近红外波段。该波段位于植物的高反射区，光谱特征受植物的色素、细胞结构和水分的综合控制，能反映大量植物信息，故对植物的类别、密度、生长力、病虫害等的变化最敏感。

14. TM7（2.08～2.35μm），为 Landsat-7/ETM+的短波红外波段。该波段位于水的吸收带（1.9μm、2.7μm）之间，包含了黏土化蚀变矿物吸收谷（2.2μm 附近）及碳酸盐化蚀变矿物吸收谷（2.35μm 附近）。因此，对岩石、特定矿物反应敏感。
15. MSS 多光谱扫描仪和 TM 专题制图仪的扫描方式一样，均采取双向扫描，正扫和回扫都有效。
16. 与 Landsat-7/ETM+一样，Landsat-8 的核心传感器陆地成像仪（OLI）和热红外传感器（TIRS）的扫描方式也采用光机扫描。
17. 与 Landsat-7/ETM+不同，Landsat-8 的核心传感器陆地成像仪 OLI 虽然不含热红外波段，但 Landsat-8 却新增了一个独立的热红外传感器 TIRS。
18. 垂直模式和倾斜模式的结合使用，使 SPOT 卫星能在两条或多条卫星轨道上从不同角度观测同一指定地区，从而大大提高了卫星重复观测的能力，使系统重复观测的能力从单星的 26 天提高到 1～5 天。

四、简答题（17）

1. 试分析卫星的轨道参数对遥感成像可能产生的影响。
2. 太阳同步轨道是如何实现的？
3. 为什么资源遥感卫星多采用近极地、近圆形、太阳同步准回归轨道？
4. 简要回答气象卫星的发展过程。
5. 试分析 TM 的波段设置及各波段的主要特征与应用。
6. 简要对比 Landsat 系列卫星的主要传感器发展变化特点。
7. 简要回答气象卫星的特点及其应用范围。
8. 试分析极地轨道气象卫星和地球静止轨道气象卫星的不同特点及其对地观测的意义。
9. 与 Landsat 卫星相比，SPOT 卫星观测模式有什么变化？这种变化的意义是什么？
10. SPOT 卫星上的 HRV 推扫式扫描仪与 TM 专题制图仪有何不同？
11. 为什么 SPOT 卫星通常要在高纬度设立地面接收站？
12. 简要说明 MODIS 数据的主要特点。
13. 海洋卫星的主要特点有哪些？列举几种代表性的海洋卫星并简要分析其特点和用途。
14. 简述测量卫星姿态的方法及其原理。
15. 通过对 TM7 各波段数据的分析，能获得哪些具有明确物理意义的特征变量？
16. 简要回答“资源三号”01 星的数据特点。
17. 简要回答我国的高分辨率遥感卫星计划及其现状。

一、名词解释（21）

1. 卫星轨道：卫星的飞行轨迹。卫星运行规律符合开普勒三大定律，即卫星运行的轨道是一椭圆，地球位于该椭圆的一个焦点上；卫星在椭圆轨道上运行时，卫星与地球的连线在相等的时间内扫过的面积相等；卫星绕地球运转周期的平方与其轨道平均半径的立方成正比。

2. 轨道面：卫星按照一定的规律在包含地球在内并通过地球中心的平面内运行，这个平面就是轨道面。

3. 星下点：卫星正下方的地面点称为星下点。星下点的集合称为星下点轨迹。

4. 升交点：卫星由南向北运行时，其轨道面与地球赤道面的交点称为升交点。

5. 降交点：卫星由北向南运行时，其轨道面与赤道面的交点称为降交点。

6. 升交点赤经：升交点赤经是指卫星轨道的升交点向径与春分点向径之间的夹角。

7. 轨道倾角：指卫星轨道面与地球赤道面之间的夹角，它决定了轨道面与赤道面或与地轴之间的关系。

8. 近地点角距：指升交点向经与近地点向径之间的夹角，决定了轨道在赤道平面内的方位。卫星入轨后，其升交点和近地点是相对稳定的，所以近地点角距通常是不变的。

9. 地心直角坐标系：原点 O 与地球质心重合，Z 轴指向地球北极，X 轴指向格林尼治子午面与地球赤道的交点，Y 轴垂直于 XOZ 平面构成右手坐标系。

10. 卫星姿态角：是以卫星质心为坐标系原点，用来描述卫星相对自身运动位置的角度。卫星姿态角包括绕 X 轴旋转的横滚角、绕 Y 轴旋转的俯仰角和绕 Z 轴旋转的航偏角。

11. 开普勒第三定律：绕以太阳为焦点的椭圆轨道运行的所有行星，其各自椭圆轨道半长轴的立方与周期的平方之比是一个常量。该定律也称为行星运动定律。

12. 三轴倾斜：是指卫星在飞行过程中发生的滚动（rolling）、俯仰（pitching）和偏航（yawing）现象。滚动是一种横向摇摆，俯仰是一种纵向摇摆，而偏航是指卫星在飞行过程中偏移了运行的轨道。

13. 遥感卫星：通常是指从宇宙空间观测地球的人造卫星，也叫做地球观测卫星。

14. 地球同步轨道：又称 24 小时轨道，即卫星的轨道周期等于地球在惯性空间中的自转周期，且方向也与之一致。按照轨道倾角的不同，可分为极地轨道、倾斜轨道和静止轨道。

15. 回归轨道：卫星的星下点每天以整数圈 N 经过同一地面点，则称这类轨道为回归轨道。当 N=1 时的回归轨道就是地球同步轨道。

16. 准回归轨道：即卫星运行 M 天后的星下轨迹与原来的星下轨迹重合。要覆盖整个地球适于采用准回归轨道。

17. 气象卫星：是对地球及其大气层进行气象观测的人造地球卫星，是太空中的高级自动化气象站，它能连续、快速、大面积地探测全球大气变化情况。

18. 静止轨道气象卫星：又称高轨地球同步轨道气象卫星，定点于赤道上空约 36000km 的高度上，可连续、重复不断地对其覆盖的地球表面进行实时观测，每隔 1h 或 0.5h 获得一幅各个通道的地球全景圆盘图。

19. 异轨立体：在同一轨道方向上获取的立体影像为同轨立体，而在不同轨道上获取的立体影像为异轨立体。从测量角度来说，同轨立体测量优于异轨立体测量。

20. 水色卫星：水色指海洋水体在可见光-近红外波段的光谱特性。水色卫星是指专门为进行海洋光学遥感而发射的卫星，如美国发射的世界上第一颗专用海洋水色卫星SeaStar，中国发射的海洋水色卫星海洋一号A、B，等等。

21. 时相遥感数据：根据获取影像时间的不同，按时间规律形成的影像数据集，有按日、旬、月、季、年等。这种增加了时间维度的遥感数据就是时相遥感数据。

二、填空题（36）

1. 顺轨卫星　极轨卫星　逆轨卫星
2. 低轨卫星（150～300km）　中轨卫星（约 1000km）　高轨卫星（36000km）
3. 三轴倾斜　振动
4. 地球同步轨道（geosynchronous orbit）　太阳同步轨道（sun synchronous orbit）
5. 极地轨道　倾斜轨道　静止轨道
6. 太阳同步准回归轨道
7. 圆轨道　椭圆轨道　抛物线轨道
8. 极地轨道气象卫星　地球静止轨道气象卫星
9. NOAA　METOP　Meteor　风云气象
10. GOES　METEOSAT　GMS/MITSAT　GOMS　INSAT　风云二号（FY-2）
11. 地球资源技术卫星　陆地卫星（Landsat）　8
12. 4　80
13. 120　30
14. TM1
15. 16　0～255
16. 8　15
17. 运营性陆地成像仪（OLI）　热红外传感器（TIRS）
18. 亮度（brightness）　绿度（greenness）　湿度（wetness）　透射度（深度，degree of transmission）　热度（thermoness）
19. 卫星的轨道编号　由中心纬度确定的行号
20. 2　8
21. 立体观测
22. 中、巴两国
23. 高分辨率 CCD 相机（HRCC）　红外多光谱扫描仪（IRMSS）　宽视成像仪（WFI）
24. IKONOS　QuickBird　WorldView　Orbview　GeoEye
25. IKONOS
26. QuickBird
27. WorldView-3
28. 地球同步轨道高分辨率遥感
29. 环境一号卫星（HJ-1）
30. HJ-1C

31. “北京二号”
32. Terra　Aqua
33. 36　250
34. 海洋水色卫星　海洋动力环境卫星　海洋综合探测卫星
35. 北京密云站　新疆喀什站　海南三亚站
36. 光学卫星　雷达卫星　激光测高卫星　重力卫星

三、是非题（18）

1. [答案]错误。[题解]长半径和偏心率决定轨道的形状，而轨道的倾角决定了轨道面与赤道面或与地轴之间的关系，并能确定卫星对地观测的范围。

2. [答案]错误。[题解]当 90° $< i <$180° 时，这种卫星是逆轨卫星而不是顺轨卫星。

3. [答案]正确。

4. [答案]正确。

5. [答案]正确。

6. [答案]错误。[题解]遥感卫星多采用太阳同步准回归轨道，只有这种轨道才能在相邻轨迹间达到图像的全覆盖。

7. [答案]错误。[题解]对大多数卫星系统来说，时间分辨率就是卫星的回归周期。但卫星传感器的个性化设计能使少数卫星系统的时间分辨率大大缩短，远远小于卫星的回归周期。

8. [答案]正确。

9. [答案]错误。[题解]FY-3 和 FY-1 同为极地轨道气象卫星，因此其轨道是近极地太阳同步轨道。

10. [答案]正确。

11. [答案]错误。[题解]Landsat-8 为圆形轨道，其余均为近圆形轨道。

12. [答案]正确。

13. [答案]错误。[题解]该波段位于植物的高反射区，光谱特征主要受植物细胞结构的控制，与植物的色素、水分含量无关。

14. [答案]正确。

15. [答案]错误。[题解]MSS 和 TM 的扫描方式不同。MSS 自西向东扫描为有效扫描，自东向西的回扫为无效扫描，不获取信息；TM 采取双向扫描，正扫和回扫均有效。

16. [答案]错误。[题解]Landsat-7/ETM+为光机扫描，而 Landsat-8/OLI、TIRS 的扫描方式更改为推扫式扫描。

17. [答案]正确。[题解]Landsat-7/ETM+把多光谱成像和热红外成像融为一体，而 Landsat-8 则把热红外成像从多光谱成像中分离了出来，新增的热红外传感器是独立的。

18. [答案]正确。

四、简答题（17）

1. [题解]：卫星轨道的参数包括：轨道长半径、轨道偏心率、轨道面倾角、升交点赤经、近地点角距、卫星过近地点时刻 6 个要素。

（1）轨道长半径及其影响。轨道长半径指卫星轨道远地点到椭圆中心的距离，它确定了卫星距地面的高度，进而影响遥感成像时图像的空间分辨率。

（2）卫星轨道偏心率及其影响。偏心率由轨道长半径和轨道的短半径来确定。偏心率影响轨道的形状，进而影响遥感成像的比例尺。对于大部分对地观测卫星来说，其轨道偏心率接近于零，即为近圆形轨道，这样可以确保遥感成像的高度、成像比例尺基本一致，有利于图像的对比分析。

（3）轨道面倾角及其影响。轨道面倾角指卫星轨道面与地球赤道面之间的夹角，它决定了轨道面与赤道面或与地轴之间的关系。轨道倾角影响遥感卫星成像的范围，即卫星全球覆盖的能力。近极地轨道卫星的成像范围最大，可以获得包括南、北极在内的全球遥感图像。

（4）升交点赤经及其影响。升交点赤经指卫星轨道的升交点向径与春分点向径之间的夹角。升交点赤经决定了轨道面与太阳光线之间的夹角，也决定了星下点在成像时刻的太阳高度角。遥感卫星常采用太阳同步轨道，使遥感成像能在基本一致的光照条件进行，为获得高质量的遥感图像并进行图像的对比分析提供了可能。

（5）近地点角距及其影响。近地点角距指升交点向径与近地点向径之间的夹角。升交点和近地点是相对稳定的，所以近地点角距通常是不变的，它可以决定轨道在赤道平面内的方位。

（6）卫星过近地点时刻、运行周期及其影响。卫星过近地点时刻是以近地点为基准表示轨道面内卫星位置的量。卫星从升交点（或降交点）通过时刻到下一个升交点（或降交点）通过时刻之间的平均时间称为卫星轨道周期。轨道周期决定了星下点轨迹之间的间隔，并应该与传感器的视场角匹配，从而使获取的图像有一定的旁向重叠。

2. [题解]：（1）太阳同步轨道。太阳同步轨道指卫星的轨道面绕地球的自转轴旋转，旋转方向与地球的公转方向相同，并且旋转的角速度等于地球公转的平均角速度。

（2）太阳同步轨道是通过"轨道的进动"实现的。地球是个赤道部分微凸的椭球体，这个突出部分对绕地球运行的卫星轨道产生一个引力力矩。当轨道倾角小于 90°时，轨道面逆地球自转方向进动（自东向西），而当轨道倾角大于 90°时，轨道面就顺着地球自转方向进动（自西向东）。因此，卫星轨道设计时，只要选择大于 90°的合适的倾角，以保持轨道平面每天自西向东作大约 0.986°的转动，就能实现卫星轨道与太阳同步的特性了。

3. [题解]：资源遥感卫星采用近极地、近圆形、太阳同步准回归轨道的主要原因有：①采用倾角大于 90° 的近极地轨道和准回归轨道，可以保证卫星获取包括南、北极在内的具有全球覆盖的遥感数据。②采用圆形轨道或近圆形轨道，能使卫星在不同地区所获取的图像比例变化不大，或图像的地面分辨率不受卫星高度的影响。近圆形轨道还使得卫星的速度近于匀速，便于传感器用固定的扫描频率对地面扫描成像，避免出现扫描行之间不衔接的现象。③采用太阳同步轨道，能使卫星在大约同一地方时飞过成像地区上空，确保了每次成像都处于基本相同的光照条件，有利于同一地区不同时相遥感数据的对比分析和地表动态变化监测。④采用太阳同步轨道对卫星工程设计及遥感仪器工作非常有利，例如，利用太阳同步条件，可以取得较准确的日照条件，简化太阳帆板的设计和提高星上能源系统的利用效果；卫星的日照面和背阳面基本保持不变，有利于温度控制系统的设计。

4. [题解]：气象卫星的发展经历了三个阶段：①20 世纪 60 年代发展了第一代气象卫星，以美国的泰诺斯（TIROS）、艾萨（ESSA）、雨云（Nimus）和艾托斯（AIS）等气象卫星为主要代表。②1970～1977 年发展了第二代气象卫星，代表卫星有美国的ITOS、苏联的 Meteop2、日本的 GMS 和欧洲空间局的 Meteosat 等。③1978 年以后气象卫星进入了第三个发展阶段，主要以美国的 NOAA 系列卫星为代表。我国早在 20 世纪 70 年代就开始发展气象卫星，截至 2012 年 2 月，已先后发射了 12 颗风云气象卫星。

5. [题解]：TM 设置了 3 个可见光、1 个近红外、2 个短波红外和 1 个热红外，共 7 个波段。各波段的主要特征与应用如下。

（1）TM1（0.45～0.52μm）：对水的穿透力最大，用于判别水深、浅海水下地形等；对叶绿素浓度反应敏感，用于叶绿素含量监测、植被类型的识别与制图、土壤与植被的区分。

（2）TM2（0.52～0.60μm）：位于健康植物的绿色反射峰附近，对植物的绿反射敏感。可用于识别植物类别和评价植物生产力；对水体有一定穿透力，可反映水下特征，并对水体污染的研究效果好。

（3）TM3（0.63～0.69μm）：位于叶绿素的主要吸收区内，可区分植物类型、覆盖度，判断植物生长状况、健康状况等；对水中悬浮泥沙敏感，用于研究泥沙流范围及迁移规律。

（4）TM4（0.76～0.90μm）：位于植物的高反射区，光谱特征受植物细胞结构控制，反映大量植物信息，故对植物的类别、密度、生长力、病虫害等的变化最敏感。用于植物识别分类、生物量调查及作物长势测定，为植物通用波段。

（5）TM5（1.55～1.75μm）：位于水的两个吸收带（1.4μm、1.9μm）之间，对植物和土壤水分含量敏感，有利于植物水分状况研究和作物长势分析等；对岩性及土壤类型的判定也有一定作用；易于区分雪和云。

（6）TM6（10.4～12.5μm）：探测地物的热辐射差异，能根据辐射响应的差异，进行植物胁迫分析、土壤湿度研究，水体、岩石等地表特征识别及监测与人类活动有关的热特征，进行热测定与热制图。

（7）TM7（2.08～2.35μm）：对岩石、特定矿物反应敏感，用于区分主要岩石类型、岩石的水热蚀变、探测与交代岩石有关的黏土矿物等，为地质学家追加的波段，以增加地质探矿方面的应用。

6. [题解]：Landsat 系列卫星的传感器先后有 MSS、TM、ETM+、OLI、TIRS 等。

（1）MSS 多光谱扫描仪（multispectral scanne）。①光谱分辨率为 4 个波段；②每个波段的空间分辨率约为 80m，辐射分辨率为 6bit；③自西向东扫描为有效扫描，自东向西的回扫为无效扫描，不获取信息。

（2）TM 专题制图仪（thematic mapper）。与 MSS 相比：①具有更高的空间分辨率和辐射分辨率，除热红外波段空间分辨率为 120m 外，其余波段均达到 30m；辐射分辨率为 8bit。②光谱分辨率明显提高，增加为 7 个波段。③每次同步扫描的行数增加，达到 16 行（热红外波段除外），即每个波段 16 个探测器。④扫描方式上，采取双向扫描，正扫和回扫都有效。

（3）ETM+增强型专题制图仪（enhanced thematic mapper plus）。与 TM 相比：①ETM+是一台 8 波段的多光谱扫描辐射计，增加了分辨率为 15m 的全色波段（PAN）。②热红外波段的探测器阵列从过去的 4 个增加到 8 个，对应地面的分辨率从 120m 提高到 60m。

（4）OLI 运营性陆地成像仪（operational land imager）。与 ETM+有着相似的光谱波段，但对波段进行了调整。①OLI 的波段 5（0.845～0.885μm）排除了 0.825μm 处的水汽吸收特征。②OLI 全色波段波谱范围较窄（0.500～0.680μm），其图像能更好地区分植被和无植被特征。③虽不含热红外波段，但增加了海岸气溶胶（443nm）和卷云探测（1375nm）两个新波段。④扫描方式为推扫式扫描，辐射分辨率为 12bit。

（5）TIRS 热红外传感器（thermal infrared sensor）。Landsat-8 新增的一个热红外传感器。TIRS 有 10.3～11.3μm 和 11.5～12.5μm 两个探测波段，空间分辨率为 100m。扫描方式与 OLI 相同，为推扫式扫描，辐射分辨率为 12bit。

7. [题解]：（1）气象卫星的特点。①低轨和高轨两种轨道优势互补。②短周期重复观测能力强。静止气象卫星具有较高的重复周期（0.5h/次）；极地卫星如 NOAA 等具有中等重复覆盖周期（0.5～1d/次）。因此，气象卫星时间分辨率高，有利于环境动态监测。③成像面积大，有利于获得宏观同步信息。极轨气象卫星一条轨道的扫描宽度可达 2800km，只需 2～3 条轨道就可以覆盖我国。相对于其他卫星资料更加容易获取完全同步、低云量或无云的影像。④资料来源连续、实时性强、成本低。

（2）气象卫星的应用领域。随着气象卫星的稳定运行与数据的广泛共享，风云卫星应用领域逐步由气象领域拓展到减灾、农业、林业等多个方面。主要包括：①在重大活动保障中的应用。②在防灾减灾中的应用（台风监测 、森林与草原火灾监测、大雾监测、沙尘暴监测、洪涝监测、干旱监测、积雪监测）。③在气候和气候变化方面的应用。④在数值预报中的应用。⑤在农业与生态监测中的应用。⑥在全球灾害事件监测中的应用。⑦在空间天气监测预警中的应用。

8. [题解]：（1）极地轨道气象卫星的特点及其对地观测意义。极地轨道气象卫星为低航高、近极地太阳同步轨道，轨道高度为 800～1600km，南北向绕地球运转，能对东西宽约 2800km 的带状地域进行观测。其主要特点是：①可获得全球资料。能提供中长期数值天气预报所需的数据资料。②轨道高度低，可观测项目比同步气象卫星更丰富。③探测精度和空间分辨率高于同步卫星。④装载的有效载荷较多。⑤对同一地区不能连续观测。

（2）静止轨道气象卫星的特点及其对地观测意义。静止轨道气象卫星又称高轨地球同步轨道气象卫星，定点于赤道上空约 36000km 的高度上。其主要特点是：①覆盖范围大。能观测地球表面约 1/3 的面积，有利于获得宏观同步信息，从而保证了所获取的数据具有内在的均一性和良好的代表性。多颗静止气象卫星联合组网运行，可以实现对全球更大范围大气变化的连续观测。②时间分辨率高，有利于对短周期灾害性天气的动态监测。对某一固定地区每隔 20～30 分钟可获得一次观测资料，部分地区由于轨道重叠甚

至可以 5 分钟观测一次，这种短周期重复观测能力有利于捕捉地面快速变化的动态信息。③轨道高度高，空间分辨率低，边缘几何畸变严重，定位与配准精度不高。对高纬度地区的观测能力较差，观测图像几何失真过大，效果差。

9. [题解]：（1）SPOT 卫星的观测模式。Landsat 卫星只有垂直扫描成像方式，而 SPOT 卫星有 4 种观测模式：①垂直观测模式。两台传感器（HRV、HRVIR、HRG、NAOMI）同时对地面垂直扫描成像，通常采用推扫式扫描。②倾斜观测模式。两台传感器的瞄准轴在 ± 27° 内的 91 个档位上逐一停留进行观测，可能观测到的地面舷向宽度将达到 950km 左右。③立体观测模式。HRS 以全色光谱模式，几乎在同一时刻对同一个地区从向前或向后的不同方向上获取多幅图像，组成一个或多个立体像对以构建三维地形模型。④星座观测模式。Pleiades 1A、Pleiades 1B 与 Spot 6、Spot 7 在同一个轨道上运行，组成“四星合璧”的星座观测模式。

（2）SPOT 卫星观测模式的意义。①垂直模式和倾斜模式结合使用，使 SPOT 卫星能在两条或多条卫星轨道上从不同角度观测同一指定地区，从而增加对地面上特定地区的观测次数，大大缩短了卫星观测的间隔，提高了卫星重复观测的能力，使系统重复观测的能力从单星的 26 天提高到 1～5 天。②立体观测模式的使用，几乎在同一时刻对同一个地区从向前或向后的不同方向上获取多幅图像，组成一个或多个立体像，这对于构建三维地形模型具有重要意义。③星座观测模式大大提高了卫星系统的重复观测能力。

10. [题解]：HRV（high resolution visible range instrument），即高分辨率可见光扫描仪，是 SPOT-1、2、3 的主要成像传感器；TM（thematic mapper），即专题制图仪，是 Landsat4、5 上的主要成像传感器。HRV 和 TM 的不同之处表现在以下几个方面。

（1）波段组成和分辨率不同。TM 从可见光、近红外到热红外共有 7 个波段，空间分辨率为 30m（热红外 120m）；HRV 有 3 个可见光波段和 1 个全色波段，多光谱分辨率为 20m，全色分辨率为 10m。由此可见，TM 具有较高的光谱分辨率，但空间分辨率低；HRV 则具有较高的空间分辨率，但光谱分辨率低。

（2）扫描方式不同。HRV 是推扫式扫描，又称“像面”扫描，是利用由半导体材料制成的 CCD 电荷耦合器件组成线阵列或面阵列传感器，采用广角光学系统在整个视场内借助遥感平台自身的移动，像刷子扫地一样扫出一条带状轨迹，获取沿着飞行方向的地面二维图像；TM 是光学机械扫描，也称物面扫描。它通过传感器的旋转扫描镜沿着垂直于遥感平台飞行方向的逐点逐行的横向扫描，获取地面二维遥感图像。

（3）数据的记录方式明显不同。光-机扫描系统利用旋转扫描镜，沿扫描线逐点扫描成像；而推扫式扫描系统不用扫描镜，探测器按扫描方向（垂直于飞行方向）阵列式排列来感应地面响应，以替代机械的真扫描。

（4）对地观测模式不同。TM 只有垂直扫描成像方式，而 HRV 有垂直观测和倾斜观测两种模式。垂直观测下，两台 HRV 同时对地面垂直扫描成像；倾斜模式下，两台 HRV 的瞄准轴在 ± 27° 内的 91 个档位上逐一停留进行观测，观测到的地面舷向宽度将达到 950km 左右。

11. [题解]：（1）地面接收站及其组成。设置在地球上，跟踪卫星运转，接收卫星下行传送的各种数据，以及对其进行数据处理、储存和分发的地面站。由卫星控制和卫星跟踪站、数据接收系统、数据处理系统、数据存储系统、图像分析系统、运行管理系统组成。

（2）SPOT 卫星在高纬度设立地面接收站的原因。①高纬度地区天气状况相对稳定、少云少雾，这样的天气条件可以最大限度地减少大气对遥感数据传输过程的影响；②现行卫星多为极地或近极地卫星，经过高纬度地区的频率较大。

12. [题解]：MODIS（Moderate-resolution Imaging Spectroradiometer），美国国家航空航天局研制的大型空间遥感仪器，是 Terra 和 Aqua 卫星上的主要传感器。MODIS 数据的主要特点有以下三个方面。

（1）MODIS 数据实行全球免费接收政策。这样的数据接收和使用政策为大多数用户提供了一种不可多得的、廉价并且实用的数据资源。

（2）波段范围广、空间分辨率高。MODIS 数据从可见光、近红外到热红外波段共设置了 36 个光谱通道，空间分辨率最高可达 250m，比 NOAA/AVHRR 有了很大的提高。数据量化精度更高（MODIS 为 12bit，NOAA/AVHRR 为 10bit）。

（3）数据更新频率快。Terra 和 Aqua 卫星都是太阳同步极轨卫星，前者在地方时上午过境，后者在地方时下午过境。Terra 与 Aqua 卫星上的 MODIS 数据在时间更新频率上相配合，加上晚间过境数据，对于接收 MODIS 数据来说，可以得到每天最少 2 次白天和 2 次黑夜更新数据。这样的数据更新频率，对实时地球观测和应急处理有较大的实用价值。

13. [题解]：**（1）海洋卫星与陆地卫星和气象卫星相比，具有以下特点。**①具备大面积、连续、同步或准同步探测的能力。由于海洋现象范围大、幅度大、变速快，因而海洋遥感需航天高平台的宏观、同步观察。②可见光传感器要求波段多而窄，灵敏度和信噪比高（高出陆地卫星一个数量级）。③为与海洋环境要素变化周期相匹配，海洋卫星的地面覆盖周期要求 2～3 天，空间分辨率为 250～1000m。④由于水体的辐射强度微弱，而要使辐射强度均匀且具有可对比性，则要求水色卫星的降交点地方时选择在正午前后。⑤某些海洋要素的测量，如海面粗糙的测量、海面风场的测量，除海洋卫星探测技术外，尚无其他办法。

（2）几种代表性的海洋卫星。①Radarsat 系列卫星，是加拿大发射的世界上第一个商业化的 SAR 运行系统。卫星携带的 SAR 系统有多种工作模式。用户可根据不同需要提出要求，通过地面控制指令改变扫描幅宽和分辨率。SAR 系统与一般可见光和近红外传感器的不同之处在于其可以全天候工作，因此无论升段和降段都可以接收数据。②ERS 系列卫星，包括 ERS-1、ERS-2，是欧洲空间局分别于 1991 年、1995 年发射的。该卫星采用先进的微波遥感技术获取全球全天候与全天时图像。卫星携带的传感器主要有:有源微波仪（AMI）、雷达高度计（RA）、沿迹扫描辐射计/微波探测器（ATSR/M）、激光测距设备（LRR）、精确测距测速设备（PRARE）等。③ENVISAT 卫星，是欧洲空间局 ERS 卫星的后继星。ENVISAT-1 上载有多种传感器，其中最主要的是名为 ASAR（advanced synthetic aperture radar）的合成孔径雷达传感器。ASAR 工作在 C 波段，波长为 5.6cm，但 ASAR 具有许多独特的性质，如多极化、可变观测角度、宽幅成像等。④中国的海洋卫星，包括海洋水色环境卫星（HY-1）、海洋动力环境卫星（HY-2）、

海洋雷达卫星（HY-3）。HY-1 卫星主要用于海洋水色色素的探测；HY-2 卫星是我国第一颗海洋动力环境卫星。该卫星集主动和被动微波传感器于一体，具有高精度测轨、定轨能力与全天候、全天时、全球探测能力。

14. [题解]：**（1）卫星的姿态。**可以从三轴倾斜和振动两个方面描述卫星的姿态。三轴倾斜是指卫星在飞行过程中发生的滚动（rolling）、俯仰（pitching）和偏航（yawing）现象。滚动是一种横向摇摆，俯仰是一种纵向摇摆，而偏航是指卫星在飞行过程中偏移了运行的轨道。振动是指卫星在运行过程中除滚动、俯仰和偏航之外的非系统性的不稳定抖动。

（2）确定卫星姿态的三种方法。①利用姿态测量仪测定。姿态测量仪有红外姿态测量仪、星相仪、陀螺姿态仪等。红外姿态测量仪的基本原理是：利用地球与太空温差达287K 这一特点，以一定的角频率、周期对太空和地球作圆锥扫描，根据热辐射能的相应变化来测定姿态角。一台仪器只能测定一个姿态角，对于俯仰和滚动两个姿态角须用两台仪器测定，偏航姿态角可用陀螺姿态仪测定。②利用星相机测定。使用星相机测定姿态角的方法是将星相机与地相机组装在一起，两者的光轴交角在 90°～150°，在对地照相的同时，星相机对恒星摄影，并精确记录卫星运行时刻，再根据星历表、相机标准光轴指向等数据解算姿态角。但要求每次至少要摄取 3 颗以上的恒星。③利用 GPS 方法测定。通过装在摄影机组上的三台 GPS 接收机，同时接收 4 颗以上 GPS 卫星信号，反算出每台接收机的三维坐标，进而解算出摄影机的 3 个姿态角。为了提高解算精度，GPS 接收机之间要有一定的距离要求。

15. [题解]：通过对 TM 7 个波段数据的分析，可获得 5 个具有明确物理意义的特征变量。

（1）亮度（brightness）：构成亮度特征的主要成分是可见光波段。TM1、TM2、TM3 的灰度值各代表可见光中蓝、绿、红光的亮度，对亮度的贡献最大；TM4、TM5 对亮度也有一些贡献。亮度主要反映地物的辐射水平，用以监测地物的反射辐射强度。它可以是几个波段之和、平均值或 $\sqrt{(TM1)^2+(TM2)^2+(TM3)^2}\ /3$ 等。

（2）绿度（greeness）：对绿度贡献最大的是对植物高反射的 TM4，而 TM3 与之呈负相关。TM4 和 TM3 的组合反映了近红外与红光辐射强弱的对比关系，能提供更多植被信息；TM5、TM 7 对绿度也有一定作用。归一化植被指数（NDVI）是反映绿度特征值的最常用的指标，除此以外，比值、差值等植被指数也都能反映绿度特征。

（3）湿度（wetness）：湿度特征主要由 TM5 和 TM7 构成，原因是它们均处于两个水的强吸收带之间，受到水吸收带的控制，对水分变化的反应最灵敏。TM5 和 TM7 可以独立构成湿度特征，也可以通过两个波段的比值、差值、标准差等构成。

（4）透射度（degree of transmisson）：透射度主要针对可见光具有一定透射能力的水体而言，由 TM1、TM2 构成。透射度特征对研究水深、水下地形、水体浑浊度等很有价值。

（5）热度（thermoness）：热度特征主要由热红外波段的 TM6 构成。热度主要反映物体常温下的热辐射差异，也可反映高温的“热度”，与湿度也有一定相关性。

上述特征变量的意义与遥感应用的目的和研究对象密切相关。土地资源调查中，最有价值的特征变量是亮度、绿度、湿度；地质研究中，亮度、湿度、热度意义更大。

16. [题解]："资源三号"01 星（ZY-3A），是中国第一颗民用高分辨率光学传输型测绘卫星，于 2012 年 1 月 9 日发射。它搭载了四台光学相机，包括一台地面分辨率 2.1m 的正视全色 TDI CCD 相机、两台地面分辨率 3.6m 的前视和后视全色 TDI CCD 相机、一台地面分辨率 5.8m 的正视多光谱相机。"资源三号"卫星数据有以下特点。

（1）立体观测与资源调查两种观测模式。 ZY-3A 重访周期为 5 天，具备立体测绘和资源调查两种观测模式。ZY-3A 搭载的前视、正视、后视全色相机，推扫成像形成三线阵立体像对；ZY-3A 搭载的正视全色和多光谱相机，推扫成像形成平面影像。

（2）定位精度高。 ZY-3A 影像控制定位精度优于 1 个像素。前后视立体像对幅宽 52km，基线高度比为 0.85～0.95，可满足 1：50000 比例尺立体测图需求；正视影像 2.1m，可满足 1：25000 比例尺地形图更新需求。

（3）影像信息量丰富。 ZY-3A 提供的影像数据的量化值为 10bit，增加了影像的信息量，有利于影像的目视判读、自动分类和影像匹配精度提高。

17. [题解]：**（1）产生的背景。** 高分辨率对地观测系统重大专项（简称高分专项），是《国家中长期科学与技术发展规划纲要》（2006～2020 年）确定的十六个重大科技专项之一，于 2010 年批准启动实施。2016 年 3 月 10 日，高分应用综合信息服务共享平台已正式上线运行。该平台实现了高分专项卫星数据资源、应用成果的有效集成与共享，实现了高分数据和应用产品、服务产品和相应标准的集同发布，可为国内及国际等各类用户提供在线服务。

（2）发展现状。 中国高分辨率对地观测系统目前已发射 5 颗卫星。①"高分一号"于 2013 年 4 月 26 日成功发射，是中国高分辨率对地观测系统的首颗星。卫星配置了 2 台全色分辨率 2m、多光谱分辨率 8m 的高分辨率相机，同时装载有 4 台 16m 分辨率的多光谱宽幅相机，幅宽可达 800km。卫星时间分辨率为 4 天，实现了高空间分辨率和高时间分辨率的完美结合。②"高分二号"于 2014 年 8 月 19 日成功发射，是我国自主研制的首颗空间分辨率优于 1m 的民用光学遥感卫星。卫星观测幅宽 45km，全色分辨率为 0.81m，多光谱分辨率为 3.24m，标志着我国遥感卫星进入了亚米级"高分时代"。③"高分四号"于 2015 年 12 月 29 日成功发射，是我国首颗地球同步轨道高分辨率遥感卫星。"高分四号"利用长期驻留固定区域上空的优势，能高时效地实现地球静止轨道 50m 分辨率可见光、400m 分辨率中波红外遥感数据获取。④"高分八号""高分九号"分别于 2015 年 9 月 14 日和 2015 年 6 月 26 日成功发射，主要应用于国土普查、城市规划、土地确权、路网设计、农作物估产和防灾减灾等领域，可为"一带一路"战略实施等提供信息保障。

第五章　微 波 遥 感

微波遥感具有全天候、全天时工作的能力，是未来遥感发展的重要方向，具有广泛的应用前景。本章内容包括：微波遥感概述、雷达系统的成像原理、雷达图像的几何特征及雷达图像的信息特点。

本章重点：①真实孔径雷达、合成孔径雷达的成像原理；②雷达图像的几何特征、辐射特征；③影响雷达图像色调的主要因素。

一、微波遥感的类型

微波遥感可以分为主动微波遥感和被动微波遥感两大类型。

（1）主动微波传感器有成像和非成像两种类型。最常见的主动式成像微波传感器是雷达。主动式非成像微波传感器包括微波高度计和微波散射计。

（2）被动微波遥感：被动微波遥感通过微波辐射计，在一定的视角范围内被动接收地表物体的微波辐射能量，从而探测与这种发射能量大小有关的地表物体信息。

二、微波遥感的特点

微波遥感的特点：①具有全天候、全天时工作的能力；②对地物有一定的穿透能力；③能获得可见光和红外遥感所不能提供的某些信息；④微波波段可以覆盖更多的倍频程。

三、雷达系统的成像原理

航空、航天遥感中使用的雷达均属于侧视雷达（SLR）。侧视雷达按照成像机理可分为真实孔径雷达（RAR）和合成孔径雷达（SAR）。

1. 真实孔径雷达

（1）雷达图像有斜距图像和地距图像两种不同的显示方式。

（2）侧视雷达通过天线发射微波，然后接收、记录地面目标的回波信号而生成的原始图像，就是斜距图像。由此可见，侧视雷达是一种斜距测量。

（3）真实孔径雷达在距离方向和方位方向上的分辨率是不同的，因此，其分辨率就有距离分辨率和方位分辨率之分。

（4）距离分辨率是指在雷达脉冲发射的方向上，能分辨的两个目标之间的最小距离。距离分辨率取决于脉冲持续时间，即脉冲宽度。距离分辨率有斜距分辨率和地距分辨率之分。

（5）侧视雷达的距离分辨率的特点：①脉冲宽度越短，距离分辨率越高。②距离分辨率的大小与雷达的俯角密切相关。俯角越小，分辨率越高；俯角越大，分辨率越低。③距离分辨率的大小与遥感平台的高度无关。

（6）方位分辨率是指在雷达飞行方向上能分辨的两点之间的最小距离。方位分辨率取决于雷达波束照射的地面条带的角宽度，即波束宽度（β）。波束宽度越窄，方位分辨率越高。

（7）方位分辨率与斜距及雷达的波长成正比，与天线孔径大小成反比。

2. 合成孔径雷达

（1）合成孔径雷达是指用一个小天线作为单个辐射单元，将此单元沿一直线不断移动，在不同位置上接收同一地物的回波信号并进行相关解调压缩处理的侧视雷达。

（2）合成孔径雷达的距离分辨率与真实孔径雷达相同，但由于使用了“合成天线”技术，相当于组成了一个比实际天线大得多的合成天线，因此可以获得更高方位分辨率的雷达图像。

（3）合成孔径雷达的方位分辨率与距离无关，只与天线的孔径有关。天线的孔径越小，方位分辨率越高，这一点与真实孔径雷达正好相反。

四、雷达图像的几何特征

1. 斜距图像的比例失真

（1）等距离的地面点在斜距图像上彼此间的距离都被压缩了，而且离雷达天线越近，压缩的程度越大，这种现象称为斜距图像的近距离压缩或斜距图像的比例失真。

（2）雷达图像的比例尺有方位向比例尺和距离向比例尺之分。近距离压缩现象造成了雷达图像在距离方向上比例尺的变化，从而导致了图像的几何失真。航空像片在地形起伏或倾斜摄影时，也出现几何变形和失真，但其失真方向与雷达图像正好相反。

2. 透视收缩现象

（1）山区和丘陵地区的雷达图像上，面向雷达一侧的山坡长度与其实际长度相比，明显变小了，这种图像被压缩的现象称为透视收缩。

（2）透视收缩是由雷达独特的成像方式所引起的。由于雷达是按时间序列记录回波信号的，因此，雷达波束入射角与地面坡角的不同组合就会出现程度不同的透视收缩现象。

（3）透视收缩意味着雷达回波能量的相对集中，意味着更强的回波信号的出现，甚至于一个坡面的全部回波能量集中到一点。因此，雷达图像上坡面的亮度较大，且前坡比后坡更亮。

3. 叠掩现象

（1）山体顶部和底部的位置被颠倒，形成倒像，这就是叠掩现象。

（2）叠掩现象的形成及其对雷达图像的影响与透视收缩十分相似，但并不是所有高出地面的目标地物都会产生叠掩，只有当雷达波束俯角与坡度角之和大于 90º 时才会出现叠掩。

4. 雷达阴影

（1）雷达阴影是指后坡雷达波束不能到达的坡面上，因为没有回波信号，在图像上形成的亮度暗区。

（2）雷达阴影的形成与俯角和坡面坡度有关。当后坡坡度大于俯角时，必然产生阴影。

（3）雷达阴影的长短和阴影区面积的大小与雷达俯角、坡面坡度有密切关系。坡面距离雷达天线越远，波束越倾斜，或者山坡后坡坡度越大，阴影也越长，阴影区面积也就越大。

五、雷达图像的信息特点

1. 侧视雷达的图像参数

图像参数包括系统工作参数和图像质量参数。

（1）侧视雷达系统的工作参数包括波长、极化方式、俯角、照射带宽、距离显示形式，此外，也包括雷达系统运行平台的高度、姿态、成像时间和经纬度等飞行参数。

（2）侧视雷达系统的质量参数主要包括图像的分辨率、几何精度，是影响图像信息提取能力的关键参数。

2. 影响雷达图像色调的主要因素

（1）雷达图像的色调是指图像上灰度及灰度空间变化所构成的纹理特征。雷达接收到的后向散射的强度越大，图像的色调就越浅，反之色调就越深。

（2）影响雷达色调的因素很多，既有前面提到的波长、极化方式等雷达图像的系统参数，也有地表粗糙度、复介电常数等地表特性要素。

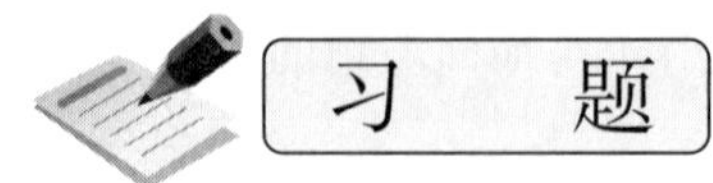

一、名词解释（27）

1. 微波　2. 微波遥感　3. 表面散射　4. 体散射　5. 后向散射　6. 散射截面　7. 散射系数　8. 趋肤深度　9. 雷达　10. 侧视雷达（SLR）　11. 合成孔径雷达（SAR）　12. 干涉雷达（InSAR）　13. 斜距图像　14. 距离分辨率　15. 方位分辨率　16. 斜距图像的比例失真　17. 透视收缩　18. 叠掩现象　19. 雷达阴影　20. 水平极化　21. 垂直极化　22. 同向极化　23. 交叉极化　24. 去极化　25. 多极化影像　26. 雷达视向　27. 角隅反射

二、填空题（16）

1. 微波遥感可以分为主动微波遥感和被动微波遥感两大类型。其中，主动微波遥感的传感器主要有________、________和________。
2. 主动式非成像微波传感器包括________和________。
3. 侧视雷达按照成像机理可分为________和________。
4. 雷达图像有________和________两种不同的显示方式。
5. 侧视雷达成像时，在距离方向上要区分两个相邻的目标，必须是这两个目标反射的脉冲在不同的时间到达天线，即要求反射脉冲之间没有________。
6. 真实孔径雷达在距离方向和方位方向上的分辨率是不同的，因此，其分辨率就有________和________之分。
7. 侧视雷达的图像参数包括________参数和________参数。
8. 雷达俯角是雷达波束与水平面之间的夹角，它与入射角成________关系。
9. 合成孔径天线是在________位置上接收同一地物的回波信号，而真实孔径天线则是在________位置上接收目标的回波。
10. 极化是电磁波偏振现象在微波遥感中的表现。极化有________和________两种基本形式。雷达系统通过不同的极化方式发射或接收电磁波，可以获得具有不同信息特点的雷达图像。
11. 雷达系统的极化有水平极化和垂直极化两种类型。当雷达波的电场矢量垂直于波束入射面时，称为________，用 H 表示；当雷达波的电场矢量平行于波束入射面时，称为________，用 V 表示。
12. 雷达信号可以传送水平（H）或者垂直（V）电场矢量，接收水平（H）或者垂直（V）或者两者的返回信号，于是就形成了雷达遥感系统常用的四种极化方式——HH、VV、

HV、VH。前两种为________极化，后两种为________极化。

13. 如果雷达天线采用同一种极化方式发射并接收电磁波，那么这种极化就是________。
14. 如果雷达天线采用两种不同的极化方式发射并接收电磁波，那么这种极化就是________。
15. 由同向极化到异向极化的转换过程称为________。
16. 后向散射截面（σ）指入射方向的散射截面。散射截面是散射传输的重要参数，它是后向散射截面的________倍。

三、是非题（30）

1. 微波的波长比可见光—红外（0.38～18μm）波长要大得多，最长的微波波长可以是最短光学波长的约 250 万倍。
2. 微波遥感使用无线电技术，通过微波响应使人们从一个完全不同于光和热的视角去观察世界，而可见光、红外遥感使用光学技术，通过摄影或扫描来获取信息。
3. 主动微波遥感的传感器上，装备着能主动发射并探测目标地物的微波辐射源。通常，主动微波传感器只能采用成像方式进行遥感。
4. 微波高度计和微波散射计是主动式微波传感器，可以通过成像的方式实现对地表的遥感过程。
5. 微波高度计根据发射波和接收波之间的时间差，测量目标物与遥感平台的距离，从而准确获取地表高度的变化、海浪的高度等参数。因此，它是一种主动式的遥感方式。
6. 波长是影响微波穿透能力的主要因素。一般来说，波长越长，穿透能力越强。
7. 湿度是影响微波的穿透能力的重要因素之一。同一种土壤，湿度越小，穿透深度越浅。
8. 雷达是最常见的主动式成像微波传感器。航空、航天遥感中使用的雷达均属于侧视雷达（SLR）。
9. 侧视雷达在距离方向和方位方向上的分辨率是完全相同的。
10. 由于雷达图像有斜距图像和地距图像两种不同的显示方式，因此，距离分辨率也就有斜距分辨率和地距分辨率之分。
11. 理论上，侧视雷达的斜距分辨率等于雷达脉冲宽度的一半。
12. 侧视雷达成像时，脉冲宽度越短，则距离分辨率越高，因此提高距离分辨率的唯一途径就是缩短反射脉冲的宽度。
13. 侧视雷达成像时，距离分辨率的大小与雷达的俯角密切相关。俯角越小，分辨率越高；俯角越大，分辨率越低。
14. 侧视雷达成像时，其距离方向上的分辨率是变化的。近射程点分辨率高，远射程点分辨率低。
15. 侧视雷达成像时，距离分辨率的大小与遥感平台的高度无关，因此航天遥感和航空遥感同样可以获得高分辨率的雷达图像。
16. 侧视雷达的方位分辨率取决于雷达波束的宽度。波束宽度越窄，方位分辨率越高。由于雷达波束为扇状波束，近射点的波束宽度小于远射点的波束宽度，因此近射点比远射点的方位分辨率高。

17. 对真实孔径雷达而言，波束宽度与波长成正比，与天线孔径成反比。
18. 由于使用了“合成天线”技术，因此合成孔径雷达比真实孔径雷达能获得更高方位分辨率的雷达图像。
19. “合成天线”技术的使用，使合成孔径雷达的距离分辨率和方位分辨率均比真实孔径雷达有了明显的提高。
20. 合成孔径雷达的方位分辨率与距离无关，只与天线的孔径有关。天线的孔径越大，方位分辨率越高。
21. 侧视雷达成像过程中，等距离的地面点在斜距图像上彼此间的距离都被压缩了，而且离雷达天线越远，压缩的程度越大。
22. 山区和丘陵地区的雷达图像上，面向雷达一侧的山坡长度与其实际长度相比，明显变小了，这种图像被压缩的现象称为透视收缩。地形坡度越大，收缩程度也就越大。
23. 雷达图像上，山体顶部和底部的位置被颠倒，形成倒像，这就是叠掩现象。雷达图像上，所有高出地面的目标地物都会产生叠掩现象。
24. 雷达阴影的形成与俯角和坡面坡度有关。当后坡坡度小于俯角时，自然不会产生阴影，而当后坡坡度大于俯角时，则必然产生阴影。
25. 雷达成像有地距和斜距两种显示形式。无论是地距图像上还是斜距图像上，比例尺都是常数。
26. 雷达图像的色调是雷达信息提取的主要依据。雷达接收到的后向散射的强度越大，图像的色调就越浅，反之色调就越深。
27. 表面粗糙度直接影响雷达回波的强度。一般来说，地表越粗糙，雷达回波越弱，图像色调越深；地表越光滑，雷达回波越强，图像色调越浅。
28. 一般来说，目标地物的复介电常数越大，雷达回波的强度就越大，图像色调就越浅。
29. 雷达图像上，远距点目标对应的俯角大，回波强度大，图像色调浅；近距点目标对应的俯角小，回波强度小，图像色调深。
30. 雷达的视向对目标的色调影响很大。一般来说，如果目标地物的走向与雷达视向垂直，图像信息会被突出显示；如果目标地物的走向与雷达视向平行，图像信息会被减弱。

四、简答题（17）

1. 简要说明微波遥感的主要传感器类型及其特点。
2. 与可见光、近红外遥感相比，微波遥感的主要特点和不足各表现在哪些方面？
3. 雷达成像与可见光、红外遥感有什么不同？
4. 简要回答真实孔径雷达的成像原理。
5. 试比较合成孔径雷达和真实孔径雷达的不同。
6. 试分析侧视雷达距离分辨率和方位分辨率的特点及其影响因素。
7. 对比分析真实孔径雷达与合成孔径雷达方位分辨率的不同。
8. 简要回答雷达探测地物的优势。
9. 地形的影响在雷达图像中有哪几种表现？分别说明其原理。

10. 试分析雷达图像的几何畸变及其在图像上的分布规律（特点）。
11. 对比分析侧视雷达图像与航空摄影图像的不同之处。
12. 雷达系统的工作参数有哪些?
13. 如何定义光滑表面、粗糙表面和中等粗糙表面?
14. 为什么雷达遥感可以获得高分辨率的遥感图像?
15. 用 SAR 数据监测森林的地上生物量，试问选择 C 波段、P 波段和 L 波段中的哪个波段效果更好?
16. 叙述侧视雷达图像的几何特征和辐射特征。
17. 为什么雷达图像通常存在斑点噪声？如何抑制斑点噪声?

五、论述题（1）

1. 分析影响雷达图像色调的主要因素。

参考答案与题解

一、名词解释（27）

1. 微波：指频率为 300MHz～300GHz 的电磁波，是无线电波中一个有限频带的简称，即波长在 1mm～lm 的电磁波，是分米波、厘米波、毫米波和亚毫米波的统称。

2. 微波遥感：在微波电磁波段内，通过接收地面目标物辐射的微波能量，或接收传感器本身发射出的电磁波束的回波信号，判别目标物的性质、特征和状态的遥感技术。

3. 表面散射：在两个均匀介质的分界面上，当电磁波从一个介质中入射时，会在分界面上产生散射，这种散射叫做表面散射。

4. 体散射：指在介质内部产生的散射，为经多路径散射后所产生的总有效散射。当介质不均匀或不同介质混合时，往往发生体散射，如降水、土壤、积雪内部、植被等。体散射的强度与介质体内的不连性和介质密度的不均匀性成正比。

5. 后向散射：对于粗糙表面，入射能量与表面相互作用后，再辐射而射向各个方向，称为散射场。其中沿着与入射方向相反方向的散射称为后向散射，它也是雷达接收机接收到的散射。

6. 散射截面：指散射波的全功率与入射功率密度之比，可理解为雷达的全反射率，用有效散射面积表示。它不等于几何面积，而是波长或频率的函数，即表示雷达目标截获并散射入射能量的能力。后向散射截面（σ）指入射方向的散射截面。散射截面是后向散射截面的 4π 倍。

7. 散射系数：指单位面积上雷达的反射率或单位照射面积上的雷达散射截面。它是入射电磁波与地面目标相互作用结果的度量。在遥感中，多用散射系数表示雷达截面积中平均散射截面的参数。特别是把表示入射方向上的散射强度的参数或目标每单位面积的平均雷达截面，称为后向散射系数，用 σ^0 表示。

8. 趋肤深度：指雷达信号功率从介质表面衰减到$1/e$倍时的深度（或降至37%的深度）。它提供了一种指示雷达信号随不同物质穿透能力变化的方法。

9. 雷达：英文为“RaDAR”，是“radio detection and ranging”的缩写，意为无线电探测与定位。其工作原理是向目标发射一种微波信号，然后接收反射回来的一部分信号。反射回来的微波强度可以区分不同的目标，发射和接收信号的时间差可以用来测定目标之间的距离。

10. 侧视雷达（SLR）：指视野方向和飞行器前进方向垂直，用来探测飞行器两侧地带的雷达系统，有真实孔径雷达（RAR）和合成孔径雷达（SAR）两种。由于真实孔径雷达的分辨率较低，因此现在的侧视雷达一般指合成孔径雷达。

11. 合成孔径雷达（SAR）：指用一个小天线作为单个辐射单元，将此单元沿一直线不断移动，在不同位置上接收同一地物的回波信号并进行相关解调压缩处理的侧视雷达。这种雷达系统所接收到的来自移动的飞机或卫星上的雷达回波经计算机合成处理后，能得到相当于从大孔径天线所获取的信号。

12. 干涉雷达（InSAR）：指采用干涉测量技术的合成孔径雷达，也称双天线 SAR 或相干 SAR。它通过两条侧视天线同时观测，或一定时间间隔的两次平行观测，来获得地面同一景观两次成像的复图像对（包括强度信息和相位信息）。

13. 斜距图像：侧视雷达通过天线发射微波，然后接收、记录地面目标的回波信号而生成的原始图像，就是斜距图像。由此可见，侧视雷达是一种斜距测量。

14. 距离分辨率：指在雷达脉冲发射的方向上，能分辨的两个目标之间的最小距离。理论上，斜距分辨率等于脉冲宽度的一半，表示为$R_{sr}=\frac{\tau \cdot c}{2}$。式中，$R_{sr}$为斜距分辨率；$\tau$为脉冲持续时间；$c$为光速。

15. 方位分辨率：指在雷达飞行方向上能分辨的两点之间的最小距离。方位分辨率取决于雷达波束的宽度。真实孔径雷达的方位分辨率可以表示为$R_a=\frac{\lambda}{D}\cdot R_s$；合成孔径雷达的方位分辨率为$R_a=\frac{D}{2}$。式中，$R_s$为斜距；$\lambda$为波长；$D$为天线的孔径。

16. 斜距图像的比例失真：等距离的地面点在斜距图像上彼此间的距离都被压缩了，而且离雷达天线越近，压缩的程度越大，这种现象称为斜距图像的近距离压缩或斜距图像的比例失真。

17. 透视收缩：山区和丘陵地区的雷达图像上，面向雷达一侧的山坡长度与其实际长度相比，明显变小了，这种图像被压缩的现象称为透视收缩。

18. 叠掩现象：对于地表高大的山体，雷达波束先到达其顶部，后到达其底部，导致山体顶部的回波信号先于底部到达。表现在雷达图像上，山体顶部和底部的位置被颠倒，形成倒像，这就是叠掩现象。

19. 雷达阴影：指后坡雷达波束不能到达的坡面上，因为没有回波信号，在图像上形成的亮度暗区。

20. 水平极化：电场矢量在一个固定的平面内沿一个固定的方向振动，则称该电磁波是偏振的，包含电场矢量$\boldsymbol{E}$的平面称为偏振面。偏振在微波遥感中称为极化。雷达系

统的极化有水平极化和垂直极化两种方式。当雷达波的电场矢量垂直于波束入射面时，称为水平极化，用H表示。

21. 垂直极化：电场矢量在一个固定的平面内沿一个固定的方向振动，则称该电磁波是偏振的，包含电场矢量 $\boldsymbol{E}$ 的平面称为偏振面。偏振在微波遥感中称为极化。雷达系统的极化有水平极化和垂直极化两种方式。当雷达波的电场矢量平行于波束入射面时，称为垂直极化，用V表示。

22. 同向极化：雷达系统有HH、VV、HV、VH四种极化方式。如果雷达天线发送与接收的电场矢量是同一种极化方式，如HH或VV，则这种极化就是同向极化。

23. 交叉极化：雷达系统有HH、VV、HV、VH四种极化方式。如果雷达天线发送与接收的电场矢量是不同的极化方式，如HV或VH，则这种极化就是交叉极化。

24. 去极化：雷达系统有HH、VV、HV、VH四种极化方式，前两者为同向极化，后两者为异向（交叉）极化。由同向极化到异向极化的转换过程称为去极化。

25. 多极化影像：雷达系统有HH、VV、HV、VH四种极化方式，不同极化方式得到的影像是不同的。多极化影像就是指采用多种极化方式获取的雷达影像，这些影像具有信息量全面、丰富、突出某些有用地物等特点。

26. 雷达视向：指雷达的观测方向，是垂直于遥感平台飞行方向的雷达脉冲发射的方向，也就是距离方向。

27. 角隅反射：当雷达波束遇到角反射器时，角反射器每个表面的镜面反射使波束最后反转180°方向，向来波的方向传播，而且在反射回去的时候，这些方向、相位相同的回波间信号相互增强，造成极强的回波信号，这就是角隅反射或角反射效应。

二、填空题（16）

1. 微波散射计　微波高度计　成像雷达
2. 微波高度计　微波散射计
3. 真实孔径雷达（RAR）　合成孔径雷达（SAR）
4. 斜距图像　地距图像
5. 重叠
6. 距离分辨率　方位分辨率
7. 系统工作　图像质量
8. 互余
9. 不同　同一个
10. 水平极化　垂直极化
11. 水平极化　垂直极化
12. 同向　异向（交叉）
13. 同向极化
14. 交叉极化
15. 去极化
16. 4π

三、是非题（30）

1. [答案]正确。

2. [答案]正确。

3. [答案]错误。[题解]主动微波传感器也有非成像方式，如微波高度计和微波散射计。与成像传感器获取二维表达方式不同，这类传感器主要在一维垂直断面上进行测量。

4. [答案]错误。[题解]微波高度计和微波散射计是主动式微波传感器，但都属于非成像方式传感器，不能获取图像数据，只能获取目标地物的物理参数等数据。

5. [答案]正确。

6. [答案]正确。[题解]波长越长，穿透能力越强，如波长为 20cm 的 L 波段信号比波长为 2cm 的 Ku 波段信号的穿透深度大 10 倍。

7. [答案]错误。[题解]正确的说法是：湿度越小，穿透越深。例如，微波可以穿透几十米的干沙、100m 左右的冰层，但对潮湿的土壤仅能穿透几厘米到几米。

8. [答案]正确。[题解]根据侧视雷达成像原理可知，距离方向上的分辨率（地距分辨率）是变化的，即近射程点分辨率低，远射程点分辨率高，这就是雷达成像必须侧视的原因。

9. [答案]错误。[题解]侧视雷达的分辨率有距离分辨率和方位分辨率之别，二者是完全不同的两个概念，并不相等，且距离分辨率本身又是变化的。

10. [答案]正确。

11. [答案]正确。[题解]斜距分辨率表示为 $R_{sr}=\dfrac{\tau\cdot c}{2}$。式中，$R_{sr}$ 为斜距分辨率；τ 为脉冲持续时间；c 为光速；$\tau\cdot c$ 就是脉冲宽度。

12. [答案]错误。[题解]缩短反射脉冲的宽度是提高距离分辨率的重要途径，但是，脉冲宽度过小，导致发射功率下降，反射脉冲的信噪比降低。因此，还可以采用线性调频调制的“脉冲压缩”技术来提高距离分辨率。

13. [答案]正确。

14. [答案]错误。[题解]距离分辨率的大小与雷达的俯角密切相关。俯角越小，分辨率越高；俯角越大，分辨率越低。近射程点俯角大，所以分辨率低；远射程点俯角小，分辨率高。

15. [答案]正确。[题解]侧视雷达距离分辨率受脉冲持续时间和雷达的俯角的影响，与遥感平台的高度无关。

16. [答案]正确。

17. [答案]正确。

18. [答案]正确。[题解]合成孔径雷达由于使用了“合成天线”技术，相当于组成了一个比实际天线大得多的合成天线，因此可以获得更高方位分辨率的雷达图像。

19. [答案]错误。[题解]“合成天线”技术的使用，只是有效提高了雷达系统的方位分辨率。合成孔径雷达的距离分辨率与真实孔径雷达的距离分辨率是相同的。

20. [答案]错误。[题解]合成孔径雷达的方位分辨率与距离无关，只与天线的孔径有关。

天线的孔径越小，方位分辨率越高，这一点与真实孔径雷达正好相反。

21. [答案]错误。[题解]等距离的地面点在斜距图像上彼此间的距离都被压缩了，这种现象称为斜距图像的近距离压缩。也就是说，离雷达天线越近，压缩的程度越大。

22. [答案]正确。

23. [答案]错误。[题解]并不是所有高出地面的目标地物都会产生叠掩，只有当雷达波束俯角与坡度角之和大于 90º 时才会出现叠掩。俯角越大，产生叠掩的可能性就越大，因此叠掩现象多在近距离点发生。

24. [答案]正确。

25. [答案]错误。[题解]在地距图像上，比例尺是个常数，而在斜距图像上，斜距成像过程中的近距离压缩造成了图像的几何失真，比例尺不再是常数了。

26. [答案]正确。

27. [答案]错误。[题解]正确的说法是：地表越粗糙，雷达回波越强，图像色调越浅；地表越光滑，雷达回波越弱，图像色调越深。

28. [答案]正确。

29. [答案]错误。[题解]雷达俯角的大小直接影响了雷达回波的强度，从而影响图像色调的深浅变化。远距点目标对应的俯角小，回波强度小，图像色调深；近距点目标对应的俯角大，回波强度大，图像色调浅。

30. [答案]正确。

四、简答题（17）

1. [题解]：微波传感器分为主动微波传感器和被动微波传感器两大类。

（1）主动微波传感器。有成像和非成像两种类型。最常见的主动式成像微波传感器是侧视雷达。主动式非成像微波传感器包括微波高度计和微波散射计。①侧视雷达（SLR）。指视野方向和飞行器前进方向垂直，用来探测飞行器两侧地带的雷达系统，有真实孔径雷达（RAR）和合成孔径雷达（SAR）两种。②微波高度计（altimeters）。根据发射波和接收波之间的时间差，测量目标物与遥感平台的距离，从而准确获取地表高度的变化、海浪的高度等参数。③微波散射计（scatterometers）。主要用来测量地物的散射或反射特性，它通过变换发射雷达波束的入射角、极化特征和波长，研究不同条件下地物的散射特性。

（2）被动微波传感器。被动微波遥感通过微波辐射计（microwave radiometers），在一定的视角范围内被动接收地表物体的微波辐射能量，从而探测与这种发射能量大小有关的地表物体信息。由于微波波长较长，与可见光相比，其发射出的能量要小得多，因此，被动微波传感器的探测视角比较大，从而保证了能接收到足够的微波辐射能量，这也是大部分被动传感器空间分辨率都比较低的主要原因。

2. [题解]：**（1）微波遥感的主要特点**。①具有全天候、全天时工作的能力。与可见光、红外线相比，微波的波长很长，在传播过程中能穿云透雾，不受天气状况的影响，因此具有全天候工作的能力；无论是被动方式还是主动方式的微波遥感，都不受昼夜变化的影响，因此具备全天时工作的能力。②对地物有一定的穿透能力。微波除了能穿云透雾以外，对岩石、土壤、植被、冰层等，也有一定程度的穿透能力。因此，微波遥感不仅能反映地表信息，还可以反映地表以下一定深度处的地物信息。③能获得可见光和红外遥感所不能提供的某些信息。微波高度计和合成孔径雷达具有测量距离的能力，可用于测定大地水准面，甚至可以获取重力波的波高和波长，可区分各种冰的特性，测量冰雪的范围和厚度。④微波波段可以覆盖更多的倍频程。微波波段的最长工作波长与最短工作波长之比（倍频程）大于实际使用的最长红外波长与最短可见光波长之比，这意味着微波传感器能获取更多的信息，使地面目标更易识别。

（2）微波遥感的不足。①除合成孔径雷达外，微波传感器的空间分辨率一般远比可见光和热红外传感器低。②由于微波特殊的成像方式，其数据的处理和解译较为困难。③微波所携带的电磁信息与人们习惯的颜色信息很难匹配,不能记录与颜色有关的现象。④微波数据与可见光、红外数据很难取得空间上的一致性。

3. [题解]：雷达成像与可见光、红外遥感的不同之处可概括为：①遥感方式上的不同。可见光、红外遥感为被动式遥感，它所利用的能源是太阳辐射或地球的热辐射；而雷达成像为主动式遥感，它所利用的则是人工的微波辐射源。②成像技术上的不同。可见光、红外遥感使用的是传统的光学成像技术，与照相机一样利用“小孔成像”原理，通过摄影或扫描形成中心投影的影像；而雷达使用的是无线电技术，是雷达天线发射微波脉冲后，按照时间序列记录地面目标的回波信号及其强度，从而获取地表的图像信息的。这是两者的本质区别。③图像的几何特征不同。可见光、红外遥感符合中心投影的构象规律，而雷达独特的成像方式，使其图像出现近距离压缩、透视收缩、叠掩等特征。④成像能力上的不同。雷达具有全天候、全天时工作的能力，可见光、红外遥感则不然。红外遥感虽然也可以在夜间工作，但它受大气衰减和云雨的影响十分强烈，不具备真正意义上的全天时工作能力。

4. [题解]：真实孔径雷达成像是通过连续的二维扫描，即距离方向扫描和航线方向扫描共同实现的。在距离方向上，由于地面目标到天线的距离不同，地物后向反射的回波信号被天线接收到的时间也不同，因此近距离目标先成像，远距离目标后成像。这样，雷达系统依据地面目标回波信号到达天线的时间顺序和回波信号的强度，实现了距离方向上的扫描成像；在航线方向，随着遥感平台的前进，雷达扇状波束连续扫描地面实现了航向上的扫描成像。

5. [题解]：合成孔径雷达是在真实孔径雷达的基础上发展起来的，它们之间的区别主要表现在以下几个方面。

（1）成像原理不同。合成孔径雷达是指用一个小天线作为单个辐射单元，将此单元沿一直线不断移动，在不同位置上接收同一地物的回波信号并进行相关解调压缩处理的侧视雷达。①合成孔径天线是在不同位置上接收同一地物的回波信号，而真实孔径天线则是在同一个位置上接收目标的回波。如果把真实孔径天线划分成许多小单元，则每个单元接收回波信号的过程与合成孔径天线在不同位置接收回波的过程十分相似。②真实孔径天线接收目标回波后，好像物镜那样成像，而合成孔径天线对同一目标的信号不是在同一时刻得到的，在每一个位置上都要记录一个回波信号。

（2）图像分辨率不同。①合成孔径雷达的距离分辨率与真实孔径雷达相同，但方位

分辨率则完全不同。合成孔径雷达使用了“合成天线”技术，能获得比真实孔径雷达更高方位分辨率的图像。②合成孔径雷达的方位分辨率与距离无关，只与天线的孔径有关。天线的孔径越小，方位分辨率越高，这一点与真实孔径雷达正好相反。

（3）成像结果不同。在合成孔径雷达的成像过程中，每个反射信号在数据胶片上被连续记录成间距变化的一条光栅状截面，从而形成一条一维相干图像，最终形成的整体图像属于相干图像，需要经过恢复处理才能得到地面的实际图像，而真实孔径雷达能直接形成地面的实际图像。

6. [题解]：**（1）距离分辨率的特点**。距离分辨率指在雷达脉冲发射的方向上能分辨的两个目标之间的最小距离。距离分辨率取决于脉冲持续时间，即脉冲宽度。其特点是：①脉冲宽度越短，距离分辨率越高。因此，提高距离分辨率的一个重要途径就是缩短反射脉冲的宽度。②俯角越小，分辨率越高；俯角越大，分辨率越低。由于距离方向上地面不同位置处雷达波束的俯角不同，因此，地距分辨率是变化的。近射程点分辨率低，远射程点分辨率高，这一点与航空摄影的情况正好相反。③距离分辨率的大小与遥感平台的高度无关。航天遥感和航空遥感同样可以获得高分辨率的雷达图像。

基于上述分析可知，影响侧视雷达距离分辨率的因素有：脉冲持续时间和雷达的俯角。

（2）方位分辨率的特点。方位分辨率指在雷达飞行方向上能分辨的两点之间的最小距离。其特点是：①真实孔径雷达的方位分辨率取决于波束宽度。波束宽度越窄，方位分辨率越高。由于雷达波束为扇状波束，近射程点的波束宽度小于远射程点的波束宽度，因此近射程点比远射程点的方位分辨率高。②对真实孔径雷达而言，方位分辨率与斜距及雷达的波长成正比，与天线孔径大小成反比。③合成孔径雷达的方位分辨率与距离无关，只与天线的孔径有关。天线的孔径越小，方位分辨率越高，这一点与真实孔径雷达正好相反。

基于上述分析可知，影响真实孔径雷达距离分辨率的因素有：雷达波束的宽度、斜距、波长和天线孔径。而影响合成孔径雷达距离分辨率的因素只有天线的孔径。

7. [题解]：方位分辨率指在雷达飞行方向上能分辨的两点之间的最小距离。真实孔径雷达与合成孔径雷达方位分辨率有本质不同，表现在：①真实孔径雷达的方位分辨率与斜距及雷达的波长成正比，与天线孔径大小成反比。因此，要提高真实孔径雷达的方位分辨率，必须缩短观测距离，或者采用波长较短的电磁波，或者加大天线的孔径。②合成孔径雷达天线的孔径越小，方位分辨率越高，这一点与真实孔径雷达正好相反。原因是使用了“合成天线”技术，其方位分辨率与距离无关，只与天线的孔径有关。

8. [题解]：**（1）空间分辨率高**。雷达探测可获得高分辨率的图像，是因为：①雷达是以时间序列来记录数据的。成像雷达由于反射和接收信号的时延正比于到目标的距离，因此只要精确地分辨回波信号的时间关系，即使长距离也能够获得高分辨率的雷达图像。②地物目标对微波的散射性能好，而地表自身的微波辐射能小。这种微弱的微波辐射，对雷达系统发射出的雷达波束及回波散射干扰小。③除了个别特定频率对水汽和氧分子的吸收外，大气对微波的吸收与散射均较小，微波通过大气的衰减量小。

（2）穿透能力强。微波除了能穿云透雾以外，对岩石、土壤、松散沉积物、植被、冰层等地物也有一定的穿透深度。因此，雷达遥感不仅能反映地表信息，还能在一定程度上反映地表以下的信息；雷达信号的穿透深度与地物的介电常数成反比，与雷达波长成正比。

（3）立体效应明显。雷达散射及雷达波束对地面倾斜照射时，产生雷达阴影，即图像暗区。雷达阴影增强了图像的立体感，使地形起伏的立体效应尤为明显，因此对地形、地貌及地质构造等要素有较强的表现力和较好的探测效果。

（4）几何特征突出。雷达图像的几何特征包括斜距图像比例失真、透视收缩、叠掩现象、雷达视差与立体观察等。尽管雷达图像独特的几何特征给图像解译带来一些不便，但同时也提供了地物大量的立体信息，对地形、地物的量测和分析非常有利，如利用干涉雷达可以得到高精度（厘米级）的三维数据。

（5）其他特点。①对与水有关的地表信息的识别能力更强。雷达图像突出水体信息并对土壤水分、地表湿度、物质的含水量等反映明显，据此可运用多时相雷达图像进行土壤水分动态监测。②对松散沉积物的表面结构反映明显。③对居民点及线性地物的表现尤为明显。

9. [题解]：雷达特殊的成像方式，使地形的影响在雷达图像上出现了透视收缩、叠掩和雷达阴影三种特殊的现象。

（1） 透视收缩及其原理。山区和丘陵地区的雷达图像上，面向雷达一侧的山坡长度与其实际长度相比，明显变小了，这种图像被压缩的现象称为透视收缩。图 5.1（a）中，对坡面 AB 来说，雷达波束先到达坡底（A），最后到达坡顶（B），因此，成像后坡面的长度为 $A'B'$，显然，$A'B' < AB$，即出现了透视收缩现象。

（2）叠掩现象及其原理。如图 5.1（b）所示，受地形影响，对于地表高大的山体，雷达波束先到达其顶部（B），后到达其底部（A），导致山体顶部的回波信号先于底部到达。表现在雷达图像上，山体顶部和底部的位置被颠倒，形成倒像，这就是叠掩现象。

（3）雷达阴影及其原理。受地形的影响，后坡雷达波束不能到达的坡面上，因为没有回波信号，在图像上形成的亮度暗区[图 5.1（c）]，这就是雷达阴影。

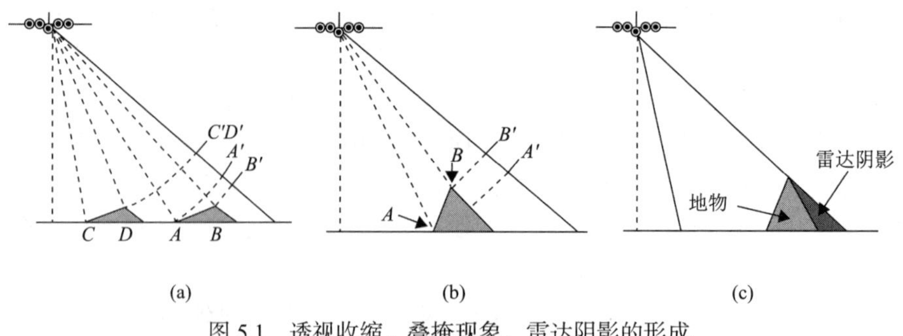

图 5.1　透视收缩、叠掩现象、雷达阴影的形成

10. [题解]：雷达图像的几何畸变主要表现在斜距图像的近距离压缩、透视收缩、叠掩和雷达阴影等方面。

（1）近距离压缩及其变形规律。①等距离的地面点在斜距图像上彼此间的距离都被不同程度地压缩了，且离雷达天线越近，压缩的程度越大。②近距离压缩造成了雷达图

像在距离方向上比例尺的变化。从近距点到远距点，比例尺由小变大。③雷达图像在距离方向上出现近距离压缩，而航空像片在地形起伏或倾斜摄影时出现远距离压缩，两者变形方向正好相反。

（2）透视收缩现象及其变形规律。雷达波束入射角与地面坡角的不同组合会出现程度不同的透视收缩现象。①坡面不同部位透视收缩程度不同。坡底的收缩度肯定要比坡顶的收缩度大。②地形坡度越大，收缩程度也就越大。③前坡（面向雷达波束方向的坡面）与后坡（背向雷达波束方向的坡面）透视收缩程度不同。前坡的透视收缩程度更大，造成后坡总是比前坡长。④透视收缩造成雷达回波能量的相对集中，因此雷达图像上坡面的亮度较大，而且前坡比后坡更亮。

（3）叠掩现象及其变形规律。雷达图像上，山体顶部和底部的位置被颠倒，形成倒像，这就是叠掩现象。①只有当雷达波束俯角与坡度角之和大于 90º 时才会出现叠掩。②俯角越大，产生叠掩的可能性就越大，因此叠掩现象多在近距离点发生。

（4）雷达阴影及其变形规律。雷达阴影是指后坡雷达波束不能到达的坡面上，因为没有回波信号，在图像上形成的亮度暗区。①雷达阴影的形成与俯角和坡面坡度有关。当后坡坡度大于俯角时，则必然产生阴影。②雷达阴影的长短和阴影区面积的大小与雷达俯角、坡面坡度有密切关系。坡面距离雷达天线越远，波束越倾斜，或者山坡后坡坡度越大，阴影也越长，阴影区面积也就越大。

11. [题解]：（1）投影性质不同。侧视雷达图像为斜距投影，而航空摄影图像为中心投影。

（2）几何特征不同。①侧视雷达图像的“近距离压缩”现象，造成其在距离方向上比例尺的变化，规律是从近距点到远距点，比例尺由小变大；而航空摄影图像上的比例尺是不变的（地面水平）。②侧视雷达图像上出现的“透视收缩”和“叠掩”现象，造成前坡（面向雷达波束方向的坡面）影像被压缩，而后坡（背向雷达波束方向的坡面）影像被拉长，这种变形与中心投影的航空像片上的变形方向正好相反。③侧视雷达图像上，地形高差产生的投影差与中心投影投影差位移的方向相反，位移量也不同。④侧视雷达图像的分辨率有距离分辨率和方位分辨率之分，这一点完全不同于摄影图像和扫描图像的分辨率。

（3）辐射特征不同。雷达图像的色调取决于地物的后向散射强度，与地表粗糙度、复介电常数、地表坡度等地表特性要素，以及波长、极化方式等系统参数因素有关。而摄影图像的色调取决于地物的反射率。

12. [题解]：雷达系统的工作参数包括波长、极化方式、俯角、照射带宽、距离显示形式，除此之外，也包括雷达系统运行平台的高度、姿态、成像时间和经纬度等飞行参数。

（1）雷达波长是指成像采用的波段范围。由于雷达波段的不同，雷达图像所表现出来的信息特点也是完全不同的。

（2）极化是电磁波偏振现象在微波遥感中的表现。极化有水平极化和垂直极化两种基本形式。雷达系统通过不同的极化方式发射或接收电磁波，可以获得具有不同信息特点的雷达图像。

（3）雷达俯角是雷达波束与水平面之间的夹角，它与入射角呈互余关系。雷达波束在距离方向上具有一定的宽度，因而形成一个俯视范围，在这个范围内雷达波束照射的地面宽度称为照射带宽度。

（4）雷达成像有地距和斜距两种显示形式。在地距图像上，比例尺是个常数，而在斜距图像上，斜距成像过程中的近距离压缩造成了图像的几何失真，比例尺不再是常数了。

13. [题解]：（1）表面粗糙度。表面粗糙度指地面起伏的相对程度。表面粗糙度不仅取决于地表的高度标准差（h），还与雷达波长（λ）和俯角（γ）有关。根据表面粗糙度的不同，地表面一般可分为三种类型，即光滑表面、中等粗糙表面和粗糙表面。

（2）划分标准。瑞利准则（Rayleigh criterion）把地表面分为光滑表面和粗糙表面两种类型，符合 $h < \dfrac{\lambda}{8 \cdot \sin\gamma}$，即为光滑表面，否则为粗糙表面。美国人皮克（Peak）和奥立弗（Oliver）在瑞利准则的基础上，提出了一个更为严格的判别粗糙度的表达式，即 $h \leqslant \dfrac{\lambda}{25\sin\gamma}$，为光滑表面；$h \geqslant \dfrac{\lambda}{4.4\sin\gamma}$，为粗糙表面；$\dfrac{\lambda}{4.4\sin\gamma} \leqslant h \leqslant \dfrac{\lambda}{25\sin\gamma}$，为中等粗糙表面。

14. [题解]：（1）雷达独特的成像方式。雷达是以时间序列来记录数据的，与相机、光机扫描仪根据多波长透镜的角距离来记录数据是完全不同的。成像雷达由于反射和接收信号的时延正比于到目标的距离，因此只要精确地分辨回波信号的时间关系，即使长距离也能够获得高分辨率的雷达图像。

（2）地物目标对微波的散射性能好，而地球表面自身的微波辐射能小。这种微弱的微波辐射，对雷达系统发射出的雷达波束及回波散射干扰小。

（3）除了个别特定频率对水汽和氧分子的吸收外，大气对微波的吸收与散射均较小，微波通过大气的衰减量小。

15. [题解]：（1）微波具有一定的穿透能力。微波除了能穿云透雾以外，对一些地物，如植被、岩石、土壤、松散沉积物等，也有一定的穿透深度。因此，它不仅反映地球表面的信息，还可以在一定程度上反映地物表面以下的信息。

（2）微波的穿透能力与波长有密切关系。雷达信号的穿透深度与雷达波长成正比。C 波段（3.8～7.5cm）、P 波段（30～100cm）和 L 波段（15～30cm）中，P 波段波长最长，穿透能力相对最强，而 C 波段波长最短，因此穿透能力相对最弱。

（3）森林地上生物量监测，选择 P 波段 SAR 数据最理想。对森林生物量监测来说，K 波段（1.1～1.7cm）、X 波段（2.4～3.8cm）信号仅记录植被第一层面（多数情况下为叶片）的信息；P 波段（30～100cm）能穿透植被，既记录植被信息，又记录植被以下的土壤表面信息；而介于 K、P 之间的 L 波段（15～30cm）能反映植被类型的差异（至少是对植被形态而言）。由此可见，森林生物量与长波段雷达信号显著相关，因此，选择波长最长的 P 波段 SAR 数据监测森林地上生物量最为理想。

16. [题解]：（1）几何特征。①近距离压缩；②透视收缩现象；③叠掩现象；④雷达阴影。

（2）辐射特征。辐射特征表现为图像上色调的深浅变化及其规律。雷达图像的色调取决于地物的后向散射强度。后向散射越强，图像色调越浅，反之色调就越深。后向散

射强度与地表粗糙度、复介电常数、地表坡度等地表特性要素，以及波长、极化方式等系统参数有关。①对与水有关信息的识别能力更强。随着水分含量的变化，物体的介电常数变化明显，使雷达后向回波出现 20～80dB 的显著变化，因此，雷达图像突出水体信息并对土壤水分、地表湿度、物质的含水量等反映明显。②对松散沉积物的表面结构反映明显。以地表形态结构为特征的表面粗糙度对雷达回波强度的影响很大，松散沉积物的不同物质组成往往构成对微波波长不同粗糙度的表面，造成雷达回波强度的明显差异。③角反射效应。当雷达波束遇到角反射器时，会造成极强的回波信号，使图像上出现一些亮点、亮线，或虚假目标，这就是角反射效应。居民点常常构成角反射器，因此雷达图像对居民点及线性地物的表现尤为明显。④光斑效应。雷达成像时，天线所接收的电磁波信号就会出现周期性的强弱变化，并在雷达图像上形成一系列亮点和暗点相间的图斑，这就是光斑效应。

17. [题解]：（1）原因。SAR 图像上的斑点噪声是雷达目标回波信号的衰减现象引起的。对于同时被照射的多个散射体，当雷达目标和雷达站之间具有相对运动时，多个散射体与雷达之间具有不同的路程长和不同的径向速度，这使得雷达接收机接收到的信号产生一定的随机起伏，于是就不可避免地产生了斑点噪声。

（2）抑制斑点噪声的方法。①均值滤波。均值滤波采用滤波窗口内所有像元灰度值的平均值代替中心像元的值，这种方法具有很好的噪声平滑能力，噪声标准差按窗口内像元数的均方根降低。但平滑时对噪声和边缘信息不加区分，对非噪声像元也进行了平滑，从而导致图像的模糊和边缘信息邻近区域分辨率下降。为减少这一问题，通常采用 3×3 或 5×5 的小窗口。②中值滤波。此方法采用滤波窗口内所有像元灰度值的中值代替中心像元的值，其结果能有效孤立斑点噪声。但这种方法存在边缘模糊、消除细的线性特征及目标形状扭曲等常见问题。

五、论述题（1）

1. [题解]：图像色调的深浅是由雷达天线接收到的回波信号的强弱决定的，因此，影响图像色调的因素实际上就是影响雷达回波强度的因素，二者是一致的。影响雷达图像色调的因素既有地表粗糙度、复介电常数、地表坡度等地表特性要素，也有波长、极化方式等雷达图像的系统参数因素。

（1）表面粗糙度。①表面粗糙度直接影响雷达回波的强度。一般来说，地表越粗糙，雷达回波越强，图像色调越浅；地表越光滑，雷达回波越弱，图像色调越深。②表面粗糙度受地表的高度标准差、雷达波长和俯角的综合影响，是一个相对概念。同一地表面在波长较长时显得光滑，在波长较短时则显得粗糙。

（2）复介电常数。地表地物种类多样，不同地物有不同的复介电常数，反映在雷达图像上就会呈现出不同的色调。一般来说，目标地物的复介电常数越大，雷达回波的强度就越大，图像色调就越浅。例如，基岩的介电常数大于沙丘的介电常数，因此图像上基岩的色调比沙丘的色调浅。

（3）地形坡度。①地形坡度影响雷达波束的局地入射角，从而影响雷达回波的强度。一般来说，斜坡较平地或陡坡的入射角小，回波强度大，图像色调浅。②地形坡度产生阴影效果，增强了图像的表面形状。

（4）波长或频率。雷达回波的强度与入射波的波长直接相关。波长的大小决定了表面粗糙度的大小和入射波穿透地物的能力，还影响地物目标的复介电常数。波长越长，对地物的穿透能力越强；波长不同，地物目标的复介电常数也不同，进而影响雷达回波的强弱。因此，不同雷达波长的图像上同一目标的影像特征是不一样的。

（5）极化方式。①雷达系统的极化有水平极化（H）和垂直极化（V）两种基本类型。雷达天线可以选择性地发射水平极化和垂直极化两种电磁波，同时也可以选择性接收上述两种极化方式的雷达回波，因此，就有 HH、VV、HV 和 VH 四种极化方式的图像。②不同极化方式会导致目标对雷达波束的不同响应，从而影响回波的强度和对不同方位信息的表现能力。

（6）雷达的俯角与视向。①雷达俯角对图像色调的影响有两个方面，一是俯角的大小直接影响了雷达回波的强度，从而影响图像色调的深浅变化。近距点目标对应的俯角大，回波强度大，图像色调浅，远距点目标对应的俯角小，回波强度小，图像色调就深。二是俯角的大小影响表面粗糙程度及其表面散射特征，从而间接地对图像色调产生影响。②雷达视向对目标的色调影响很大，视向不同，图像色调也不同。如果目标地物的走向与雷达视向垂直，图像信息会被突出显示；如果目标地物的走向与雷达视向平行，图像信息会被减弱。

第六章　遥感图像处理

为了消除遥感图像的误差和变形，并进一步提高遥感图像的视觉效果，使分析者能更容易地识别图像内容，提高信息提取的精度，必须对遥感图像进行处理。本章内容包括：光学图像处理、数字图像的预处理、数字图像的增强与变换及遥感数据的融合。

本章重点：①辐射校正和几何校正的目的、内容和方法；②遥感数字图像增强处理的基本方法；③多源遥感数据融合的意义和方法。

一、光学图像与数字图像

根据传感器记录电磁波方式的不同，可以把遥感图像分为光学图像和数字图像两大类。

（1）光学图像又称模拟图像（analog images），是指灰度和颜色连续变化的图像，如航空遥感获取的可见光黑白全色像片、彩色红外像片、多波段摄影像片和热红外摄影像片。

（2）遥感数字图像是能被计算机存储、处理和使用的用数字表示的图像。扫描类型的传感器，如 Landsat/MSS、TM、NOAA/AVHRR、SPOT/HRV 等获取的二维数据都是数字图像。

（3）构成遥感数字图像的基本单元是像元。像元的大小由传感器的空间分辨率决定。每一个像元只有一个 DN 值（digital number），记录和反映了像元内所有地物电磁辐射能量的相对强度。DN 值的大小取决于传感器的辐射分辨率。

（4）遥感数字图像在存储和分发时，通常采用 BSQ、BIL、BIP、HDF 等不同的数据格式。

（5）遥感数字图像的特点：①便于存储与传输；②便于计算机处理与分析；③信息损失低；④抽象性强。

（6）把灰度和颜色连续变化的光学图像转换成数字图像的过程就是光学图像的数字化。光学图像数字化的两个主要过程是空间采样、属性量化。

二、光学图像的处理

1. 光和颜色

（1）光是一种由光子微粒组成的人眼可以看见的电磁波，波长在 0.38～0.78μm。人眼所能感受到的颜色均对应着一定波长的电磁波，如 0.7μm 对应红色，等等。

（2）颜色分为光源色和物体色两种。光源色是指由各种光源发出的光；物体色是指本身不发光，但呈现出对光源色的吸收、反射得来的色光。

（3）绝大部分可见光谱对眼睛的刺激效果都可以用红（700nm）、绿（546.1nm）、蓝（435.8nm）三色光按不同比例和强度的混合来等效表示。

2. 颜色的性质与视觉对比

（1）颜色的性质通常用明度、色调和饱和度三要素描述。颜色立体模型则是用来表示色调、明度和饱和度之间关系的直观图解。

（2）相邻区域不同颜色的相互影响叫做颜色对比。两种颜色相互作用的结果，使目标对象的颜色向其周围背景颜色的补色方向变化；当一个颜色（包括灰色）的周围呈现高亮度或低亮度刺激时，这个颜色就向其周围明度的对立方向转化，这种现象叫做明度对比。

3. 色彩混合的原理

（1）自然界的各种颜色都是色彩混合的结果。色彩混合分为色光混合和色料混合两种类型。

（2）原色是指通过其他颜色的混合无法得到的“基本色”。色光混合的三原色是红色（R）、绿色（G）、蓝色（B），而色料混合的三原色则是青色（C）、品红色（M）、黄色（Y）。

（3）两种或两种以上的色光同时反映于人眼，视觉上会产生另一种色光的效果，这种色光混合产生综合色觉的现象称为色光加色法或色光的加色混合。

（4）色料混合也被称为减色混合或减光混合，其本质是色料对复色光中的某一单色光的选择性吸收，并造成了入射光能量的减弱及混合色明度的降低。

4. 光学图像的处理方法

（1）光学图像的彩色合成是指采用色光混合或色料混合的原理，将多波段黑白航空摄影图像转化为彩色图像的一种传统技术方法。

（2）色光加色法合成是借助根据色光加色混合原理制成的各种合成仪器，通过选用不

同波段的正片或负片组合进行彩色合成的一种图像处理技术。有合成仪法和分层曝光法。

（3）色料减色法合成是根据色料减色混合的原理，采用染印、印刷等不同的技术工艺实现光学图像的彩色合成。有染印法和印刷法。

（4）光学图像的增强处理方法：①改变对比度；②显示动态变化；③边缘突出；④密度分层；⑤专题抽取。

三、数字图像的预处理

1. 辐射校正

消除图像数据中依附在辐射亮度里的各种失真的过程称为辐射校正。

（1）辐射定标：把遥感图像的亮度值转化成光谱辐射亮度的过程。辐射定标的关键是确定定标参数。定标参数可以通过实验室定标、星上内定标及场地外定标等方法来确定。

（2）大气校正的目的：消除由大气影响所造成的辐射误差，反演地物真实的表面反射率。最小值去除法和回归分析法是最常用的校正方法。

（3）太阳高度校正：消除由太阳高度角导致的辐射误差，即将太阳光线倾斜照射时获取的图像校正成太阳光垂直照射条件下的图像。

2. 几何校正

几何校正是消除图像的几何变形，实现原始图像与标准图像或地图的几何整合的过程。

（1）遥感图像的几何变形误差可分为内部误差和外部误差。内部误差是传感器自身的性能、技术指标偏离标称数值造成的。外部变形误差是传感器以外的其他因素造成的误差。

（2）影响外部变形误差的因素：①传感器外方位元素变化；②地形起伏；③地球表面曲率；④大气折射；⑤地球自转。

（3）遥感图像的几何校正包括两个层次：第一层次为粗校正；第二层次为几何精校正。

（4）粗校正是地面站根据测定的与传感器有关的各种校正参数对接收到的遥感数据所作的校正处理，这种校正对消除传感器内部畸变很有效，但校正后的图像仍有较大的残差。

（5）几何精校正是指消除图像中的几何变形，产生一幅符合某种地图投影或图形表达要求的新图像。几何精校正回避了成像的空间几何过程，并且认为遥感图像的总体几何畸变是挤压、扭曲、缩放、偏移及其他变形综合作用的结果。

（6）几何精校正过程中地面控制点选择的好坏，直接影响图像校正的效果。通常控制点数量由多项式的结构来确定，n 阶多项式控制点的最小数量为（n+1）（n+2）/2。

（7）常用的重采样方法：最近邻法、双线性内插法和三次卷积内插法。

四、数字图像的增强与变换

图像的增强和变换是为了突出相关专题信息，提高图像的视觉效果，使分析者能更容易地识别图像内容，从图像中提取更有用的定量化信息。

1. 对比度增强

对比度增强也称图像拉伸或反差增强，是通过改变图像像元的亮度值来提高图像全部或局部的对比度，改善图像质量的一种方法。包括线性变换、非线性变换、直方图均衡化等。

（1）线性变换：对比度增强必然要改变图像像元的亮度值，并且这种改变需要遵循某种数学规律，即选择一个恰当的变换函数。如果变换函数是线性的，这种变换就是线性变换。

（2）非线性变换：如果变换函数是非线性的，这种变换就是非线性变换。常见的非线性变换有指数变换和对数变换。

（3）直方图均衡化：基本思想是对原始图像的像元亮度值做某种映射变换，使变换后图像亮度的概率密度呈均匀分布，即变换后图像的亮度值均匀分布。

（4）直方图匹配：又称为直方图规定化，是指使一幅图像的直方图变成规定形状的直方图而进行的图像增强方法。

2. 图像滤波

图像滤波是一种采用滤波技术实现图像增强的方法。它以突出或抑制某些图像特征为主要目的，如去除噪声、边缘增强、线性增强等。

（1）图像滤波可分为空间域滤波和频率域滤波。前者是以像元与周围邻域像元的空间关系为基础，通过卷积运算实现图像滤波；后者通过傅里叶变换，将图像由图像空间转换到频域空间，然后在频率域中对图像的频谱作分析处理，以改变图像的频率特征。

（2）空间域滤波有平滑和锐化两种基本方法，它们都是以图像的卷积运算为基础的。

（3）图像平滑：使图像亮度趋于平缓的处理方法，包括：①均值平滑；②中值平滑。

（4）图像锐化：目的是突出图像上地物的边缘、轮廓，或某些线性目标要素的特征。图像锐化提高了地物边缘与周围像元之间的反差，因此也被称为边缘增强。包括：Roberts 梯度法、Sobel 梯度法、Laplacian 算法和定向监测等方法。

3. 彩色增强

彩色增强处理就是根据人的视觉特点，将各种灰度图像转化成彩色图像的过程。

（1）单波段图像的彩色变换主要是通过密度分割方法实现的。该方法中的色彩是人为设定的，与地物的真实颜色毫无关系，因此这种变换属于伪彩色变换。

（2）多光谱图像的彩色合成可分为真彩色合成和假彩色合成两种。如果参与合成的

三个波段的波长与对应的红、绿、蓝三种原色的波长相同或近似，这种合成就是真彩色合成。否则就是假彩色合成。

4. 图像运算

图像运算是通过多光谱图像不同波段之间简单的“加、减、乘、除”运算产生新的“波段”，实现突出特定目标地物信息的一种图像增强方法。

（1）加法运算：①可减少图像的加性随机噪声，或者获取特定时段的平均统计特征。②可加宽波段，如绿色波段和红色波段图像相加可以得到近似全色图像。

（2）减法运算：可增加不同地物间光谱反射率及在两个波段上变化趋势相反时的反差，或提取地面目标的变化信息/提取波段间的变化信息。当用红外波段与红波段图像相减时，即为差值植被指数。

（3）乘法运算：可用来遮掉图像的某些部分。在图像处理中，这种操作被称为图像掩膜。

（4）除法运算：也称比值运算。①能压抑因地形坡度和方向引起的辐射量变化，消除地形起伏的影响；②可增强某些地物之间的反差；③能用于消除山影、云影及显示隐伏构造。

5. 多光谱变换

（1）K-L(Karhunen-Loeve)变换：也称为主成分变换或主分量分析，是一种基于统计特征基础上的多维正交线性变换，是多光谱、多时相遥感图像应用处理中最常用的一种变换技术。

（2）K-L 变换是一种常用的数据压缩和去相关技术，变换后图像的信息集中在前几个分量上，且各分量在新的坐标空间中是相互独立的，相关系数为零。

（3）K-T 变换是 Kauth 和 Thomas 在研究 MSS 多光谱数据与自然景观要素特征间的关系时建立的一种特定变换，又称缨帽变换。主要应用在 MSS 和 TM 数据的处理和分析中。

五、遥感数据的融合

图像融合是指把多源遥感数据按照一定的规则或算法进行处理，生成一幅具有新的空间、光谱和时间特征的合成图像。

（1）图像融合分为不同的层次，包括像元级、特征级和决策级三种。

（2）图像融合的目的：突出有用信息，消除或抑制无关信息；增加解译的可靠性，减少识别目标的模糊性和不确定性，为快捷、准确地识别和提取目标信息奠定基础。

（3）多源遥感数据融合的基本过程包括图像选择、图像配准和图像融合三个关键环节。

（4）常用的融合方法主要有：基于加减乘除运算的融合，基于相关分析、主成分分析、小波分析及基于 IHS 变换的融合等。

（5）遥感与地学信息融合前，必须对各类地学信息进行预处理。地学信息主要指各种专题地图和专题数据。地学信息预处理包括专题地图的数字化和专题数据的图像化。

一、名词解释（58）

1. 光学图像　2. 遥感数字图像　3. 模数变换（A/D）　4. 像元　5. 光谱色
6. 非光谱色　7. 颜色立体模型　8. “三原色”或“三基色”　9. 色光加色法
10. 图像噪声　11. 辐射畸变　12. 辐射校正　13. 辐射定标　14. 大气校正
15. 分裂窗　16. 几何畸变　17. 几何校正　18. 几何粗校正　19. 几何精校正
20. 双线性内插　21. 对比度增强　22. 图像直方图　23. 直方图均衡化
24. 直方图匹配　25. 滤波　26. 空间域滤波　27. 频率域滤波　28. 卷积运算
29. 图像平滑　30. 均值平滑　31. 中值平滑　32. 图像锐化
33. Laplacian 算法　34. 边缘检测　35. 低通滤波　36. 高通滤波
37. 密度分割法　38. 真彩色合成　39. 假彩色合成　40. 标准假彩色合成
41. 伪彩色合成　42. K-L 变换　43. K-T 变换　44. 图像融合　45. 窗口
46. 灰色梯尺　47. 彩色变换　48. 椒盐噪声　49. 图像分割　50. 同态滤波
51. 图像的代数运算　52. 图像的比值运算　53. 图像地理编码　54. 影像匹配
55. 光谱匹配　56. 灰度共生矩阵　57. 构像方程　58. 小波变换

二、填空题（52）

1. 根据传感器记录电磁波方式的不同，可以把遥感图像分为________和________两大类。
2. 遥感数字图像在存储和分发时，通常采用________、________、________、________等不同的数据格式。
3. HDF 有 6 种主要数据类型：________、________、________、________、________、________。
4. Landsat、SPOT 等图像的元数据中包括了________、________、________、________、________等信息。
5. ENVI 和 ER Mapper 遥感软件使用________格式保存图像数据。
6. 光是一种由光子微粒组成的人眼可以看见的电磁波，波长范围在__________。人眼所能感受到的颜色均对应着一定波长的电磁波，如 0.7μm 对应________，0.51μm 对应________，0.47μm 对应________，等等。
7. 从人的主观感觉出发，颜色的性质通常用________、________和________三要素描述。
8. 色彩混合分为色光混合和色料混合两种类型。一般来说，色光混合的三原色是________，而色料混合的三原色则是________。

9. 色光三原色等量混合时，在红光和绿光重叠的部分产生______光，在绿光和蓝光重叠的部分产生______光，在蓝光和红光重叠的部分产生______光，而三原色共同重叠的部分呈现______光。
10. 在色光混合中，两种原色相加产生的颜色称为____________，三原色等量混合得到__________。
11. 青与红、品红与绿、黄与蓝分别为一对互补色或互补色料。作为互补色，它们的混合属于______ 混合，混合后得到白色；作为互补色料，它们的混合属于______ 混合，混合后得到黑色。
12. 遥感数字图像处理涉及的内容很多，大致可以分为______、______、______、______四种类型。
13. 原始遥感图像中的噪声主要来源于三个方面：①___________；②___________；③___________。
14. 常见的图像噪声包括______和______。
15. 太阳辐射进入大气层后，会发生反射、折射、吸收、散射和透射等现象。其中，对传感器接收地面目标辐射影响最大的是______和______。
16. 遥感图像的降质主要可以归结为两大类，即______ 失真和______ 畸变。
17. 按照畸变的性质划分，几何畸变可分为______ 畸变和______ 畸变。
18. 归纳起来，完整的辐射校正包括_________、________及________。
19. 传感器所能接收的太阳光包括________、________、________三部分。
20. 辐射定标的关键是确定定标参数。定标参数可以通过__________、__________及_________等多种不同方法来确定，用户可以在图像的元数据文件中查找到这些参数。
21. 传感器绝对定标的方法有：________、________和________。
22. 太阳辐射校正，主要校正由______导致的辐射误差，即将太阳光线倾斜照射时获取的图像校正为太阳光线垂直照射时获取的图像。
23. 为了尽量减少________和________引起的辐射误差，遥感卫星大多设计在同一个地方时间通过当地上空，但由于季节的变化和地理经纬度的变化，两者的变化是不可避免的。
24. 遥感图像的几何校正包括两个层次：第一层次的校正为______；第二层次的校正为______。
25. 遥感图像数据中的 2 级产品经过了系统级的______，即利用______等参数，以及地面系统中的有关参数对原始数据进行处理。
26. 遥感图像数据中的 3 级产品：经过了______，即利用______对图像进行了校正，使之具有了更精确的地理坐标信息。
27. 遥感图像的精纠正处理的目的是消除图像中的几何变形，产生一幅符合某种地图投影或图形表达要求的新图像。目前的纠正方法有______、______和______等。
28. 基于多项式的几何精校正中，控制点的数量 M 与多项式方程的阶数 n 之间有固定关系，即 M=______。据此，当多项式为三阶时，对应的控制点数最少为_____个。

29. 常用的重采样方法主要有______、______和______。
30. 重采样的方法中，双线性内插法是使用邻近的______个点的像元值，按照其距内插点的距离赋予不同的权重，进行线性内插；而三次卷积内插法使用内插点周围的______个像元值，用三次卷积函数进行内插。
31. 常用的对比度增强方法有______、______和______。
32. 常用的颜色空间模型有：______模型、______模型、______模型和______模型。
33. 彩色合成包括______、______、______和______四种方法。
34. 伪彩色合成是把单波段灰度图像中的不同灰度级按特定的函数关系变换成彩色，然后进行彩色图像显示的方法，主要通过______ 方法来实现。
35. 假彩色合成与伪彩色合成的不同之处在于，假彩色合成使用的数据是______图像，而伪彩色合成使用的是______ 图像。
36. 将 Landsat 的______、______、______分别赋予红、绿、蓝三色，就是一种假彩色合成，而且这种合成方案还被称为标准的假彩色合成。
37. 图像拉伸处理主要包括______、______ 和______。
38. 灰度拉伸分为______和______两种方法。
39. 图像滤波可分为______滤波和______滤波两种方法。
40. 空间域滤波有______和______两种基本方法，它们都是以图像的______运算为基础的，强调像素与其周围相邻像素的关系。
41. 图像滤波操作是______操作，是通过图像的______运算实现的。
42. 在频率域滤波中，保留图像的低频部分抑制高频部分的处理称为______，起到______作用。保留图像的高频部分而削弱低频部分的处理称为______，起到______作用。
43. 图像噪声按其产生的原因可分为______和______。从统计理论观点可分为______和______噪声。
44. 遥感图像中常见的噪声有：______、______、______。
45. 锐化是为了突出图像上地物的边缘、轮廓，或某些线性目标要素的特征。常用的锐化方法有：______、______、______和______等。
46. 定向检测的模板有______、______、______三类。
47. 根据信号处理理论及滤除的频率的特征，可以把滤波分为______、______和______三种类型。
48. 常用的滤波器有五种，即______、______、______、______和______。
49. 图像融合分为不同的层次，包括______、______和______三种。
50. 多源遥感数据融合的基本过程包括______、______和______三个关键环节。
51. 常用的融合方法主要有基于______的融合、基于______的融合，以及基于______的融合等。
52. 常用的遥感图像处理系统有______、______、______、______。

三、是非题（24）

1. 对同一色调的彩色光而言，其饱和度越高，颜色就越深、越纯，而饱和度越小，颜色就越浅，纯度也越低。
2. 若两种颜色混合产生白色光，这两种颜色就称为互补色。红和青、绿和品红、蓝和黄都是互补色。由此可见，两种原色相加混合得到的是另一个原色的补色光。
3. 色光混合和色料混合的本质是一样的，都是越加越亮。
4. 色料三原色（青、品红、黄）正好能够吸收色光三原色（红色、绿色、蓝色），它们分别是色光三原色的补色。
5. 色料三原色等量混合为黑色，这是等量混合过程中红、绿、蓝三种色光全部被吸收的缘故。
6. 色料减色法混合的本质是：色料对复色光中的某一单色光的选择性吸收，并造成了入射光能量的减弱及混合色明度的降低。
7. 遥感图像上像元亮度值的大小，能反映其对应的地表地物辐射能力的差异，但这种大小是相对的，在不同的图像上有不同的量化标准和量化值，并没有实际的物理意义。
8. 遥感传感器的辐射校正是建立入瞳处的辐射值与 DN 值之间的定量关系。
9. 传感器的辐射定标就是消除由大气影响所造成的辐射误差，反演地物真实的表面反射率的过程。
10. 遥感图像的辐射误差由两部分组成，即传感器本身的性能引起的辐射误差和大气的散射和吸收引起的辐射误差。
11. 遥感图像的外部变形误差是由传感器的外方位元素变化引起的，与地形起伏等因素无关。
12. 遥感图像的粗加工处理也称为粗纠正，它仅做系统误差的改正。粗纠正处理对传感器内部畸变的改正很有效，但处理后图像仍有较大的残差（偶然误差和系统误差）。
13. 系统性几何畸变是指遥感系统造成的畸变，这种畸变一般没有规律可循，并且其大小事先无法预测。
14. 大气的衰减作用对不同波长的光是有没有选择的，因此大气对不同波段的图像的影响是相同的。
15. 几何精纠正是应用最广的一种几何纠正方法，但它应用多项式纠正模型无法纠正地形起伏引起的位移。
16. K-L 变换后各主成分之间的相关系数为零，也就是说各主成分间的内容是不同的，是“垂直”的。
17. 对 TM 数据进行主成分分析后，得到的前三个主分量 PC1、PC2、PC3 可包含原数据 95%以上的信息，因此，三个主分量之间必然还存在一定的相关性。
18. K-L 变换与 K-T 变换都是线性变换，两种变换得到的主分量都没有物理意义或景观意义，仅仅反映了包含原数据量的多少。
19. 缨帽变换是 Kauth 和 Thomas 通过分析陆地卫星 MSS 图像反映农作物和植被生长过程的数据结构后提出的一种经验性的多波段图像的正交线性变换，又称 K-T 变换。

因此，该变换只适用于 MSS 图像数据的处理。

20. 通常，图像边缘增强采用低通滤波，而削弱图像噪声采用高通滤波。
21. 空间域的平滑滤波一般采用简单平均法进行，就是求邻近像元点的平均亮度值。邻域的大小与平滑的效果直接相关，邻域越大，平滑的效果越好。
22. 图像增强处理只能在空间域中进行，频率域中无法进行图像增强处理。
23. 图像经过直方图均衡化处理后，原图像上频率小的灰度级被合并，频率高的灰度级被保留，因此可以增强图像上大面积地物与周围地物的反差。
24. 按照滤波的方式，滤波有“通”和“阻”两种。高通滤波意味着低阻滤波，低通滤波意味着高阻滤波，而带通滤波对其他的频率则意味着带阻。

四、简答题（46）

1. 简要回答光学图像与数字图像的关系和不同点。
2. 与光学图像相比，遥感数字图像的特点有哪些?
3. 什么是图像的采样和量化？量化级别有什么意义?
4. 加色法和减色法的主要区别是什么?
5. 遥感图像储存有哪几种方法？列举几种数字图像存储格式，并说明其特点。
6. 试述 HDF 图像格式及其优势。
7. 什么是遥感图像的元数据？包括哪些主要的参数?
8. 遥感数字图像产品有哪些数据级别?
9. 什么是图像噪声?常见的图像噪声有哪些?
10. 何为辐射畸变？影响遥感数据辐射畸变的主要因素有哪些?
11. 何为辐射校正？完整的辐射校正包括哪几个方面的内容?
12. 根据辐射传输方程，分析传感器接收的电磁波能量的构成。
13. 试述传感器辐射定标的类型和方法。
14. 简要回答建立地面辐射校正场的意义。
15. 大气校正的目的是什么？试列举两种最常见的大气校正方法。
16. 简要回答目前国内外主要的大气校正模型。
17. 遥感数据在什么情况下需要作大气校正？大气校正时，如何选择恰当的校正方法?
18. 在可见光-近红外波段，大气校正需要考虑的主要因素是什么?
19. 地面辐射校正的主要内容是什么?
20. 以 Landsat5 的 TM 传感器为例，说明大气顶面反射率的计算过程。
21. 简述遥感图像几何变形误差的主要来源。
22. 遥感图像的内部几何畸变有哪些？如何纠正?
23. 谈谈你对遥感图像几何校正的理解。
24. 叙述卫星遥感图像多项式拟合法精校正处理的原理和步骤。
25. 几何精校正过程中如何选择地面控制点?
26. 什么是图像的重采样？简述常用的重采样方法及其特点。
27. 遥感图像预处理过程中，应该先进行辐射校正还是几何校正？为什么?

28. 简述遥感图像镶嵌的方法、步骤，以及实现遥感数字图像高质量“无缝”镶嵌需要解决的关键问题。
29. 简要说明图像直方图的性质及如何根据直方图判断图像的质量。
30. 简述遥感图像增强中线性拉伸和直方图均衡化方法的区别。
31. 图像滤波的主要目的是什么？主要方法有哪些？
32. 叙述空间域图像与频率域图像的关系和不同点。
33. 遥感数字图像处理中提到的“窗口”和“邻域”有什么区别？
34. 什么是 Laplacian 算子？它有哪些特征？
35. Roberts 梯度与 Sobel 梯度有什么区别？
36. 彩色变换具有哪些主要应用？
37. 为什么要进行彩色合成？彩色合成有哪些主要方法？
38. 试述多光谱图像的代数运算及其在图像处理和信息提取中的作用。
39. 什么是 K-L 变换？简述其主要特点。
40. 什么是 K-T 变换？其主要特点是什么？
41. 比较 K-L 变换与 K-T 变换的异同。
42. 简要回答直方图均衡化处理可能产生的效果。
43. 简要回答多源遥感数据融合的目的、基本过程及常用方法。
44. 以 TM 多光谱数据和 SPOT 全色波段为例，简述利用代换法进行图像融合的方法和步骤。
45. 结合遥感与地理信息系统的发展，谈谈遥感数据与非遥感信息复合的重要意义。
46. 如何提高遥感图像的定位精度？

参考答案与题解

一、名词解释（58）

1. 光学图像：又称模拟图像（analog images），指灰度和颜色连续变化的图像。通常，光学图像是采用光学摄影系统获取的以感光胶片为介质的图像。例如，航空遥感获取的可见光黑白全色像片、彩色红外像片、多波段摄影像片和热红外摄影像片，都属于光学图像。

2. 遥感数字图像：指能被计算机存储、处理和使用的用数字表示的图像，是传感器记录电磁波能量的一种重要方式。数字图像最基本的单位是像素，像素是 A/D 转换中的取样点，是计算机图像处理的最小单元，每个像素具有特定的空间位置和属性特征。

3. 模数变换（A/D）：模拟信号到数字信号的转换，是将连续变化的模拟量转换为离散数字点集的过程。模数变换包括抽样和量化两个主要过程。

4. 像元：也称为像素，是传感器所能分辨的最小地面单元，是构成遥感数字图像的基本单元，是遥感成像过程中的采样点。像元的大小等于传感器的瞬时视场角对应的地面面积。

5. 光谱色：人眼受可见光不同波长的刺激产生了红、橙、黄、绿、青、蓝、紫等颜色的感觉，每种颜色对应一个波长值，这种颜色称为光谱色。

6. 非光谱色：多数情况下，刺激人眼的光波并不是单一的波长，而常常是多种波长的混合。混合光波也能构成颜色，但这种颜色找不到对应的波长值，称为非光谱色。

7. 颜色立体模型：将千变万化的色彩按照三属性（明度、色调和饱和度）有秩序地进行整理、分类，构成了系统的色彩体系。这种系统的体系如果借助于三维空间形式，来同时体现色彩三属性之间的关系，则被称为“颜色立体”或“颜色立体模型”，如孟赛尔立体、奥斯特瓦德色立体等。

8. “三原色”或“三基色”：原色是指通过其他颜色的混合无法得到的“基本色”。由于人的肉眼有感知红、绿、蓝三种不同颜色的锥体细胞，因此色彩空间通常可以由三种基本色来表达，这三种颜色被称为“三原色”或“三基色”。

9. 色光加色法：两种或两种以上的色光同时反映于人眼，视觉上会产生另一种色光的效果，这种色光混合产生综合色觉的现象称为色光加色法或色光的加色混合。

10. 图像噪声：指存在于图像数据中的不必要的或多余的干扰信息。噪声的存在严重影响了遥感图像的质量，因此在图像增强处理和分类处理之前，必须予以纠正。

11. 辐射畸变：也称辐射误差，指传感器在接收来自地物的电磁波辐射能时，电磁波在大气层中传输和传感器测量中受到遥感传感器本身特性、地物光照条件（地形、太阳高度角影响）及大气作用等影响，而导致的遥感传感器测量值与地物实际的光谱辐射率的不一致。

12. 辐射校正：传感器探测并记录地面目标物辐射或反射的电磁能量时，得到的测量值（辐射亮度）并不是目标物本身真实的辐射亮度，把消除图像数据中依附在辐射亮度里的各种失真的过程称为辐射校正。

13. 辐射定标：当用户需要计算地物的光谱反射率或光谱辐射亮度时，或者需要对不同时间、不同传感器获取的图像进行比较时，都必须将图像的亮度灰度值转换为绝对的辐射亮度，这个过程就是辐射定标。

14. 大气校正：传感器最终测得的地面目标的总辐射亮度并不是地表真实反射率的反映，其中包含了由大气吸收，尤其是散射作用造成的辐射量误差。大气校正就是消除这些由大气影响所造成的辐射误差，反演地物真实的表面反射率的过程。

15. 分裂窗：又称多通道法、劈窗法，指在地表温度热红外遥感反演中，利用10～13μm的大气窗口内两个相邻通道（一般为10.5～11.5μm、11.5～12.5μm）对大气吸收作用的不同，并通过两个通道测量值的各种组合来剔除大气的影响，进行大气和地表比辐射率的订正。

16. 几何畸变：遥感成像过程中，受多种因素的综合影响，原始图像上地物的几何位置、形状、大小、尺寸、方位等特征与其对应的地面地物的特征往往是不一致的，这种不一致就是几何变形，也称几何畸变。

17. 几何校正：遥感成像过程中，受多种因素的综合影响，原始图像上地物的几何位置、形状、大小、尺寸、方位等特征与其对应的地面地物的特征往往是不一致的，这

种不一致就是几何变形，也称几何畸变。几何校正就是消除图像的几何变形，实现原始图像与标准图像或地图的几何整合的过程。

18. 几何粗校正：指地面站根据测定的与传感器有关的各种校正参数对接收到的遥感数据所作的校正处理，这种校正对消除传感器内部畸变很有效，但校正后的图像仍有较大的残差。

19. 几何精校正：又称几何配准，是指消除图像中的几何变形，产生一幅符合某种地图投影或图形表达要求的新图像。几何精校正回避了成像的空间几何过程，并且认为遥感图像的总体几何畸变是挤压、扭曲、缩放、偏移及其他变形综合作用的结果。

20. 双线性内插：使用邻近4个点的像元值，按照其距内插点的距离赋予不同的权重，进行线性内插。

21. 对比度增强：也称图像拉伸或反差增强，是通过改变图像像元的亮度值来提高图像全部或局部的对比度，改善图像质量的一种方法。

22. 图像直方图：表示图像中像元亮度的分布区间及每个亮度值出现频率的一种统计图。直方图中，横坐标表示亮度值，纵坐标可以是像元数，也可以是每个亮度值出现的频率。

23. 直方图均衡化：又称为直方图平坦化，是将一已知灰度概率密度分布的图像，经过某种变换，变成一幅具有均匀灰度概率密度分布的新图像，其结果是扩展了像元取值的动态范围，从而达到增强图像整体对比度的效果。

24. 直方图匹配：又称为直方图规定化，是指使一幅图像的直方图变成规定形状的直方图而进行的图像增强方法。

25. 滤波：狭义地说，滤波是指改变信号中各个频率分量的相对大小、或者分离出来加以抑制、甚至全部滤除某些频率分量的过程。广义地说，滤波是把某种信号处理成为另一种信号的过程。

26. 空间域滤波：以像元与周围邻域像元的空间关系为基础，通过卷积运算实现图像滤波的一种方法。

27. 频率域滤波：对图像进行傅里叶变换，将图像由图像空间转换到频域空间，然后在频率域中对图像的频谱作分析处理，以改变图像的频率特征。

28. 卷积运算：从图像的左上角开始，开一个与模板同样大小的活动窗口，窗口图像与模板像元对应起来相乘再相加，并用计算结果代替窗口中心的像元亮度值。然后，活动窗口向右移动一列，并作同样的运算。以此类推，从左到右、从上到下，即可得到一幅新图像。

29. 图像平滑：受传感器和大气等因素的影响，遥感图像上会出现某些亮度变化过大的区域，或出现一些亮点（也称噪声）。这种为了抑制噪声，使图像亮度趋于平缓的处理方法就是图像平滑。图像平滑实际上是低通滤波，平滑过程会导致图像边缘模糊化。

30. 均值平滑：对每一个像元，在以其为中心的窗口内，取邻域像元的平均值来代替该像元的亮度值，这种方法就是均值平滑，也称均值滤波。均值平滑算法简单，计算速度快，但对图像的边缘和细节有一定的削弱作用。

31. 中值平滑：对每一个像元，在以其为中心的窗口内，取邻域像元的中间亮度值来代替该像元的亮度值，这种方法就是中值平滑，也称中值滤波。由于用中值代替了均值，所以中值滤波在抑制噪声的同时，还能有效地保留图像的边缘信息，相对减小图像的模糊度。

32. 图像锐化：锐化是为了突出图像上地物的边缘、轮廓，或某些线性目标要素的特征。这种滤波方法提高了地物边缘与周围像元之间的反差，因此也被称为边缘增强。

33. Laplacian算法：Laplacian算法是线性二阶微分算法，即用上下左右4个相邻像元值相加的和，再减去该像元值的四倍，作为该像元的亮度值。

34. 边缘检测：边缘是指图像中灰度发生急剧变化的区域。图像灰度的变化情况可以用灰度分布的梯度来反映，给定连续图像$f(x, y)$，其方向导数在边缘法线方向上取得局部最大值。边缘检测就是求$f(x, y)$梯度的局部最大值和方向。

35. 低通滤波：在频率域中，通过滤波器函数衰减高频信息而使低频信息畅通无阻的过程称为低通滤波。低通滤波抑制了反映灰度聚变边界特征的高频信息及包括在高频中的孤立点噪声，起到了平滑图像、去噪声的增强作用。

36. 高通滤波：是为了衰减或抑制低频分量，让高频分量畅通的滤波。因为边缘及灰度急剧变化部分与高频分量相关联，在频率域中进行高通滤波将使图像得到锐化处理。

37. 密度分割法：把单波段的黑白遥感图像按亮度进行分级，然后对每个亮度级赋予不同的颜色，使之成为彩色图像。由于密度分割法中的色彩是人为设定的，而且是可变的，与地物的真实颜色毫无关系，因此这种变换属于伪彩色变换。

38. 真彩色合成：多光谱遥感图像彩色合成处理时，如果参与合成的三个波段的波长与对应的红、绿、蓝三种原色的波长相同或近似，那么合成图像的颜色就会近似于地面景物的真实颜色，这种合成就是真彩色合成。

39. 假彩色合成：多光谱遥感图像彩色合成处理时，如果参与合成的三个波段的波长与对应的红、绿、蓝三种原色的波长不同，那么合成图像的颜色就不可能是地面景物的真实颜色，这种合成就是假彩色合成。

40. 标准假彩色合成：多光谱遥感图像彩色合成处理时，如果将近红外波段、红光波段、绿光波段分别赋予红（R）、绿（G）、蓝（B）三种原色，这种合成称为标准假彩色合成。例如，TM4、3、2合成，SPOT3、2、1合成都是标准假彩色合成。

41. 伪彩色合成：把单波段灰度图像中的不同灰度级按特定的函数关系变换成彩色，然后进行彩色图像显示的方法。

42. K-L 变换：也称为主成分变换（PCA 变换）或主分量分析，是一种基于统计特征基础上的多维正交线性变换，是多光谱、多时相遥感图像应用处理中最常用的一种变换技术。K-L 变换的基本原理是求出一个变换矩阵，经变换得到一组新的主分量波段。

43. K-T 变换：也称缨帽变换，是一种坐标空间发生旋转的线性变换，但旋转后的坐标轴不是指向主成分的方向，而是指向另外的方向，这些方向与地面景物有密切的关系，特别是与植物生长过程和土壤有关。

44. 图像融合：把多源遥感数据按照一定的规则或算法进行处理，生成一幅具有新的空间、光谱和时间特征的合成图像。图像融合的目的是突出有用信息，消除或抑制无关信息，同时还可以增加解译的可靠性，减少识别目标的模糊性和不确定性。

45. 窗口：以图像中的任一像素为中心，按上下左右对称的原则所设定的像素范围。

46. 灰色梯尺：黑白系列的非彩色可以用一条灰色色带表示，一端是纯黑色，另一端是纯白色，称为灰色梯尺。

47. 彩色变换：一种颜色既可以用 RGB 彩色空间内的 R（红）、G（绿）、B（蓝）来描述，也可以用 IHS 彩色空间的 I（亮度）、H（色调）、S（饱和度）来描述。IHS 变换就是 RGB 空间与 IHS 空间之间的变换，也称彩色变换或蒙塞尔（Munsell）变换。

48. 椒盐噪声：又称脉冲噪声，它随机改变一些像素值，在二值图像上表现为使一些像素点变白，一些像素点变黑。

49. 图像分割：把图像分成各具特性的区域并提取出感兴趣的目标的技术和过程。从数学角度来看，图像分割是将数字图像划分成互不相交的区域的过程。图像分割的过程也是一个标记过程，即把属于同一区域的像素赋予相同的编号。

50. 同态滤波：减少低频增加高频，从而减少光照变化并锐化边缘或细节的图像滤波方法。

51. 图像的代数运算：对两幅或两幅以上的输入图像的对应像元逐个地进行和、差、积、商的四则运算，以产生有增强效果的图像。图像的代数运算是一种比较简单和有效的增强处理，是遥感图像增强处理中常用的一种方法。

52. 图像的比值运算：两个波段对应像元的灰度值之比或几个波段组合的对应像元灰度值之比称为图像的比值运算。比值运算是遥感图像处理中常用的方法，能消除地形起伏的影响，也可以增强某些地物之间的反差，还能用于消除山影、云影及显示隐伏构造。

53. 图像地理编码：把图像纠正到一种统一标准的坐标系，使地理信息系统中来自不同传感器的图像和地图能方便地进行不同层之间的操作运算和分析。图像地理编码是一种特殊的图像纠正方式。

54. 影像匹配：通过一定的匹配算法在两幅或多幅影像之间识别同名点的过程。它是图像融合、目标识别、目标变化检测、计算机视觉等问题中的一个重要前期步骤，在遥感、数字摄影测量、计算机视觉、地图学及军事应用等多个领域都有着广泛的应用。

55. 光谱匹配：通过研究两个光谱曲线的相似度来判断地物的归属类别，是遥感影像识别地物的一种方法。光谱匹配有两种类型：一种是像元光谱与光谱库中的标准光谱响应曲线相比较进行光谱匹配；另一种是根据像元之间的光谱响应曲线本身的相似程度进行聚类分析。

56. 灰度共生矩阵：由于纹理是由灰度分布在空间位置上反复出现而形成的，因而在图像空间中相隔某距离的两像元之间会存在一定的灰度关系，即图像中灰度的空间相关特性。灰度共生矩阵就是一种通过研究灰度的空间相关特性来描述纹理的常用方法。

57. 构像方程：指地物点在图像上的图像坐标（x，y）和其在地面对应点的大地坐标（X，Y，Z）之间的数学关系。这个数学关系是对任何类型传感器成像进行几何纠正和对某些参量进行误差分析的基础。

58. 小波变换：与傅里叶变换相比，小波变换是一个时间和频域的局域变换，因而能有效地从信号中提取信息，并通过多尺度细化分析，可聚焦到信号的任意细节。它继承和发展了短时傅里叶变换局部化的思想，是进行信号时频分析和处理的理想工具。

二、填空题（52）

1. 光学图像　数字图像

2. BSQ　BIL　BIP　HDF

3. 栅格图像数据　调色板（图像色谱）　科学数据集　HDF 注释（信息说明数据）　Vdata（数据表）　Vgroup（相关数据组合）

4. 图像获取的日期和时间　投影参数　几何纠正精度　图像分辨率　辐射校正参数

5. BSQ

6. 0.38～0.76μm　红色　绿色　蓝色

7. 明度　色调　饱和度

8. 红色（R）、绿色（G）、蓝色（B）　青色（C）、品红色（M）、黄色（Y）

9. 黄　青色　品红色　白

10. 间色　白色

11. 色光加色　色料减色

12. 图像的预处理　图像的增强与变换　图像的融合　图像的分类

13. 探测元件周期性的变化或故障　传感器组件之间的干扰　数据传输与记录过程中的错误

14. 系统的条带　扫描线丢失

15. 吸收作用　散射作用

16. 辐射　几何

17. 系统性　随机性

18. 传感器定标　大气校正　太阳高度和地形校正

19. 太阳光直射到地表后地表的反射辐射　被大气散射辐射的太阳光在地表的反射辐射　大气的上行散射辐射（程辐射或称为路径辐射）

20. 实验室定标　星上内定标　场地外定标

21. 传感器实验室定标　传感器星上内定标　传感器场地外定标

22. 太阳高度角

23. 太阳高度角　方位角

24. 几何粗校正　几何精校正

25. 几何校正　卫星的轨道和姿态

26. 几何精校正　地面控制点

27. 多项式法　共线方程法　有理函数模型法

28. $(n+1)(n+2)/2$　10

29. 最近邻法　双线性内插法　三次卷积内插法

30. 4　16

31. 线性变换　非线性变换　直方图均衡化

32. RGB（红/绿/蓝）　CMYK（青/品红/黄/黑）　LAB（也称 CIELAB，目标色调说明标准）　HIS（色调/亮度/饱和度）

33. 伪彩色合成　真彩色合成　假彩色合成　模拟真彩色合成
34. 密度分割
35. 多波段　单波段
36. TM4　TM3　TM2
37. 灰度拉伸　图像均衡化　直方图规定化
38. 线性拉伸　非线性拉伸
39. 空间域　频率域
40. 平滑　锐化　卷积
41. 邻域　卷积
42. 低通滤波　平滑　高通滤波　锐化
43. 外部噪声　内部噪声　平稳　非平稳
44. 高斯噪声　脉冲噪声　周期噪声
45. Roberts 梯度法　Sobel 梯度法　Laplacian 算子　定向检测
46. 检测垂直线　检测水平线　检测对角线
47. 低通滤波　高通滤波　带通滤波
48. 低通滤波器　高通滤波器　带通滤波器　带阻滤波器　自定义滤波器
49. 像元级　特征级　决策级
50. 图像选择　图像配准　图像融合
51. 加减乘除运算　相关分析、主成分分析、小波分析　IHS 变换
52. Erdas Imagine　ENVI　PCI Geomatica　ER Mapper

三、是非题（24）

1. [答案]正确。[题解]饱和度是指彩色光所呈现颜色的深浅或纯洁程度，即颜色在光谱中对应的波长范围是否足够窄，频率是否单一。因此，饱和度越高，颜色就越深、越纯。

2. [答案]正确。

3. [答案]错误。[题解]色光混合属于加色混合，因此色光越加越亮。而色料混合属于减色混合，因此色料越加越暗。

4. [答案]正确。

5. [答案]正确。

6. [答案]正确。

7. [答案]正确。

8. [答案]错误。[题解]辐射定标才是建立入瞳处的辐射值与 DN 值之间的定量关系。

9. [答案]错误。[题解]传感器的辐射定标就是将传感器所得的测量值变换为绝对亮度或变换为与地表反射率、表面温度等物理量有关的相对值的处理过程。反演地物真实的表面反射率是通过大气校正来实现的。

10. [答案]错误。[题解]完整的辐射误差是由三部分组成的，即传感器本身的性能引起的辐射误差、大气的散射和吸收引起的辐射误差及地形影响和光照条件变化引起的辐射误差。

11. [答案]错误。[题解]遥感图像的外部变形误差是由传感器以外的各种因素所造成的误差，包括传感器的外方位元素变化、传感器介质不均匀、地球曲率、地形起伏及地球旋转等多种因素。

12. [答案]正确。

13. [答案]错误。[题解]系统性几何畸变有一定的规律，并且其大小事先能够预测。

14. [答案]错误。[题解]大气的衰减作用是有选择性的，不同波段大气衰减作用明显不同，对图像的影响自然也是不同的。

15. [答案]正确。

16. [答案]正确。

17. [题解]错误。[题解]经过 K-L 变换后得到的三个主分量之间是相互独立的，彼此间没有任何的相关性。

18. [答案]错误。[题解]K-L 变换得到的主分量没有物理或景观意义，但 K-T 变换得到的四个分量是有一定的景观含义的，第一分量（TC1）表征“土壤亮度”，它反映土壤亮度信息；第二分量（TC2）表征“绿度”，它与绿色植被长势、覆盖度等信息直接相关，等等。

19. [答案]错误。[题解]缨帽变换不仅适用于 MSS 图像数据的处理，也适合 TM 图像数据的处理。

20. [答案]错误。[题解]图像边缘是高频信息，因此边缘增强采用高通滤波；低通滤波衰减高频信息，能起到去噪声的效果，因此削弱图像噪声采用低通滤波。

21. [答案]错误。[题解]平滑滤波需要合理选择邻域大小。邻域过大会使边缘信息损失增大，从而使输出的图像变得模糊，因此，并不是邻域越大平滑效果越好。

22. [答案]错误。[题解]空间域和频率域都可以进行图像增强处理。空间域处理直接对图像进行各种运算以得到需要的增强效果，频率域处理是先将空间域图像变换成频率域图像，然后在频率域中对图像的频谱进行处理，以达到增强图像的目的。

23. [答案]正确。[题解]原图像上频率小的灰度级被合并，频率高的灰度级被保留，这是图像直方图均衡化的效果之一。

24. [答案]正确。

四、简答题（46）

1. [题解]：（1）光学图像与数字图像的关系。①光学图像和数字图像是遥感图像两种不同的表示方式。光学图像又称模拟图像，是指灰度和颜色连续变化的图像。遥感数字图像是能被计算机存储、处理和使用的用数字表示的图像，是传感器记录电磁波能量的一种重要方式。②光学图像和数字图像可以相互转换。光学图像通过采样和量化等过程可以数字化，转化为数字图像，数字图像通过显示终端设备、照相及打印的方式也可以转化为光学图像。

（2）光学图像与数字图像的不同点。①光学图像是一个二维连续的光密度函数，这个函数是连续变化的，而数字图像是一个二维的离散的光密度（或亮度）函数，它在空

间坐标和密度上都已经离散化。②数字图像本质上是由像元组成的栅格数字矩阵，而光学图像通常是采用光学摄影系统获取的以感光胶片为介质的硬拷贝图像。③数字图像能被计算机存储、处理和使用，存储形式多样，保存、传输方便，而光学图像不具备这种特点。

2. [题解]：与光学图像相比，遥感数字图像的特点主要表现在以下几个方面。

（1）便于存储与传输。遥感数字图像一般存储在计算机上，也可用计算机兼容磁带、磁盘、光盘存储，同时还可以通过网络进行数据传送。因此存储形式多样，保存、传输方便。

（2）便于计算机处理与分析。由于遥感数字图像是以二进制表示的，而计算机又是以二进制方式处理数据的，这就为遥感数字图像的处理和分析提供了便利。

（3）信息损失低。在获取、传输和分发过程中，图像不会因长期储存而损失信息，也不会因多次传输和复制而产生失真。

（4）抽象性强。尽管不同类别的遥感数字图像有不同的视觉效果，对应不同的物理背景，但由于它们都采用了数字形式表示，因此便于建立分析模型、进行计算机解译和运用遥感图像专家处理系统。

3. [题解]：**（1）采样**。将空间上连续的图像变换成离散点（即像素）的操作称为采样。采样时，连续的图像空间被划分为网格，并对各个网格内的辐射值进行测量。通过采样，才能将连续的图像转换为离散的图像，供计算机进行数字图像处理。

（2）量化。采样后图像被分割成空间上离散的像素，但其灰度值没有改变。量化是将像素灰度值转换成整数灰度级的过程。

（3）量化级别的意义。采样影响着图像细节的再现程度，间隔越大，细节损失越多，图像的棋盘化效果越明显。量化影响着图像细节的可分辨程度，量化位数越高，细节的可分辨程度越高；保持图像大小不变，降低量化位数减少了灰度级会导致假的轮廓。

4. [题解]：**（1）色彩混合的类型不同**。加色法指的是色光的混合，而减色法是颜料的混合。

（2）色彩混合的原色不同。加色法的三原色是色光的三原色，即红（R）、绿（G）、蓝（B），而减色法的三原色是颜料的三原色，即青色（C）、品红色（M）、黄色（Y）。

（3）应用的领域不同。色光加色法原理主要应用于电视机、监视器等主动发光的产品中，而色料混合广泛应用在印刷、照相、打印、绘画等领域。

5. [题解]：**（1）遥感图像储存的方法**。①磁带是一种顺序存储介质，要读取磁带上特定位置的记录，需要通过该点以前的全部记录数据，因此数据处理速度慢，通常只作为数据存储之用，处理时需将存储的数据读入磁盘内存中进行处理。②磁盘属于随机存储介质，因此一个完整的图像行是作为完整的记录存储在磁盘的一个位置上，而组成一幅完整的图像的记录必须是邻接的。相对磁带来说，磁盘读取或存储速度较快，能快速、随机定位一个记录。磁盘有硬盘和软盘之分。③光盘是随机存储介质，访问数据的速度较快，且具有抗磁性。现在使用的主要是一种只读的称为 CD-ROM 的光盘，也可以用可擦写光盘。

（2）几种数字图像存储格式及其特点。①BSQ（band sequential）格式。按波段顺序记录图像数据，每个波段作为独立文件被存放，每个波段文件则以像元的行、列序号排列。由于各个波段数据相对独立，因此当只需对一个波段数据进行处理时（如空间滤波、纹理分析等），这种格式最为方便。②BIL（band inter leaved by line）格式。按扫描行顺序记录图像数据，即先依次记录各个波段的第一行，再记录各个波段的第二行，以此类推。显然，BIL 属于各波段数据间按行交叉记录的一种数据格式，只有当一幅图像的所有波段数据读取结束后，才能生成完整的图像。③BIP（band interleaved by pixel）格式。按像元顺序记录图像数据，即在一行中按每个像元的波段顺序排列数据，属于各波段数据间按像元交叉记录的一种数据格式。这种格式使各个波段同一位置上的像元灰度值集中排列在一起，调用方便，因此最适于提取典型地物光谱曲线，分析遥感图像光谱特征，还有助于依据光谱特征进行合成增强及自动识别分类处理等。④HDF 格式。是一种不必转换格式就可以在不同平台间传递的新型数据格式。HDF 有 6 种主要数据类型：栅格图像数据、调色板（图像色谱）、科学数据集（multidimentional arry）、HDF 注释（信息说明数据）、Vdata（数据表）、Vgroup（相关数据组合）。HDF 采用分层式数据管理结构，并通过所提供的“总体目录结构”直接从嵌套的文件中获得各种信息。因此，打开一个 HDF 文件，在读取图像数据的同时可以方便地查询到其地理定位、轨道参数、图像属性、图像噪声等各种信息参数。

6. [题解]：（1）HDF 图像格式。HDF 是一种不必转换格式就可以在不同平台间传递的新型数据格式，主要用来存储由不同计算机平台产生的各种类型科学数据，适用于多种计算机平台，易于扩展。它的主要目的是帮助国家超级电脑应用中心（National Center for Supercomputing Applications, NCSA）的科学家在不同计算机平台上实现数据共享和互操作。HDF 数据结构综合管理 2D、3D、矢量、属性、文本等多种信息，能够帮助人们摆脱不同数据格式之间相互转换的烦琐，而将更多的时间和精力用于数据分析。

（2）HDF 格式的数据类型。HDF 有 6 种主要数据类型，即栅格图像数据、调色板（图像色谱）、科学数据集（multidimentional arry）、HDF 注释（信息说明数据）、Vdata（数据表）、Vgroup（相关数据组合）。

（3）HDF 格式的优势。①独立于操作平台的可移植性；②超文本；③自我描述性；④可扩展性。

7. [题解]：元数据是关于数据的组织、数据域及其关系的信息，简言之，元数据就是关于数据的数据。遥感图像的元数据是关于图像数据特征的表述，描述了与图像获取有关的参数和获取后所进行的后处理。例如，Landsat、SPOT 等图像的元数据中包括了图像获取的日期和时间、投影参数、几何纠正精度、图像分辨率、辐射校正参数等。

8. [题解]：根据中国科学院遥感卫星地面站的资料，遥感图像数据级别划分如下。

（1）0 级产品：未经过任何校正的原始图像数据。

（2）1 级产品：经过了初步辐射校正的图像数据，也称为辐射校正产品。

（3）2 级产品：经过了系统级的几何校正，即利用卫星的轨道和姿态等参数，以及地面系统中的有关参数对原始数据进行几何校正。产品的几何精度由这些参数和处理模型决定。2 级产品也称为系统校正产品。

（4）3 级产品：经过了几何精校正，即利用地面控制点对图像进行了校正，使之具

有了更精确的地理坐标信息。产品的几何精度要求在亚像素量级上。3 级产品也称为几何精校正产品。

（5）4 级产品：经过辐射校正、几何校正和几何精校正的产品数据，同时采用数字高程模型（digital elevation model，DEM）纠正地势起伏造成的视差。4 级产品也称为高程校正产品。高程校正产品的几何精度取决于地面控制点的可用性和 DEM 数据的分辨率。

9. [题解]：（1）图像噪声（image noise）：指存在于图像数据中的不必要的或多余的干扰信息。噪声的存在严重影响了遥感图像的质量，因此在图像增强处理和分类处理之前，必须予以纠正。

（2）常见的图像噪声：包括系统的条带和扫描线丢失。①图像条带，是由传感器探测元件的不同响应及在遥感数据记录、数据传输过程中出现的错误引起的，多出现在多光谱扫描成像过程中，在早期的 Landsat MSS 数据中比较常见。图像条带可以通过去条带（destriping）处理来完成。②扫描线丢失（dropped lines），是传感器扫描与采样设备故障及在数据传输和记录过程中产生的错误，这种错误常常导致图像上部分扫描线数据的缺失。例如，2003 年 5 月 31 日 Landsat-7ETM+机载扫描行校正器（SLC）出现故障，导致之后获取的图像出现了数据条带丢失，严重影响了 Landsat/ETM 遥感图像的使用。

10. [题解]：（1）辐射畸变：也称辐射误差，指传感器在接收来自地物的电磁波辐射能时，电磁波在大气层中传输和传感器测量中受到遥感传感器本身特性、地物光照条件（地形影响和太阳高度角影响）及大气作用等影响，而导致的遥感传感器测量值与地物实际的光谱辐射率的不一致。

（2）影响遥感数据辐射畸变的主要因素。①传感器本身的特性；②地物光照条件，包括地形和太阳高度角两个因素；③大气因素，包括大气吸收、大气散射和大气折射等。

11. [题解]：这个题目的另一种说法是：从地面反射率到影像的 DN 值的辐射定标需要进行哪几个主要的辐射校正过程，每个过程解决的主要问题是什么？这两种说法所考察的内容是一致的。

（1）辐射校正。传感器探测并记录地面目标物辐射或反射的电磁能量时，得到的测量值（辐射亮度）并不是目标物本身真实的辐射亮度。把消除图像数据中依附在辐射亮度里的各种失真的过程称为辐射校正。

（2）完整的辐射校正包括三部分内容。①传感器的辐射定标。遥感图像上像元亮度值的大小，能反映其对应的地表地物辐射能力的差异，但这种大小是相对的，在不同的图像上有不同的量化标准和量化值，并没有实际的物理意义。同时，图像上每个像元的亮度值中，都隐含着一种在光电转换过程中受传感器灵敏度影响所导致的辐射量误差。因此，当用户需要计算地物的光谱反射率或光谱辐射亮度时，或者需要对不同时间、不同传感器获取的图像进行比较时，必须将图像的亮度值转换为辐射亮度。这种把遥感图像的亮度值转化成光谱辐射亮度的过程就是辐射定标。②大气校正。传感器最终测得的地面目标的总辐射亮度并不是地表真实反射率的反映，其中包含了由大气吸收，尤其是散射作用造成的辐射量误差。大气校正就是消除这些由大气影响所造成的辐射误差，反演地物真实的表面反射率。大气校正是遥感图像辐射校正的主要内容，是获得地表真实反射率的必不可少的技术过程。③太阳高度和地形校正。太阳高度校正主要是消除由太阳高度角导致的辐射误差，即将太阳光线倾斜照射时获取的图像校正成太阳光垂直照射条件下的图像。地表反射到传感器的太阳辐射亮度与地表坡度有关。这种由地表坡度产生的辐射误差可以利用地表法线向量与太阳入射向量之间的夹角来校正。

12. [题解]：（1）辐射传输方程。电磁波在介质中传播时，受到介质的吸收、散射等作用的影响发生衰减。辐射传输方程是电磁波辐射在介质中传输时的衰减方程，它描述了辐射能在介质中的传输过程、特性及其规律。

（2）根据辐射传输方程，传感器接收的电磁波能量包含三部分。①太阳辐射经过大气衰减后照射到地面，经地面反射后，又经大气第二次衰减进入传感器的能量；②大气散射、反射和辐射的能量；③地面本身辐射的能量经过大气后进入传感器的能量。

13. [题解]：（1）传感器辐射定标。就是建立传感器每个探测元件所输出信号的数值量化值与该探测器对应像元内的实际地物辐射亮度值之间的定量关系。传感器定标是遥感信息定量化的前提，遥感数据的可靠性及应用的深度和广度在很大程度上取决于传感器定标的精度。

（2）辐射定标的类型。①绝对定标，建立传感器测量的数字信号与对应的辐射能量之间的数量关系，即定标系数。②相对定标，又称为传感器探测元件归一化，是为了校正传感器中各个探测元件响应度差异而对测量到的原始亮度值进行归一化的一种处理过程。

（3）绝对定标的方法。①传感器实验室定标；②传感器星上内定标；③传感器场地外定标。

（4）相对定标的方法。①直方图均衡化；②均匀场景图像分析。

14. [题解]：当遥感数据进行辐射定标和辐射校正后，如何评价其精度，需要通过地面辐射校正场来对计算结果进行验证和修正。我国选择敦煌西戈壁作为可见光和红外波段的辐射校正场，青海湖作为热红外波段和红外低发射率的辐射校正场。通过建立地面辐射校正场来提高辐射定标和辐射校正的精度具有以下重要意义。

（1）建立地面辐射校正场符合遥感数据定量化的需要。在轨运行的卫星传感器输出的数据是没有实际物理意义的相对值，只有经过地面辐射场的定标处理并转化成传感器对应像元、地物的实际辐射亮度值后，才能在遥感定量化研究中发挥作用。

（2）建立地面辐射校正场可以弥补星上定标的不足。在轨卫星运行的外层空间辐照环境恶劣，卫星传感器星上定标精度有限，因此，难以满足定量产品的精度要求。

（3）满足多种传感器和多时相遥感资料的应用需要。通过建立地面辐射校正场，对卫星传感器进行绝对辐射定标，能够实现卫星传感器之间数据的相互匹配，并在统一的标准下进行有效的比较和综合应用。

15. [题解]：（1）大气校正的目的。传感器最终测得的地面目标的总辐射亮度并不是地表真实反射率的反映，其中包含了由大气吸收，尤其是散射作用造成的辐射量误差。大气校正的目的就是消除这些由大气影响所造成的辐射误差，反演地物真实的表面反射率的过程。

（2）大气校正的方法。按照校正后的结果可以分为绝对大气校正和相对大气校正。前者是将遥感图像的 DN 值转换为地表反射率或地表辐射亮度、地表温度等参数；后者

只是对灰度图像中的 DN 值进行校正，其结果不考虑地物的实际反射率。以下为两种最常见的相对大气校正方法：①最小值去除法。假设图像上存在“黑色目标”，即反射率为 0 的区域，如水体、山体阴影等。理论上，这些“黑色目标”对应的像元亮度值应该为 0，而事实上并不为 0，这个增值就是大气散射作用引起的程辐射，是图像上的最小亮度值。图像校正时，首先准确找出这些“黑色目标”，并确定其对应的最小亮度值的大小。然后，将图像上每个像元的亮度值都减去这个最小值，这样就等于消除了大气程辐射的影响，实现了校正的目的。②回归分析法。程辐射一般主要来自米氏散射，且散射强度随波长的增加而减小，到红外波段几乎接近于 0。因此，可以用红外波段的数据校正受大气影响严重的其他波段的数据。以 TM 数据的校正为例，用 TM5 波段校正 TM1 波段的方法是：在两个波段图像上，选择一系列由亮到暗的目标，并在二维光谱空间里对目标像元的亮度值进行回归分析，得到的回归方程为 $L_1=a+bL_5$。式中，L_1、L_5 为 TM1、TM5 波段像元的亮度值；a 为回归直线在 L_1 轴上的截距；b 为斜率。通过回归分析，可以认为截距 a 就是 TM1 波段的程辐射。因此，从 TM1 波段中每个像元的亮度值中减去 a，就等于去掉了程辐射为主的大气影响。同理，利用 TM5 波段可以依次完成其他波段的校正。

16. [题解]：目前，国内外已提出了不少大气校正模型，大致可以归纳为以下几种。

（1）基于图像特征模型：并不需要进行实际地面光谱及大气环境参数的测量，而仅利用遥感图像自身的信息就能对遥感数据进行定标。常用的方法有：暗目标法（dark object）、平面场模型（FF）、内在平均相对反射率模型（IARR）、对数残差修正模型（LRC）等。许多遥感应用中，往往并不一定需要绝对的辐射校正，这种基于图像的相对校正就能满足其应用要求。

（2）地面线性回归经验模型：即获取遥感影像上特定地物的灰度值及其成像时相应的地面目标反射光谱的测量值，建立两者之间的回归方程式，在此基础上对整幅遥感图像进行辐射灰度纠正。

（3）辐射传输模型：即利用辐射传输方程对大气效应进行校正。辐射传输方程是描述电磁辐射在散射、吸收介质中传输的基本方程。应用大气辐射传输模型进行遥感影像大气校正需要解决两个关键问题：一是有关大气介质特征数据的获取；二是适用的大气辐射传输模型的研究。目前，国内外学者发展了多种不同类型的大气辐射传输模型并开发了相关软件，如 LOWTRAN、MODTRAN 系列及 5S、6S 模型等。

17. [题解]：大气校正的目的是消除大气和光照等因素对地物反射的影响，广义上讲是获得地物反射率、辐射率或者地表温度等真实物理模型参数；狭义上是获取地物真实反射率数据。实际应用中，是否进行大气校正处理，需要根据具体情况来确定，并不是所有的应用都需要做大气校正。

（1）不必要的大气校正。不需要进行大气校正的基本原则是，训练数据来自所研究的影像（或合成影像），而不是来自其他时间或地点获取的影像。①用最大似然法对单时相遥感数据进行分类，通常就不需要大气校正。只要影像中用于分类的训练数据具有相对一致的尺度，大气校正与否就对分类精度几乎没有影响。②非监督分类或变化监测分析时，一般不需要做大气校正。研究表明，大气校正不会提高土地利用分类的精度。

（2）必要的大气校正。①定量反演遥感数据中的生物物理信息时往往需要做大气校正。此外，如果需要将某景影像中提取的生物物理量与另一景不同时相影像中提取的同一生物物理量相比较，就必须对遥感数据进行大气校正。②如果要用标准光谱库文件作为端元或训练样本，进行光谱分析制图或监督分类，一般是需要做大气校正的，因为光谱库的数据都是地表反射率。③计算光谱指数时，使用地表反射率计算更加精确。如果要用不同时相或不同传感器的光谱指数进行对比的话，为了保证计算量级的一致性，往往需要做大气校正。④有些植被指数如 NDVI，大气对该指数的影响比其他光谱指数更为敏感，因此计算 NDVI 之类受大气影响大的指数，需要做大气校正。⑤高光谱传感器覆盖了所有的可见光到近红外波段，也包括大气吸收波段，因此使用高光谱和超光谱数据进行物质识别时，需要做大气校正，生成地表反射率数据。

（3）大气校正方法的选择。目前，遥感图像的大气校正方法很多。这些校正方法按照校正后的结果可以分为绝对大气校正和相对大气校正。常见的绝对大气校正方法有基于辐射传输模型的方法（MORTRAN、LOWTRAN、ATCOR、 6S 等模型）、基于简化辐射传输模型的黑暗像元法、基于统计学模型的反射率反演；常见的相对大气校正方法有最小值去除法、回归分析法等。选择校正方法的原则：①如果是精细定量研究，选择基于辐射传输模型的大气校正方法。②如果是做动态监测，可选择相对大气校正或者较简单的方法。③如果参数缺少，只能选择较简单的方法了。

18. [题解]：可见光-近红外的波长为 0.38～2.5μm。通过分析大气对太阳辐射的影响，就能明确此波段内的大气校正应该考虑的主要因素了。

（1）大气对太阳辐射的影响分析。大气和太阳辐射的相互作用表现在反射、吸收和散射三个方面：①大气反射。遥感成像一般选择在晴朗无云的天气，因此在此可以不予考虑。②大气吸收。具有显著的选择性。在可见光区，大气的吸收极少，可以忽略；在红外区主要是水汽吸收，大约可吸收 20%的太阳辐射能量，主要在 1.4μm 和 1.9μm 处。如果选择合适的大气窗口，可以削弱水汽的吸收作用。③大气散射。大气散射是电磁辐射能受到大气中微粒（大气分子或气溶胶等）的影响而改变传播方向的现象。大气散射有瑞利散射、米氏散射和无选择性三种类型，散射强度与微粒的大小、微粒含量、电磁波波长等因素有关。可见光-近红外波段，散射对遥感成像过程的影响无法避免。

（2）大气校正需要考虑的主要因素。基于以上分析可知，太阳辐射的衰减主要是散射造成的，散射衰减的类型和强度与电磁波的波长密切相关。由于可见光-近红外波段，大气散射主要是瑞利散射，因此，此波段的大气校正应该考虑的主要因素是空气中的气溶胶或大气分子。一般的辐射校正模型中，气溶胶光学厚度的获取往往是影响大气校正最终结果的关键因素。

19. [题解]：地面辐射校正主要包括太阳高度校正和地形校正。

（1）太阳高度校正。主要是消除由太阳高度角导致的辐射误差，即将太阳光线倾斜照射时获取的图像校正成太阳光垂直照射条件下的图像。一景遥感图像成像时的太阳高度角 θ 可以在图像的元数据文件中找到，也可以根据图像所处的地理位置、成像的季节和时间等因素通过计算来确定。太阳高度角的校正是通过调整一幅图像内的平均亮度值来实现的。当太阳高度角为 θ 时，得到的图像 $g(x, y)$ 与直射时的图像 $f(x, y)$ 之间

的关系为 $f(x,y)=\dfrac{g(x,y)}{\sin\theta}$。

（2）地形校正。地表反射到传感器的太阳辐射亮度与地表坡度有关。这种由地表坡度产生的辐射误差可以利用地表法线向量与太阳入射向量之间的夹角来校正。设光线垂直入射时水平地面接收到的光照强度为 I_0，那么，坡度为 a 的坡面上入射点的光强度 I 就可以表示成：$I=I_0\cdot\cos a$。设坡度为 a 的坡面上的图像为 $g(x, y)$，则校正后的图像 $f(x, y)=g(x, y)/\cos a$。地形校正需要区域的 DEM（数字高程模型）数据，否则校正会较为麻烦。对于高山峡谷地区的图像，地形校正是非常必要的。

20. [题解]：（1）计算辐射亮度。对于 TM 传感器，卫星接收的辐射亮度与图像亮度 DN 之间的关系为 $L=\left(\dfrac{L_{\max}-L_{\min}}{255}\right)\cdot \mathrm{DN}+L_{\min}$。其中，DN 为图像亮度值；$L$ 为辐射亮度，单位为 $\mathrm{W/(m^2\cdot sr\cdot \mu m)}$；$L_{\max}$、$L_{\min}$ 分别为图像上最大灰度级、最小灰度级对应的辐射亮度。波段不同，$L_{\max}$、$L_{\min}$ 的大小也不同。

（2）计算大气上界的反射率值。根据计算得到的辐射亮度，就可以通过下面的公式计算大气上界的反射率值。

$$\rho=\frac{\pi\cdot L_\lambda\cdot d^2}{\mathrm{ESUN}_\lambda\cdot\cos(\theta)}$$

式中，ρ 为行星反射率；d 为日地天文单位距离；ESUN 为太阳光谱辐射量，单位为 $\mathrm{W/(m^2\cdot \mu m)}$；$\theta$ 为太阳天顶角（θ=90−太阳高度角）。太阳高度角从图像数据的头文件中读取或根据卫星的过境时间计算。

21. [题解]：（1）几何变形误差的构成。遥感图像的几何变形误差可分为内部误差和外部误差。①内部误差主要是由传感器自身的性能、技术指标偏离标称数值所造成的。②外部变形误差指的是传感器本身在正常工作条件下，由传感器以外的其他因素所造成的误差。

（2）外部变形误差的主要来源。①传感器外方位元素变化的影响。传感器的外方位元素是指传感器成像时的位置（X，Y，Z）和姿态角（φ，ω，κ）。当外方位元素偏离标准位置而出现变动时，就会使图像产生变形。这种变形由地物点图像的坐标误差来表示，并可以通过传感器的构象方程进行求解。②地形起伏的影响。当地面存在起伏时，对高于或低于某一基准面的地面点来说，其在图像上的像点与其在基准面上垂直投影时的构像点之间，会出现直线位移，这种因地形起伏造成的像点位移就是投影误差。③地球表面曲率的影响。地球是个椭球体，其表面曲率对遥感成像过程的影响主要表现在两个方面：一是引起像点位移，这种位移与地形起伏引起的像点位移很类似；二是像元对应的地面宽度不等。④大气折射的影响。大气层不是均匀的介质，其密度随着高度的增加而递减，并导致大气层的折射率发生相应的变化。因此，受大气折射率变化的影响，电磁辐射传播的方向从理想中的直线变成了曲线，从而引起遥感成像过程中的像点位移。⑤地球自转的影响。对卫星遥感来说，传感器的动态成像过程必然会受到地球自转的影响。多数卫星在降轨阶段，即卫星自北向南运行时接收图像，因此，受地球自西向东自转的影响，扫描线在地面的投影依次向西偏移，从而导致最终获取的遥感图像产生扭曲变形。

22. [题解]：（1）内部几何畸变。内部几何畸变指由传感器自身的性能技术指标偏移标称数值所造成的变形误差。主要有：比例尺畸变、歪斜畸变、中心移动畸变、扫描非线性畸变、辐射状畸变、正交扭曲畸变等。

（2）内部几何畸变的纠正方法。①比例尺畸变可通过比例尺系数计算校正；②歪斜畸变可经一次方程式变换加以改正；③中心移动畸变可经平行移动改正；④扫描非线性畸变必须获得每条扫描线校正数据才能改正；⑤辐射状畸变经二次方程式变换即可校正；⑥正交扭曲畸变经三次以上方程式变换才可加以改正。

23. [题解]：（1）遥感图像的几何特征。①地表是个复杂的多维模型，目标之间有着一定的空间分布特征（位置、形状、大小、相互关系）。遥感图像与其表达的地表多维景观模型之间，有着特定的几何关系，这种几何关系是由遥感仪器的设计、特定的观测条件、地形起伏及其他因素决定的。②遥感成像过程中，受大气传输效应和传感器成像特征的影响，遥感图像上地面目标的几何特征发生了歪曲和变形。③不同传感器的成像机理不同，因此几何畸变的性质也不同。

（2）遥感图像的几何畸变。几何畸变分为内部畸变（误差）和外部畸变（误差）。①内部畸变主要是由传感器本身结构性能和扫描镜的不规则运动、检测器采样延迟、探测器的配置、波段间的配准失调等内部因素所引起的误差。内部畸变属于系统性误差。②外部畸变指的是传感器本身在正常工作条件下，由传感器以外的卫星的姿态、轨道，地球的运动和形状等外部因素所引起的误差。外部畸变属于随机性误差。③几何畸变构成了遥感图像固有的几何特性，尽管原因多种多样，但大部分可以通过几何纠正得到消除或减小。

（3）遥感图像的几何校正。①几何校正就是消除图像的几何变形，实现原始图像与标准图像或地图的几何整合的过程。②几何校正包括两个层次：第一层次的校正为粗校正；第二层次的校正为几何精校正。粗校正是地面站根据测定的与传感器有关的各种校正参数对接收到的遥感数据所作的校正处理，这种校正对消除传感器内部畸变很有效，但校正后的图像仍有较大的残差；几何精校正指消除图像中的几何变形，产生一幅符合某种地图投影或图形表达要求的新图像。几何精校正回避了成像的空间几何过程，并且认为遥感图像的总体几何畸变是挤压、扭曲、缩放、偏移及其他变形综合作用的结果。③几何精校正的方法有多项式法、共线方程法和有理函数模型法等。

（4）影响几何校正精度的关键因素。①地面控制点的选择，包括地面控制点数量、定位精度和空间分布等是否达到要求；②同名点配准误差；③重采样方法的选择；④辅助数据本身的质量。

24. [题解]：（1）多项式拟合法精校正的原理。多项式纠正回避成像的空间几何过程，并且认为遥感图像的总体几何畸变是挤压、扭曲、缩放、偏移及其他变形综合作用的结果，直接对图像变形的本身进行数字模拟。利用地面控制点的图像坐标和其同名点的地面坐标通过平差原理计算多项式中的系数，然后用该多项式对图像进行纠正。常用多项式有一般多项式、勒让德多项式、双变量分区插值多项式。①多项式的项数（即系

数的个数）N 与阶数 n 的关系：$N=[(n+1)(n+2)]/2$。②多项式系数一般由两种方法求得：用可预测的图像变形参数构成；利用已知控制点的坐标值按最小二乘法原理求解。③选用一次项纠正时，可以纠正图像因平移、旋转、比例尺变化和仿射变形等引起的线性变形；选用二次项纠正时，则在改正一次项各种变形的基础上，改正二次非线性变形；选用三次项纠正则改正更高次的非线性变形。

（2）多项式拟合法精校正的步骤。①选择地面控制点；②用已知地面控制点求解多项式系数；③遥感图像的纠正变换；④遥感图像亮度（灰度）值的重采样；⑤纠正结果评价。

25. [题解]：地面控制点是几何校正中用于建立图像坐标与地面参考坐标之间转换模型的地面上已知的坐标点。几何校正中控制点选择的好坏，直接影响图像校正的效果。

（1）控制点的数量要求。通常控制点数量由多项式的结构来确定。一阶多项式有 6 个系数，需要 3 个控制点的 3 对坐标值才能求解。二阶多项式有 12 个系数，需要 6 个控制点的 6 对坐标值才能求解。以此类推，n 阶多项式控制点的最小数量为（n+1）（n+2）/2。实践表明，使用最小数量的控制点校正图像的效果往往并不好。因此，在条件允许的情况下，控制点的数量都要比最低数量要求大很多。

（2）控制点选取的原则。从定位角度来说，地面控制点在图像上要有明显、清晰的识别标志，如道路交叉点、河流汊口、特征地物的边界拐点等。从分布上来说，地面控制点在整幅图像上的空间分布要相对均匀，特征变化大的区域控制点可以适当多一些，同时要注意避免控制点之间构成直线关系。

（3）控制点坐标的确定。地面控制点的坐标可以通过地形图或现场实测获取。大比例尺地形图能提供精确的坐标信息，是获取控制点坐标的主要数据来源。对于现势性要求比较高的数据，可以通过现场 GPS 测量获取控制点坐标。

26. [题解]：**（1）重采样。**重新定位后的像元在原始图像中的分布是不均匀的，即输出图像像元点在输入图像中的行列号不是或不全是整数关系。因此，需要根据输出图像上的各像元在输入图像中的位置，对原始图像按一定规则进行亮度值的插值计算，构建新的图像矩阵，这就是重采样。

（2）常用的重采样方法。主要有最近邻法、双线性内插法和三次卷积内插法。①最邻近法。是将最邻近的像元值赋予新像元的一种重采样方法。该方法的优点是输出图像仍然保持原来的像元值，采样算法简单，计算速度快。但这种方法最大可产生半个像元的位置偏移，可能造成输出图像中某些地物的不连贯。②双线性内插法。使用邻近 4 个点的像元值，按照其距内插点的距离赋予不同的权重，进行线性内插。该方法具有平均化的滤波效果，边缘受到平滑作用，能产生一幅比较连贯的输出图像。其缺点是破坏了原来的像元值，给后期图像的光谱识别分类带来一些问题。③三次卷积内插法。使用内插点周围的 16 个像元值，用三次卷积函数进行内插。这种方法对图像边缘有所增强，并具有均衡化和清晰化的效果。但它仍然破坏了原来的像元值，且计算量较大。

27. [题解]：辐射校正是消除图像数据中依附在辐射亮度里的各种失真的过程。完整的辐射校正包括传感器的辐射定标、大气校正和太阳高度与地形校正。通过辐射校正，使像元的 DN 值最大限度地反映地物的波谱信息。几何校正是消除各种原因引起的图像的几何变形误差，使之实现与标准图像或地图的几何整合。对于同一个像元而言，几何校正后的 DN 值是通过重采样得到的。重采样是对原始图像按一定规则进行的 DN 值的插值计算，常用的方法主要有最近邻法、双线性内插法和三次卷积内插法。

基于以上对辐射校正和几何校正的理解，如果遥感图像没有进行辐射校正，那么几何校正前像元的 DN 值就无法真实地反映地表的辐射特征，几何校正过程中的重采样也就失去了意义。因此，遥感图像预处理过程中，应该先进行辐射校正，后进行几何校正。

28. [题解]：（1）遥感图像镶嵌的方法。①基于像元的图像镶嵌；②基于地理坐标的图像镶嵌。一般来说，无地理坐标时使用基于像元的方法，否则就使用基于地理坐标的方法。

（2）图像镶嵌的一般步骤。①镶嵌图像的选择。根据目标任务，选择用于镶嵌的图像的类型，以及最佳时相数据。两幅或多幅镶嵌图像要尽可能具有相同或相近的时相。②图像预处理。包括辐射校正和几何校正。对图像镶嵌来说，几何校正至关重要，其目的是把参与镶嵌的图像纠正到统一的坐标系中。③确定基准图像。周围图像均以该图像为标准，进行后续色彩的调整等。④确定重叠区域。先大致确定重叠区域，再利用明显地物的几何特征对镶嵌图像进行细节调整，从而精确确定重叠区域。⑤色彩调整。以基准图像为准，对镶嵌图像进行色调调整，具体措施包括接边线处理、直方图均衡等。⑥实施镶嵌操作。

（3）实现 “无缝” 镶嵌需要注意的问题。①从待拼接的多幅图像中选择一幅参照图像，作为镶嵌过程中对比度匹配及镶嵌后输出图像的地理投影、像元大小、数据类型的基准。②要保证相邻图幅间有足够的重叠区，而且在重叠区各图像之间应有较高的配准精度，必要时要在图像之间利用控制点进行配准（把参与镶嵌的图像纠正到统一的坐标系中）。③由于受成像时间及传感器性能等多方面因素的综合影响，相邻图像的对比度及亮度值会有差异，因而需要在全幅或重叠区进行相应的匹配处理，使镶嵌后输出图像的亮度值和对比度均衡化。最常用的图像匹配方法有直方图匹配和彩色亮度匹配。

29. [题解]：直方图是表示图像中像元亮度的分布区间及每个亮度值出现频率的一种统计图。每一幅图像都有唯一对应的直方图，分析直方图的形态可以粗略地评价图像的质量。

（1）直方图的性质。①直方图反映了图像中的灰度分布规律；②任何一幅特定的图像都有唯一的直方图与之对应，但不同的图像可以有相同的直方图；③如果一幅图像仅包括两个不相连的区域，并且每个区域的直方图已知，则整幅图像的直方图是这两个区域的直方图之和；④由于遥感图像数据的随机性，一般情况下，遥感图像数据与自然界的其他现象一样，服从或接近于正态分布。

（2）根据直方图形态判断图像质量。①直方图接近正态分布，说明图像对比度适中；②如果直方图峰值位置偏向灰度值大的一边，说明图像偏亮；如果峰值位置偏向灰度值小的一边，说明图像偏暗；③峰值变化过陡、过窄，则说明图像的灰度值过于集中，反差小。

30. [题解]：（1）线性拉伸和直方图均衡化是图像对比度增强的两种不同方法。对比度增强也称图像拉伸或反差增强，是通过改变图像像元的亮度值来提高图像全部或局

部的对比度，改善图像质量的一种方法。常用的对比度增强方法有线性变换、非线性变换、直方图均衡化等。①线性拉伸：通过线性变换函数改变图像像元的亮度值，改善图像整体质量的方法就是线性（对比度）拉伸。线性变换是增强图像对比度最常用的方法。②直方图均衡化：指将随机分布的图像直方图修改成为均匀分布的直方图的过程。其实质是对图像进行非线性拉伸，重新分配图像像元值，使一定灰度范围内的像元的数量大致相等。

（2）二者的区别：①线性拉伸是通过线性函数实现的，属于线性变换；而直方图均衡化是一种非线性拉伸方法。②增强效果不同。线性拉伸会出现亮的更亮，暗的更暗的效果；而直方图均衡化会增强亮度值集中范围的对比度，减弱亮度值较低部分的对比度。

31. [题解]：（1）图像滤波的主要目的。图像滤波是一种采用滤波技术实现图像增强的方法。它以突出或抑制某些图像特征为主要目的，如去除噪声、边缘增强、线性增强等。

（2）图像滤波的主要方法。图像滤波可分为空间域滤波和频率域滤波。空间域滤波是以像元与周围邻域像元的空间关系为基础，通过卷积运算实现图像滤波的一种方法。空间域滤波有平滑和锐化两种基本方法，它们都是以图像的卷积运算为基础的。①图像平滑：受传感器和大气等因素的影响，遥感图像上会出现某些亮度变化过大的区域，或出现一些亮点（也称噪声）。这种为了抑制噪声，使图像亮度趋于平缓的处理方法就是图像平滑。图像平滑有均值平滑、中值平滑两种类型。②图像锐化：突出图像上地物的边缘、轮廓，或某些线性目标要素的特征。这种滤波方法提高了地物边缘与周围像元之间的反差，因此也被称为边缘增强。常用的锐化方法有 Roberts 梯度法、Sobel 梯度法、Laplacian 算法。

32. [题解]：（1）空间域图像和频率域图像的不同。①空间域图像是一种空间域的表示形式，它是空间坐标（x，y）的函数。空间域图像有光学图像和数字图像两种表示方法。光学图像可以看成一个二维连续的光密度函数，这个函数是连续变化的，而数字图像是一个二维的离散的光密度（或亮度）函数，它在空间坐标和密度上都已经离散化。光学图像可以转化为数字图像。②频率域图像是一种用频率域坐标空间表示的图像，是频率坐标（υ_x, υ_y）的函数。频率域图像将像元值在空间上的变化分解为具有不同振幅、空间频率和相位的简振函数的线性叠加，图像中各种空间频率成分的组成和分布构成空间频谱。

（2）空间域图像和频率域图像的关系。①空间域图像和频率域图像是两种遥感图像的表示形式。②空间域与空间频率域可互相转换。空间域图像可以通过傅里叶变换转换为频率域图像，而频率域图像通过傅里叶逆变换转换为空间域图像。

33. [题解]：（1）对于图像中的任一像素（x, y），以此为中心，按上下左右对称所设定的像素范围，称为窗口。窗口多为矩形，行列数为奇数，并按照行数×列数的方式来命名，如 3×3 窗口、5×5 窗口等。3×3 表示由 3 行和 3 列像素构成的矩形范围。

（2）中心像素周围的行列称为该像素的邻域。邻域按照与中心像素相邻的行列总数来命名。例如，对于 3×3 窗口而言，如果考虑中心像素周围的所有像素，那么相邻的总的行列数为 8，称为 8-邻域。如果认为上下左右的像素是相邻像素，那么总的行列数为 4，则称为 4-邻域。

34. [题解]：（1）**Laplacian 算子。**Laplacian 算子是线性二阶微分算子，即取某像素的上下左右四个相邻像素的值相加的和减去该像素的 4 倍，作为该像素新的灰度值。

（2）**Laplacian 算子的特征。**①Laplacian 算子检测的是变化率的变化率，是二阶微分。在图像上灰度均匀和变化均匀的部分，根据 Laplacian 算子计算出的值为 0。因此，它不检测均匀的灰度变化，产生的图像更加突出灰度值突变的部分。梯度运算检测了图像的空间灰度变化率，因此，图像上只要有灰度变化就有变化率。②与梯度算子不同，拉普拉斯算子是各向同性的。拉普拉斯锐化效果容易受图像中噪声的影响。因此，在实际应用中，经常先进行平滑滤波，然后才进行拉普拉斯锐化。考虑各向同性的性质和平滑的特点，常选择高斯函数作为平滑滤波核（即先进行高斯低通滤波）。

35. [题解]：（1）**梯度法。**遥感图像上，相邻像元之间的亮度变化可以用亮度梯度来表示。空间地物的边缘处往往存在较大的梯度值，因此，找到了梯度值较大的位置，就相当于找到了图像的边缘。图像处理时，用亮度梯度值替代原始图像的亮度值，生成一幅梯度图像，从而实现图像的锐化，这种方法叫做梯度法。

（2）**Roberts 梯度与 Sobel 梯度的区别。**Roberts 梯度采用交叉差分的方法计算梯度，其公式可表示为 $|\mathrm{grad} f(x,y)| \cong |t_1| + |t_2|$。式中，$t_1$、$t_2$ 是两个 2×2 的卷积模板，并可以表示为

$t_1=$

1	0
0	−1

$t_2=$

0	−1
1	0

显然，Roberts 梯度法相当于在图像上开了一个 2×2 的窗口，分别用模板 t_1 和 t_2 对原始图像作卷积运算，并把运算后的绝对值相加作为窗口左上角像元的梯度值。这种算法的意义在于用交叉差分的方法检测出了像元与其邻域在上下、左右或斜方向之间的梯度差异，从而达到了提取边缘信息的目的。而 Sobel 梯度法在 Roberts 梯度法的基础上，对卷积模板进行了改进，使窗口从 2×2 扩大到 3×3。由于较多地考虑了邻域点的关系，因而对边缘的检测更加精确。常用的模板如下：

$t_1=$

1	2	1
0	0	0
−1	−2	−1

$t_2=$

−1	0	1
−2	0	2
−1	0	1

36. [题解]：（1）**进行不同分辨率的图像的融合。**HIS 中，I 成分控制着图像的亮度。将低分辨率图像变换到 HIS 彩色空间，将 I 成分用高分辨率图像中的某个波段替换，然后进行彩色逆变换，可以达到数据融合的目的。

（2）**增强合成图像的饱和度。**将数据从 RGB 彩色空间变换到 HIS 彩色空间，然后对 S 成分进行拉伸增强后，再变换到 RGB 彩色空间显示，可以提高图像的饱和度。

（3）**通过对强度 I 成分的处理进行图像的增强。**强度 I 成分集中了图像中的一些信息，单独对此成分进行增强，再做逆变换，可以获得其他方法无法达到的效果，如对云或雾的去除等。

（4）多源数据的综合显示。随着工作的积累，同一地区往往积累了不同传感器的遥感数据。通过将这些数据的波段分别赋予 HIS，然后逆变换作彩色显示，可以获得较好的效果。

（5）其他应用。①对色调进行分段扩展，以突出某一色调或加大某一范围内色调之间的差异；②色调不变，将亮度和饱和度置为常数，以突出地物色调在空间上的分布；③将强度设置为常数，色调和饱和度不变，可以减少地形起伏的影响，突出阴影部分的地物信息。

37. [题解]：（1）原因分析。人眼对黑白密度的分辨能力有限，大致只有 10 个灰度级，而对彩色图像的分辨能力则要高得多。如果以平均分辨率 $\Delta\lambda$=3nm 计算，人眼可察觉出数百种颜色差别。这还仅仅是色调一个要素，如果考虑颜色的饱和度和亮度，人眼能够辨别彩色差异的级数要远远大于黑白差异的级数。因此，为了充分利用色彩在遥感图像判读中的优势，常常需要对多波段图像进行彩色合成处理。

（2）彩色合成的方法。有四种方法。①伪彩色合成。是把单波段灰度图像中的不同灰度级按特定的函数关系变换成彩色，然后进行彩色图像显示的方法，主要通过密度分割方法来完成。特点：经过密度分割处理后，图像分辨率明显提高；如果分级与地物光谱特性差异对应较好，则可以较准确地区分地物类别。②真彩色合成。多波段图像合成时，如果参与合成的三个波段的波长与对应的红、绿、蓝三种原色的波长相同或近似，那么合成图像的颜色就会近似于地面景物的真实颜色，这种合成就是真彩色合成。特点：合成后图像的颜色更接近自然色，与人对地物的视觉感受相适应，更容易对地物进行识别。③假彩色合成。多波段图像合成时，如果参与合成的三个波段的波长与对应的红、绿、蓝三种原色的波长不同，那么合成图像的颜色就不可能是地面景物的真实颜色，这种合成就是假彩色合成。Landsat 的 TM 图像合成时，对 TM4（近红外波段）、TM3（红光波段）、TM2（绿光波段）分别赋予红色、绿色、蓝色，这种合成称为标准假彩色合成。特点：图像色彩与地物的自然色彩不同，但地物之间的对比更明显，图像增强效果和识别效果更好。④模拟真彩色合成。由于蓝光容易受大气中气溶胶的影响，有些传感器舍弃了蓝光波段，因此通过彩色合成法无法得到真彩色图像。这时可通过某种形式的运算得到模拟的红、绿、蓝三个通道，然后通过彩色合成近似地产生真彩色图像。

38. [题解]：多光谱图像的代数运算是指，利用经过空间配准了的多光谱图像中的两幅或多幅单波段遥感图像，并根据地物本身在不同波段的灰度差异，通过不同波段之间简单的“加、减、乘、除”运算产生新的“波段”，以达到某种图像增强或信息提取的作用和目的。

（1）加法运算及其作用。基本公式为 $B=B_1+B_2$。作用：①对同一区域的不同时段图像求平均，这样可以减少图像的加性随机噪声，或者获取特定时段的平均统计特征。②通过加法运算可以加宽波段，如绿色波段和红色波段图像相加可以得到近似全色图像；而绿色波段、红色波段和红外波段图像相加可以得到全色红外图像。注意：进行加法运算的图像的成像日期不应相差太大。

（2）减法运算（差值运算）及其作用。基本公式为 $B=B_1-B_2$。作用：①当为两个不同波段的图像时，通过减法运算可以增加不同地物间光谱反射率及在两个波段上变化趋势相反时的反差。②而当为两个不同时相同一波段图像相减时，可以提取地面目标的变化信息/提取波段间的变化信息。③当用红外波段与红波段图像相减时，即为差值植被指数。

（3）乘法运算及其作用。基本公式为 $B=B_1\times B_2$。作用：可用来遮掉图像的某些部分。在图像处理中，这种操作被称为图像掩膜。

（4）除法运算（比值运算）及其作用。基本公式为 $B=B_1/B_2$。作用：①通过比值运算能压抑因地形坡度和方向引起的辐射量变化，消除地形起伏的影响。②也可以增强某些地物之间的反差，如植物、土壤、水在红色波段与红外波段图像上反射率是不同的，通过比值运算可以加以区分。③比值处理还能用于消除山影、云影及显示隐伏构造。因此，比值运算是自动分类的预处理方法之一。

（5）植被指数。植被指数实际上就是多光谱图像的多种代数运算形式和方法。常见的植被指数有：比值植被指数（$B=B_1/B_2$）、归一化植被指数（$\mathrm{NDVI}=(B_{\mathrm{NIR}}-B_{\mathrm{R}})/(B_{\mathrm{NIR}}+B_{\mathrm{R}})$）、差值植被指数（$B=B_1-B_2$）等。作用：对植被覆盖度、生物量及植被长势等有一定指示意义。

39. [题解]：（1）K-L（Karhunen-Loeve）变换。也称为主成分变换或主分量分析，是一种基于统计特征基础上的多维正交线性变换，是多光谱、多时相遥感图像处理中最常用的一种变换技术。K-L 变换用于多光谱图像处理，其基本原理是求出一个变换矩阵，经变换得到一组新的主分量波段。

（2）K-L 变换的特点。①从几何意义上看，K-L 变换相当于对原始图像的光谱空间坐标系进行了旋转。第一主分量取光谱空间中数据散布最集中的方向，第二主分量取与第一主分量正交且数据散布次集中的方向，依此类推。以二维光谱空间为例，假定图像像元的分布为椭圆状，那么经过旋转后新坐标系的坐标轴一定分别指向椭圆的长半轴和短半轴方向，即主分量方向。②变换后图像的信息集中在前几个分量上，且各主分量包含的信息量呈逐渐减少趋势。第一主分量（PC1）一般集中了 80%以上的信息量，第二主分量（PC2）、第三主分量（PC3）的信息量很快递减，到了第 n 分量时，信息量几乎为零。由于 K-L 变换对不相关的噪声没有影响，所以信息减少时便突出了噪声，最后的分量几乎全是噪声。③K-L 变换是一种常用的数据压缩和去相关技术。由于变换后图像的信息集中在前几个分量上，且各分量在新的坐标空间中是相互独立的，相关系数为零，因此在信息损失最小的前提下，可用较少的分量代替原来的高维数据，实现数据压缩。

40. [题解]：（1）K-T 变换。Kauth 和 Thomas 在研究 MSS 多光谱数据与自然景观要素特征间的关系时建立的一种特定变换，又称缨帽变换。

（2）K-T 变换的特点。K-T 变换也是一种坐标空间发生旋转的线性变换，但旋转后的坐标轴不是指向主成分的方向，而是指向另外的方向，这些方向与地面景物有密切的关系，特别是与植物生长过程和土壤有关。K-T 变换既可以实现信息压缩，又可以帮助解译分析农业特征，因此具有十分重要的应用价值。目前，K-T 变换主要应用在 MSS 和 TM 两种遥感数据的处理和分析中，这是该方法的一个局限。

41. [题解]：（1）K-L变换与K-T变换的共同点。两者都是线性变换，从这个意义上说，K-T变换是一种特殊的K-L变换。

（2）K-L 变换与 K-T 变换的不同点。K-L 变换得到的主分量没有物理或景观意义，仅仅反映了包含原数据量的多少。而K-T 变换得到的四个分量信息与地面景物是关联的，是有一定的景观含义的。其中，第一分量（TC1）表征“土壤亮度”，它反映土壤亮度信息；第二分量（TC2）表征“绿度”，它与绿色植被长势、覆盖度等信息直接相关；第三分量为“黄度”，无确定意义，位于 TCl、TC2 的右侧；第四分量无景观意义，主要为噪声（包含系统噪声和大气信息）。K-T 变换的一个缺点是它依赖于传感器（主要是波段），因此其转换系数对每种传感器是不同的。

42. [题解]：（1）直方图均衡化及其实质。直方图均衡化是指将随机分布的图像直方图修改成为均匀分布的直方图的过程。其实质是对图像进行非线性拉伸，重新分配图像像元值，使一定灰度范围内的像元的数量大致相等。

（2）直方图均衡化的效果。①各灰度级所占图像的面积近似相等，因为某些灰度级出现高的像素不可能被分割；②原图像上频率小的灰度级被合并，频率高的灰度级被保留，因此可以增强图像上大面积地物与周围地物的反差。③如果输出数据分段级较少，则会产生一个初步分类的视觉效果。

43. [题解]：图像融合是指把多源遥感数据按照一定的规则或算法进行处理，生成一幅具有新的空间、光谱和时间特征的合成图像。

（1）多源遥感数据融合的目的和意义。①突出有用信息，消除或抑制无关信息。②增加解译的可靠性，减少识别目标的模糊性和不确定性，从而准确地识别和提取目标信息。③相互补充、相互印证、综合分析，发挥多源遥感数据的综合优势。

（2）融合的基本过程。包括图像选择、图像配准和图像融合三个关键环节。①选择融合图像。根据图像特点和应用目的，选择最为合适的图像融合方案。例如，TM、SPOT 等多光谱图像和 SAR 图像的融合，既可以借助 SAR 作为辅助信息，对多光谱图像中被云及云阴影覆盖的区域进行估计，消除影响并填补或修复信息的空缺，又能综合反映目标的光学和微波反射特性，扩大应用范围和提高应用效果。②图像配准。图像配准的目的是统一图像的坐标系统，使不同来源的图像数据在空间上完全对应和吻合起来，为精确融合奠定基础。图像配准通常是通过几何校正实现的，它是数据融合过程的关键步骤，直接影响融合图像的质量。③图像的融合。根据融合图像的类型、特点及融合的目的，选择恰当的融合方法。

（3）常用的融合方法。①主成分变换融合。先对输入的多光谱遥感图像进行主成分变换，变换后的第一主成分含有变化前各波段图像的相同信息，而各波段中其余对应的部分，被分配到了变换后的其他波段。然后在直方图匹配的基础上，用高空间分辨率的遥感图像替代变换后的第一主成分，最后进行主成分逆变换，生成具有高分辨率的多光谱融合图像。②IHS 变换融合。把用 RGB 空间表示的遥感图像的三个波段变换到 IHS 空间，然后用另一具有高空间分辨率的遥感图像的波段图像替代其中的 I 值，再反变换回 RGB 空间，形成既具有较高空间分辨率，又具有较高光谱分辨率的融合图像。③加权融合算法。加权融合算法实质上是对待融合图像上的同名像元进行加权组合，从而生成一幅新的融合图像。

44. [题解]：（1）融合的基本过程和步骤。

第一步：选择融合图像。TM 多光谱图像有 7 个波段，光谱信息量丰富，但空间分辨率低，只有 30m；SPOT 全色波段空间分辨率高，能达到 10m。两者融合后的图像既具有很高的空间分辨率，又可以保持较为丰富的光谱信息。

第二步：图像配准。图像配准的目的是统一图像的坐标系统，使不同来源的图像数据在空间上完全对应和吻合起来，为精确融合奠定基础。图像配准通常是通过几何校正实现的，它是数据融合过程的关键步骤，直接影响融合图像的质量。

第三步：图像的融合。根据融合图像的类型、特点及融合的目的，选择恰当的融合方法进行融合处理。

（2）图像融合的方法。遥感图像融合有多种方法，代换法就是其中的一种。通常代换法是通过以下两种方式实现图像融合的：①主成分变换融合。先对 TM 的所有波段（热红外波段除外）进行主成分变换，然后在直方图匹配的基础上，用 SPOT 高空间分辨率的全色波段替代变换后的第一主成分，最后进行主成分逆变换，生成具有高分辨率的多光谱融合图像。②IHS 变换融合。把用 RGB 空间表示的 TM 彩色合成图像的三个波段变换到 IHS 空间，然后用 SPOT 高空间分辨率的全色波段图像替代其中的 I（明度）值，再反变换回 RGB 空间，形成既具有较高空间分辨率，又具有较高光谱分辨率的融合图像。

45. [题解]：（1）遥感技术的发展需要 GIS 技术的支持。遥感图像自动识别、专题特征提取，特别是遥感数据定量反演地学参数的能力和精度，尚未达到实用化要求，这是当前遥感面临的主要问题之一。因此，借助 G1S 技术，引入非遥感数据，建立环境背景数据库，实现从单一信息源分析向包含非遥感数据的多元信息的复合分析方向发展、从定性判读向信息系统应用模型及专家系统支持下的定量分析发展、从静态研究向多时相的动态研究发展，都已经势在必行。显然在这些过程中，G1S 技术的作用就是为遥感应用研究提供各种辅助信息和分析手段，有效提高遥感信息的识别精度，促进遥感综合应用的不断深化。

（2）非遥感信息的类型。主要指专题地图和专题数据。前者包括土地利用图、植被图、土壤图、行政区划图等各类专题图、等值线图、地形图等；后者包括各种采样分析数据、野外测量数据、调查统计数据、DEM 等。

（3）遥感数据与非遥感信息复合的意义。地学研究的方法和手段是多种多样的。不同的研究方法从不同的角度获得了地表环境要素的专题信息。尽管单一地学方法所获得的信息只是反映地物或现象的某个侧面或某种物理、化学、生物、地学属性或过程，但这些信息与遥感数据的结合和相互印证，则有助于对遥感图像特征的综合分析，提高图像解译和图像分类的科学性和准确性。因此，遥感数据与非遥感信息的复合已经成为遥感应用中十分重要的技术手段，这就是遥感数据与非遥感信息复合的意义。例如，在地形起伏的山区，遥感图像数据与数字高程模型（DEM）的融合，既可以纠正因地形起伏所造成的图像畸变，又能提高遥感对土地覆盖、森林覆盖的分类精度。

46. [题解]：遥感图像的定位，通常都是基于卫星跟踪系统所提供的卫星轨道参数与姿态参数，并根据卫星轨道公式进行计算的。这种仅凭卫星参数的定位还不足以精确确

定每个像元的地理位置，校正后图像残余误差仍然存在。要进一步提高图像的定位精度，还须综合使用以下措施。

（1）通过地面控制点参数，研究和改进遥感图像几何精纠正的方法。

（2）发展提高定位精度的相关技术。例如，轨道参数与姿态参数的量测技术、微波或激光测距技术、全球定位系统（GPS）技术等，使遥感器接收到的遥感原始图像定位精度大大提高。

（3）通过多角度观测技术、同轨或异轨的立体观测技术获取地面三维信息，生成DEM来消除地形影响、提高定位精度。几何精纠正应用多项式纠正模型，无法纠正地形起伏引起的位移。

（4）改善数据获取方式。例如，从光机扫描到 CCD 推帚式，遥感器件的几何稳定性大大提高，几何性能也得以改善。

第七章 遥感图像的目视解译

目视解译是一种传统的解译方法，它凭借人的眼睛，依靠解译者的知识、经验和掌握的相关资料，通过大脑分析、推理、判断，提取遥感图像中有用的信息。目视解译是最基础，也是最重要的遥感图像解译方法。本章内容包括：目视解译的基本原理、目视解译的方法和程序及不同类型遥感图像的解译。

本章重点：①地物的影像特征和解译标志；②目视解译的基本方法；③影响目视解译效果的主要因素；④不同类型遥感图像的特点和目视解译方法。

一、影像特征与解译标志

目视解译是凭借人的眼睛，依靠解译者的知识、经验和掌握的相关资料，通过大脑分析、推理、判断，提取遥感图像中有用的信息。

（1）地物特征主要包括光谱特征、空间特征和时间特征等。地物的这些特征在遥感图像上都是以灰度变化的形式表现出来的。因此，图像上的灰度可以看成以上三种地物特征的函数。

（2）影像特征综合表现在“色”“形”“位”三个方面，是地物发射或者反射电磁辐射的水平差异在遥感图像上的反映，是图像目视解译的主要依据。

（3）解译要素：由色调或颜色、阴影、形状、大小、纹理、图案、位置、组合等 8 个基本要素组成。

（4）解译标志：遥感图像上能反映和判别地物或现象的影像特征。解译标志分为直接解译标志和间接解译标志。

（5）直接解译标志是指图像上可以直接反映出来的目标地物本身的影像特征，包括影像的色调或颜色、形状、图案等；间接解译标志是指根据与目标地物有内在联系的一些地物或现象在影像上反映出来的特征，间接推断和识别地物的影像标志。

二、目视解译的方法和程序

（1）目视解译的方法包括直接解译法、对比分析法、信息复合法、综合分析法和地理相关分析法等。

（2）直接解译法是指使用色调、颜色、大小、形状、阴影、纹理、图案等直接解译标志，确定目标地物的属性与范围的一种方法。

（3）对比分析法是指通过对影像或地物之间的相互比较，从而准确识别目标地物属性的一种方法。对比的内容包括多波段的对比、同类地物的对比、空间的对比和时相动态的对比。

（4）信息复合法是指把遥感图像与专题地图、地形图等辅助信息源进行复合后，根据专题地图或地形图提供的信息，从而更准确地识别图像上目标地物的一种方法。

（5）综合分析法是指将多个解译标志结合起来，或借助各种地物或现象之间的内在联系，通过综合分析和逻辑推理，间接判断目标地物或现象的存在或属性。

（6）地理相关分析法也称立地分析法，指根据地理环境中各种地理要素之间的相互依存、相互制约的关系，借助专业知识进行遥感与地学综合分析，推断某种地理要素性质、类型、状况与分布的方法。

（7）目视解译的基本程序是：①准备工作阶段；②初步解译与野外调查；③室内详细解译；④野外验证与补判；⑤目视解译成果的转绘与制图。

三、影响目视解译效果的因素

影响目视解译效果的因素包括：①遥感图像的综合性；②地物的复杂性；③传感器特性的影响；④解译者自身条件的影响；⑤解译尺度的影响。

四、不同类型遥感图像的解译

1. 单波段摄影像片的解译

（1）黑白像片上，地物的色调取决于其在可见光范围内反射率的高低。反射率高的地物色调浅，反射率低的地物色调深。例如，水泥路面呈现灰白色，而水体呈现深灰色或浅黑色。

（2）黑白红外像片上，近红外波段反射率的高低决定了地物在黑白红外像片上色调的深浅变化。例如，植被在可见光黑白像片上为暗灰色，但在黑白红外像片上则呈现浅灰色调，这是植物在近红外波段具有强反射的缘故。

（3）在彩色红外像片上，“绿色”物体呈蓝色，“红色”物体呈绿色，“反射强红外”的物体则显示红色。可见，彩红外像片上重现的“物体颜色”均向短波段方向移动了一个色位。

2. 多光谱扫描图像的解译

（1）多光谱扫描图像的特点：①光谱分辨能力强，信息量丰富；②宏观性、综合性、概括性更强；③重复观测，有利于动态监测。

（2）多波段假彩色合成是多光谱扫描图像最常见的解译方法。彩色合成有多种合成方案，选择最佳合成波段的原则有三个：①所选的波段信息量要大；②波段间的相关性要小；③波段组合对所研究地物类型的光谱差异要大。

3. 热红外图像的解译

（1）热红外图像上，色调是地物亮度温度的构像。地物热辐射能力越强，图像色调越浅；地物热辐射能力越弱，图像色调越深。

（2）热辐射差异造成了地物的“热分布”形状。一般来说，这种“热分布”形状并不一定是地物的真实形状。例如，高温目标的热扩散会导致物体形状的扩大变形。

（3）热红外图像上，阴影是目标地物与背景之间辐射差异造成的，有冷阴影和暖阴影之别。阴影是一种“虚假”信息，它干扰了图像的识别，但同时又提供了一种反映特殊目标存在或属性的新信息。

一、名词解释（15）

1. “同物异谱”　2. “异物同谱”　3. 遥感图像解译　4. 目视解译
5. 景物特征　6. 几何分辨率　7. 地面分辨率　8. 影像分辨率　9. 色调
10. 纹理　11. 图案　12. 组合　13. 解译标志　14. 直接解译标志
15. 间接解译标志

二、填空题（11）

1. 不同地物由于其光谱特征、空间特征和时间特征的不同，在遥感图像上就会表现出不同的影像特征。地物的影像特征主要表现在________、________、________三个方面。
2. 遥感图像上色调的差异常用________表示，如白、灰白、淡灰、浅灰、灰、暗灰、深灰、淡黑、浅黑、黑等不同的等级。
3. 解译标志可分为________和________两种。
4. 目视解译的方法主要包括________、________、________、________和________，等等。
5. 多光谱扫描图像彩色合成时，选择最佳波段的三个原则是：①____________________；②____________________；③____________________。

6. 热红外图像上，不同的灰度反映了地物热辐射特征的差异。地物热辐射能力越强，图像色调________。
7. 热红外图像上的阴影，是目标地物与背景之间辐射差异造成的，有________和________之别。
8. 热红外图像上，水体相对其他地物在白天呈________色调，而在夜晚呈________色调。
9. 图像色调有深有浅。一般来说，热图像（正片）上的________色调代表强辐射体，表明其表面温度高或辐射率高；________色调代表弱辐射体，表明其表面温度低。
10. 在微波遥感中，________波段通常被公认为是监测土壤水分的最佳波段之一。
11. 色调的深浅在不同类型遥感图像上的含义不同：在可见光黑白像片上，色调的深浅反映了地物________的大小；热红外图像色调深浅反映了地物________的不同；雷达像片上色调深浅反映了地物________的大小或强弱。

三、是非题（13）

1. 色调是图像的相对明暗程度。不同类型遥感图像上的色调，其形成机理都是相同的。
2. 阴影是图像解译的重要标志。热红外图像和雷达图像上的阴影，本质上是一样的，都是由地形的起伏或地物的高度造成的。
3. 黑白相片上，地物的色调取决于其在可见光范围内反射率的高低。反射率高的地物色调深，反射率低的地物色调浅。
4. 植被在可见光黑白像片上为暗灰色，但在黑白红外像片上则呈现浅灰色调，这是植物在近红外波段具有强反射的缘故。
5. 受大气散射和大气吸收作用的影响，彩色摄影的信息损失量远大于彩红外摄影，因此航空遥感中使用更多的不是彩色摄影，而是彩红外摄影。
6. 由于卫星飞行高度高，因此获取的图像覆盖范围广，宏观性、综合性、概括性比航空摄影像片更强。
7. 热红外图像上，热辐射差异造成了地物的“热分布”形状。一般来说，这种“热分布”形状就是地物的真实形状。
8. 在白天的热红外图像上，由于水体具有良好的传热性，一般呈暗色调。午夜以后的热红外图像上，水体因为热容量大，散热慢，因此呈浅灰色至灰白色。
9. 相对而言，森林在白天的热红外图像上的色调，要比其在夜晚的热红外图像上的色调浅。
10. 在午夜后拍摄的热红外图像上，含水量高的土壤的色调要比含水量低的土壤的色调深。
11. 由于热扩散作用的影响，热红外图像中反映的目标信息往往偏大，且边界并不十分清楚。
12. 雷达图像的色调是雷达回波信号强弱的表现。雷达接收到的后向散射强度越大，图像的色调越浅，反之色调越深。
13. 雷达图像上的阴影是由地形高度的遮挡所造成的图像盲区，因此，阴影区对应的坡面信息会全部消失。

四、简答题（21）

1. 什么是目视解译？目视解译的特点和依据是什么？
2. 如何理解地物的影像特征？
3. 如何理解影像特征、解译要素和解译标志之间的关系？
4. 如何理解解译标志的可变性和局限性？
5. 绘图说明地物光谱特性曲线与波谱响应曲线之间的关系和不同点。
6. 简要回答目视解译的主要方法。
7. 目视解译的基本程序是什么？
8. 影响遥感图像目视解译效果的因素有哪些？
9. 如何理解遥感解译过程的复杂性。
10. 举例说明为什么多光谱图像比单波段图像能判读出更多的信息？
11. 在标准假彩色图像上，植被、土壤、清澈的水体、盐碱地等地物各呈现什么颜色？为什么？
12. 叙述热红外扫描图像的几何特征和辐射特征。
13. 试述热红外图像解译要素的特殊性。
14. 热红外大气窗口是多少？给出三种包含该大气窗口的传感器。如何利用该段大气窗口探测地物属性？
15. 热红外遥感图像上，动力学温度相同的物体是否具有相同的亮度？为什么？
16. 为什么说水体的热标记可作为判断热红外图像成像时间的可靠标志？
17. 结合相关原理，试说明在白天（下午 1：00）和夜间（凌晨 4：00）的热红外图像上，水体、草地和金属屋顶三种地物的色调变化规律。
18. 结合图 7.1，试分析：①为什么在 TM3、2、1 合成图像上，雪和云很难区分？②如何区分雪和云？
19. 已知雪、小麦、沙漠和湿地四种地物的反射光谱曲线如图 7.2 所示。请在白天正常天气状态下获取的 0.5～0.6μm 和 0.8～0.9μm 两个波段图像上，分析并比较上述四种地物的色调特点。假设要在图像上区分这四种地物，请选择一种恰当的遥感数据。

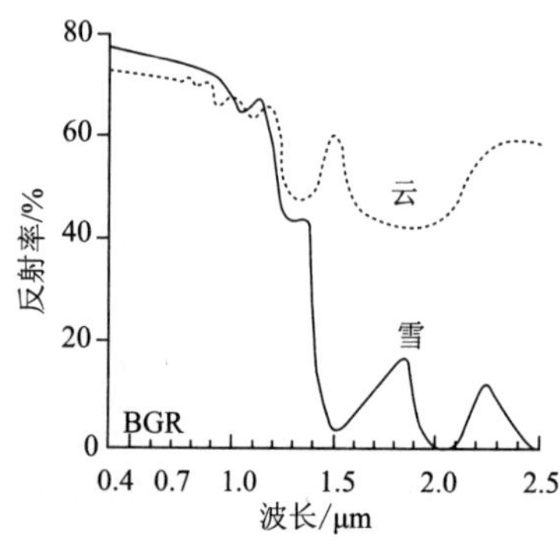

图 7.1　雪、云的反射光谱曲线

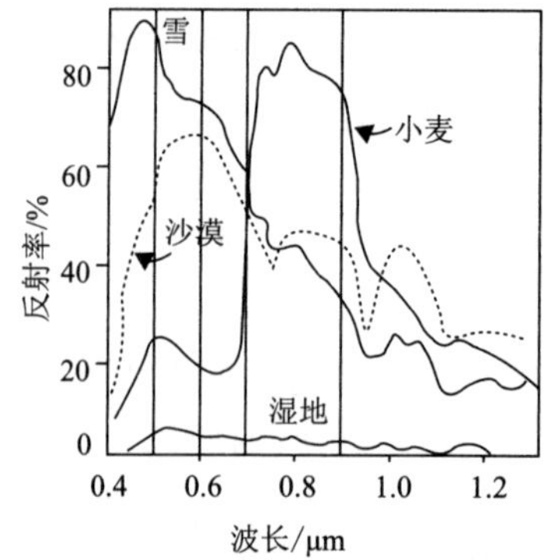

图 7.2　雪、小麦、沙漠和湿地的反射光谱曲线

20. 如何选择热红外图像成像时段?
21. 分别说明可见光/近红外遥感、热红外遥感及雷达遥感图像上阴影产生的原因。

五、论述题（2）

1. 试分析遥感图像目视解译的基本要素。
2. 试述遥感地学相关分析的原理、方法与应用。

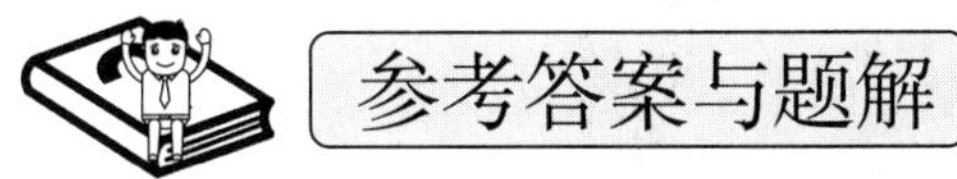

一、名词解释（15）

1. "同物异谱"：在某一个谱段区间，由于时空环境变化的影响，相同类型的地物呈现出不同的光谱特征，这种现象就是"同物异谱"。例如，在地形起伏的山地，同一种植物类别的反射率受到太阳高度、坡度、坡向的影响而发生变化。

2. "异物同谱"：在某一个谱段区间，不同类型的地物呈现出相同的光谱特征，这种现象就是"异物同谱"现象。

3. 遥感图像解译：依据遥感图像所呈现的各种信息特征，并通过综合分析、推理和判断，识别地物信息或现象的过程。遥感图像解译是遥感成像过程的逆过程，即从遥感对地面实况的模拟图像中提取地物信息、反演地面原型的过程。

4. 目视解译：凭借人的眼睛（也可借助光学仪器），依靠解译者的知识、经验和掌握的相关资料，通过大脑分析、推理、判断，提取遥感图像中有用的信息。目视解译现已发展为人机交互方式，并应用一系列图像处理方法进行影像的增强，提高图像解译的视觉效果。

5. 景物特征：也称地物特征，指地物的光谱特征、空间特征和时间特征。此外，在微波区还有偏振特性。景物的这些特征在图像上以灰度变化的形式表现出来，因此图像的灰度是以上三者的函数。

6. 几何分辨率：假设像元的宽度为 a，则地物的宽度在 $3a$（海纳瓦）或至少 $2a$（康内斯尼）时，能被分辨出来，这个大小称为图像的几何分辨率。

7. 地面分辨率：指影像能够详细区分的最小单元（像元）所代表的地面尺寸的大小。

8. 影像分辨率：指地面分辨率在不同比例尺的具体影像上的反映。影像分辨率随影像的比例尺不同而变化，如 80m 的地面分辨率在 1∶100 万地图上的影像分辨率是 0.08mm。

9. 色调：指图像的相对明暗程度，在彩色图像上表现为颜色。色调是地物反射、辐射能量强弱在图像上的表现，地物的属性、几何形状、分布范围和组合规律都能通过色调差异反映在遥感图像上。

10. 纹理：又称图像结构，指图像上色调变化的排列和频率。通常，纹理可分为粗纹理和平滑纹理。

11. 图案：也称图型结构，指个体目标重复排列的空间形式。图案反映了地物的空间分布特征，它可以是自然的，也可以是人为构造的。

12. 组合：也称相关体，或相关布局，指多个有关联的地物之间的空间配置。根据若干相关目标在空间上的配置和布局，可以推断特定地物的存在和属性。

13. 解译标志：指在遥感图像上能反映和判别地物或现象的影像特征。它是解译者在对目标地物各种解译要素综合分析的基础上，结合成像时间、季节、图像的种类、比例尺等多种因素整理出来的目标地物在图像上的综合特征。

14. 直接解译标志：指图像上可以直接反映出来的目标地物本身的影像特征，包括影像的色调或颜色、形状、阴影、大小、纹理、图案等。

15. 间接解译标志：指与目标地物有关联的一些地物或现象在影像上反映出来的影像特征，据此可以间接推断和识别目标地物的存在或属性。

二、填空题(11)

1. “色”　“形”　“位”
2. 灰阶（灰度、灰标）
3. 直接解译标志　间接解译标志
4. 直接解译法　对比分析法　信息复合法　综合分析法　地理相关分析法
5. 所选的波段信息量要大　波段间的相关性要小　波段组合对所研究地物类型的光谱差异要大
6. 越浅
7. 冷阴影　暖阴影
8. 暗　浅
9. 浅　深
10. L
11. 反射能量　温度　微波后向散射能力

三、是非题（13）

1. [答案]错误。[题解]不同类型遥感图像上，色调的形成机理是不同的。例如，可见光-近红外的摄影或扫描图像上，色调反映的是地物反射光谱特征的差异，而热红外图像上色调则反映了地物发射特征的差异，是地物温度的记录。

2. [答案]错误。[题解]热红外图像上，阴影一般是由温度的差异造成的，而雷达图像上的阴影则是由地形高度的遮挡所造成的图像盲区，二者有着本质的区别。

3. [答案]错误。[题解]黑白像片上，地物反射率越高，传感器接收的辐射能量就越大，图像上地物的色调就越浅，反之，地物的色调就越深。

4. [答案]正确。[题解]植物在近红外波段具有强反射，因此在黑白红外像片上呈现浅灰色调。

5. [答案]正确。

6. [答案]正确。

7. [答案]错误。[题解]“热分布”形状并不一定是地物的真实形状。例如，高温目标的热扩散会导致物体形状的扩大变形。

8. [答案]正确。

9. [答案]错误。[题解]森林在白天图像上的色调比夜晚图像上的色调要深。白天图像呈暗灰色至灰黑色，这是因为白天树木表面水汽的蒸腾作用降低了树叶表面温度，使其温度比裸露的地面温度低；夜晚图像呈浅灰色至灰白色，这是因为森林覆盖下的地面热辐射使树冠增温。

10. [答案]错误。[题解]午夜后拍摄的热红外图像上，含水量高的土壤呈灰色或灰白色调，含水量低的土壤呈暗灰色或深灰色，这是因为水的热容量大，在夜间其热红外辐射也强。

11. [答案]正确。

12. [答案]正确。

13. [答案]正确。[题解]雷达图像和可见光遥感图像上的阴影的形成有本质区别。雷达阴影区是地物后向散射的盲区，故没有任何信息。

四、简答题（21）

1. [题解]：（1）目视解译。凭借人的眼睛（也可借助光学仪器），依靠解译者的知识、经验和掌握的相关资料，通过大脑分析、推理、判断，提取遥感图像中有用的信息。

（2）目视解译的特点。①能够综合利用图像的色调、颜色、纹理、形状、空间位置等多种图像特征；②能与非遥感资料结合起来进行综合分析，因而解译结果更加真实可靠；③能充分利用解译者的经验和知识做出合理判断；④主观性强。

（3）目视解译的依据。地物在遥感图像上的各种特征，这些特征综合起来就是解译标志。解译标志有直接标志和间接标志。

2. [题解]：（1）影像特征。影像特征指地物的光谱特征、空间特征和时间特征等在遥感图像上所表现出来的具体特征，是地物发射或者反射电磁辐射的水平差异在遥感图像上的反映。①光谱特征。根据地物的光谱特性曲线可以绘制其波谱响应曲线。波谱响应曲线与光谱特性曲线的变化趋势是一致的。地物在多波段图像上特有的这种波谱响应，就是地物的光谱特征的判读标志。不同地物的光谱响应曲线是不同的，因此它们的光谱判读标志就不一样。②空间特征。地物的几何形态就是其空间特征，包括目视解译中的形状、大小、阴影、纹理、图案、位置、组合等解译要素。空间特征在图像上也是通过不同的色调表现出来的。③时间特征。影像的时间特征指的是地表对象的“时相”变化过程，即它的发生、发展和演化的自然过程。有些地物或现象在其发展的时间序列中表现出某种周期性重复的规律，如植物生长的季节性变化，即“季相节律”。影像的时间特征在图像上以光谱特征及空间特征的变化表现出来。

（2）地物的影像特征主要表现在“色”“形”“位”三个方面。①“色”指影像的色调、颜色和阴影，其中色调与颜色反映了影像的物理性质，是地物发射或反射电磁波能量的记录，而阴影则是地物三维空间特征在影像色调上的反映。②“形”是指影像的图型结构特征，如形状、大小、纹理、图案等。③“位”是指地物在遥感图像中的空间位置和相关布局特征。“形”和“位”都是色调和颜色的空间排列，反映了地物的几何性质和空间关系。

（3）地物的影像特征包括了图像目视解译的 8 个基本要素：即色调或颜色、阴影、形状、大小、纹理、图案、位置、组合。

3. [题解]：影像特征、解译要素和解译标志三者，既有联系，又有不同。①影像特征是地物的光谱特征、空间特征和时间特征在遥感图像上的综合表现，是提取解译要素、建立解译标志的基础。②解译要素是影像特征的具体表现，是构成影像特征的基本要素。多个解译要素构成了图像整体的影像特征。③解译标志是针对目标地物来说的，是解译者分析、整理和描述出来的目标地物的部分或全部影像特征，具有明确的针对性。

4. [题解]：**（1）解译标志**。解译标志指在遥感图像上能反映和判别地物或现象的影像特征。它是解译者在对目标地物各种解译要素综合分析的基础上，结合成像时间、季节、图像的种类、比例尺等多种因素整理出来的目标地物在图像上的综合特征。

（2）解译标志具有可变性和局限性。①不同类型的遥感图像上，同一地物的解译标志是有区别的，甚至是完全不同的。②同类型的遥感图像上，受成像条件及时空条件等多种因素的影响，同一地物的解译标志往往会出现程度不同的变化。因此，任何解译标志都只是特定时空条件下地物影像特征的描述。例如，同一种地质体，即便在同一地区，当其出露面积、厚度、所处构造部位、岩层产状、覆盖程度不同时，也能表现出不同的色调、水系或地貌。③随着知识的积累和认识水平的提高，对地物解译标志的总结和描述会更准确、更全面。

5. [题解]：**（1）绘制光谱特性曲线与波谱响应曲线**。地物的反射波谱一般用一条连续的曲线表示，而多光谱传感器一般分为多个波段进行探测，在每一个波段里，传感器接收的是该波段区间的地物辐射能量的积分值（或平均值）。图 7.3 为植被、土壤和水体三种地物的光谱特性曲线及其在多光谱图像上的波谱响应曲线。

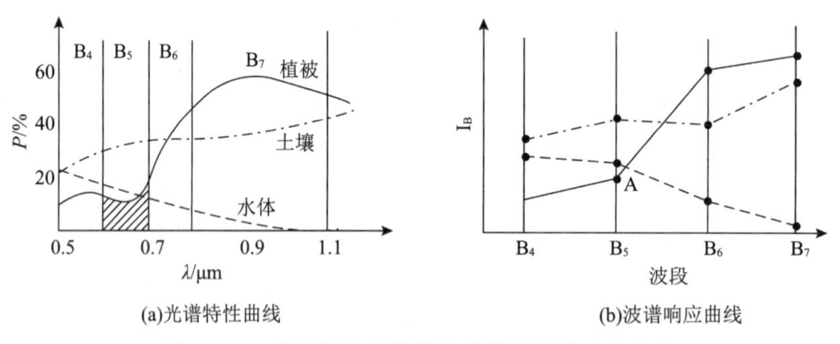

图 7.3　三种地物的光谱特性曲线及波谱响应曲线

（2）二者的区别。光谱特性曲线是在直角坐标系中表示地物的光谱反射率随波长变化规律的曲线，用反射率与波长的关系来表示[图 7.3（a）]，而波谱响应曲线用密度或亮度值与波段之间的关系来表示[图 7.3（b）]。

（3）二者的关系。①光谱特性曲线可以转化为波谱响应曲线。如果不考虑传感器光谱响应及大气等的影响，则波谱响应值与地物在该波段内光谱反射亮度的积分值相应，因此，原来地物的光谱特性曲线，可以通过量测多光谱图像的亮度值得到地物的波谱响应曲线。②地物的波谱响应曲线与其光谱特性曲线的变化趋势是一致的。③地物在多波段图像上特有的这种波谱响应，就是地物的光谱特征的判读标志。不同地物的光谱响应曲线是不同的，因此它们的光谱判读标志就不一样。④根据地物的光谱特性曲线、传感器的波谱响应曲线及光敏元件的光谱响应曲线，可建立数学模式以选择最佳谱段和建立地物解译的量化模式。

6. [题解]：目视解译的方法很多，主要包括直接解译法、对比分析法、信息复合法、综合分析法和地理相关分析法等。

（1）直接解译法：是使用色调、颜色、大小、形状、阴影、纹理、图案等直接解译标志，确定目标地物的属性与范围的一种方法。适用于那些特征明显、不易混淆的地物的识别，在大比例尺航空像片的解译中更为有效。

（2）对比分析法：是通过对影像或地物之间的相互比较，从而准确识别目标地物属性的一种方法。包括多波段的对比、同类地物的对比、空间的对比和时相动态的对比。

（3）信息复合法：是把遥感图像与专题地图、地形图等其他辅助信息源进行复合后，根据专题地图或地形图提供的信息，帮助解译者对遥感图像有更深入的理解，从而更准确地识别图像上目标地物的一种方法。

（4）综合分析法：将多个解译标志结合起来，或借助各种地物或现象之间的内在联系，通过综合分析和逻辑推理，间接判断目标地物或现象的存在或属性。

（5）地理相关分析法：是根据地理环境中各种地理要素之间的相互依存、相互制约的关系，借助专业知识进行遥感与地学综合分析，推断某种地理要素性质、类型、状况与分布的方法。

7. [题解]：**（1）准备工作阶段**。主要包括：①明确解译的对象和解译的要求。②收集、整理、分析相关资料。③了解区域概况和区域特点。④选择恰当的遥感图像。⑤图像预处理和增强处理。

（2）初步解译与野外调查。①初步解译。初步建立目标地物的解译标志；明确解译重点、难点、可能存在的问题。②野外调查。了解区域的特点；掌握目标地物的空间特征和对应的影像特征；进一步归纳和完善各类地物的解译标志。

（3）室内详细解译。是图像解译工作的核心和主体，其任务是根据解译的要求，完成工作区全部目标要素的解译。

（4）野外验证与补判。野外验证的内容包括：①检验专题解译中图斑的属性是否与实际相符。②检验划定的图斑界限是否定位准确；补判是在野外验证过程中，对室内详细解译中无法判定的目标地物进行解译，填补室内解译的空白。

（5）目视解译成果的转绘与制图。将目视解译的成果以专题图或遥感影像地图的形式表现出来。随着技术的发展，目视解译过程、成果转绘与制图工作都能借助各种软件平台完成。

8. [题解]：目视解译是一个复杂的过程，它受到遥感图像本身、地物、传感器特征和解译者等多种因素的综合影响。

（1）遥感图像本身的影响。图像是一种综合信息，表现在两个方面：一是地理要素的综合；二是像元本身的综合性。目视解译的过程是对遥感“综合信息”进行层层分解的复杂过程，混合像元的普遍存在造成了解译结果的不确定性。

（2）地物的复杂性的影响。①地物光谱特征的复杂性。同一种地物的光谱特征往往受多种因素的综合影响，而且随时空条件的变化而变化。②自然界存在着大量的“同物异谱”和“异物同谱”现象。因此，光谱特性的时间和空间效应几乎影响了整个遥感解译过程。③地物的时空属性和地学规律是错综复杂的，各要素、各类别之间的关系也具有多样性。

（3）传感器特性的影响。主要指传感器的分辨率。①空间分辨率主要影响可识别的最小地物的尺寸、边界轮廓、细部结构等。②辐射分辨率的大小决定了亮度相近的地物在图像中能否被识别出来。③光谱分辨率直接影响解译的精度。光谱分辨率越高，目视解译的准确率越高。

（4）解译者自身条件的影响。解译者的知识水平、工作经验对图像解译的质量起着决定性作用。知识、经验越丰富，对图像的理解会越准确，解译效果会越好。

（5）解译尺度的影响。目视解译是在特定的比例尺尺度上进行的。各传感器平台的图像解译尺度随分辨率的大小而不同。尺度不同，取舍也有不同。因此，解译的尺度会直接影响解译的精度。

9. [题解]：遥感解译过程的复杂性是由多种因素决定的。

（1）遥感图像的综合性。图像是一种综合信息。①各种地理要素密切关联、交织在一起，往往难以区分。②遥感信息本身是综合的。它可以是不同空间分辨率、不同波谱分辨率、不同时间分辨率、不同辐射分辨率遥感信息的综合。

（2）地物的时空属性和地学规律是错综复杂的。地理环境是一个复杂的、多要素的、多层次的、动态结构和地域差异明显的开放巨系统。地物本身的复杂关系，往往掩盖了被研究类别的特征差异，使遥感解译过程具有多解性、不确定性。

（3）地物波谱特征是复杂的。地物波谱特征受多种因素控制，本身又具有明显的时空变化特征。忽略地物波谱的时空特性，忽略多种环境因子对地物波谱的影响，都会造成解译的不确定性。

（4）大量“同物异谱”与“异物同谱”现象的存在。由于时空环境变化的影响，相同类型的地物呈现出不同的光谱特征，不同类型的地物呈现出相同的光谱特征。

10. [题解]：（1）图像包含的信息特征不同。单波段图像只能从图像的色调特征和空间特征方面去判读，其包含的光谱信息极为有限，而多光谱图像除了图像的色调特征和空间特征外，还提供了地物的丰富的光谱特征，能表现出地物在不同波段的反射率变化。

（2）图像判读的方法不同。单波段图像的判读方法主要有：①根据色调特征和空间特征判读。②采用图像增强的方法提高判读精度。③进行图像密度分割处理，并用伪彩色编码技术来增强图像。多光谱图像的判读除了采用上述方法外，还有一些更为有效的判读方法：①多波段比较法。将多光谱图像与各种地物的光谱反射特性数据联系起来，以正确判读地物的属性和类别。②多波段假彩色合成。假彩色合成图像上的颜色表示了各波段亮度值在合成图像上所占比率，这样可以在一张假彩色图像上进行判读。

11. [题解]：为了充分利用色彩在遥感图像判读中的优势，常常需要对多波段图像进

行彩色合成处理。彩色合成有伪彩色合成、真彩色合成、假彩色合成和模拟真彩色合成。其中，假彩色合成是遥感图像解译中应用最广、效果最好的一种合成方案。

（1）标准假彩色合成。多波段图像合成时，如果参与合成的三个波段的波长与对应的红、绿、蓝三种原色的波长不同，那么合成图像的颜色就不可能是地面景物的真实颜色，这种合成就是假彩色合成。Landsat 的 TM 图像合成时，对 TM4（近红外）、TM3（红光波段）、TM2（绿光波段）分别赋予红色、绿色、蓝色，这种合成又称为标准假彩色合成，其特点是：图像色彩与地物的自然色彩不同，但地物之间的对比更明显，图像增强效果和识别效果更好。

（2）标准假彩色图像上地物的颜色规律。假彩色图像上的颜色是由参与合成的三个波段的亮度值在合成图像上所占的比例决定的。标准假彩色合成的前提是：近红外波赋予红色、红光波段赋予绿色、绿光波段赋予蓝色。植物在近红外波段反射极强，合成时近红外波段对应的红色比例最大，因此植被呈红色；土壤在红光波段反射强，合成时红光波段对应的绿色比例最大，同时绿色波段反射也较大，蓝光也占一定的比例，因此土壤呈绿色（带一点青色）；清澈的水体在各个波段的反射都较弱，绿色波段反射稍强，因此呈蓝黑色；盐碱地在各个波段的反射率较强，合成蓝、绿、红三色比例相对均等，因此呈白色。

12. [题解]：图像特征表现在几何特征和辐射特征两个方面。几何特征包括图像的投影类型及几何变形规律等；辐射特征包括图像上辐射亮度或色调方面的特点和规律。

（1）几何特征。①热红外扫描图像的投影与多光谱扫描成像一样，都是多中心投影。②热红外扫描图像的地面分辨率随扫描角度的变化而发生变化，使图像产生全景畸变。全景畸变成因是：扫描成像过程中，像距保持不变，总在焦平面上，而物距则随扫描角的变化而变化。③热红外扫描图像具有所有扫描图像所固有的几何畸变，这种几何畸变主要来自扫描成像系统本身和平台运行姿态变化的影响。例如，扫描镜旋转速度变化，使像点间隔不恒定；弧形扫描与平面记录，使边缘像点压缩或伸长；飞行姿态的变化使图像弯曲变形或比例尺变化等。

（2）辐射特征。①色调是地物辐射特征的构像。热红外图像上不同的色调反映了地物热辐射特征的差异，色调与色差是温度与温差的显示与反映。地物热辐射能力越强，图像色调越浅；地物热辐射能力越弱，图像色调越深。不同物体间存在温度或辐射特征上的差异，可以根据图像上的色差来识别物体类别。②地物的形状是热辐射差异造成的“热分布”形状。一般来说，这种“热分布”形状并不一定是地物的真实形状。③受热扩散作用的影响，地物在热红外图像上的尺寸往往比实际尺寸偏大，且边界不十分清晰。④图像具有不规则性。这种不规则性可以是由多种因素引起的。例如，云层降低热反差，降水产生平行纹理，冷气流将引起不同形状的冷异常，等等。⑤阴影是目标地物与背景之间辐射差异造成的，有冷阴影和暖阴影之别。阴影是一种“虚假”信息，它干扰了图像的识别，但同时又提供了一种反映特殊目标存在或属性的新信息。

13. [题解]：目视解译有八个方面的解译要素。热红外图像解译要素的特殊性主要体现在色调、形状、大小和阴影四个方面。

（1）色调是地物亮度温度的构象。热红外图像上不同的灰度反映了地物热辐射特征的差异。地物热辐射能力越强，图像色调越浅；地物热辐射能力越弱，图像色调越深。

（2）热辐射差异造成了地物的"热分布"形状。当热红外传感器检测到物体温度与背景温度存在差异时，就能在图像上构成地物的"热分布"形状。一般来说，这种"热分布"形状并不一定是地物的真实形状。

（3）地物大小受其热辐射特性的影响。地物的形状和热辐射特性影响其在热红外图像上的尺寸。当高温物体与背景之间形成明显的热辐射差异时，即使很小的地物，都可以在热红外图像上表现出来，而且其在图像中的大小往往比实际尺寸要大。

（4）阴影是目标地物与背景之间辐射差异造成的，有冷阴影和暖阴影之别。阴影是一种"虚假"信息，它干扰了图像的识别，但同时又提供了一种反映特殊目标存在或属性的新信息。

14. [题解]：（1）热红外窗口。波长为8.0～14.0μm，大气透过率约80%。主要来自物体热辐射的能量，适于夜间成像，测量探测目标的地物温度。

（2）包含热红外大气窗口的传感器。①Landsat/TM（专题制图仪）。TM6 为热红外波段，波长为 10.4～12.5μm。②NOAA/AVHRR（advanced very high resolution radiometer，改进型高分辨率辐射计）。AVHRR-4 和 AVHRR-5 为热红外波段，波长分别是 10.30～11.30μm 和 11.5～12.5μm。③EOS/MODIS（moderate-resolution imaging spectroradiometer，中分辨率成像光谱仪）。MODIS 从 29～36 波段都是热红外波段。

（3）利用热红外大气窗口探测地物属性。热红外图像是地物辐射温度分布的记录，它用黑-白色调的变化来描述地表景物的热反差。图像色调深浅和温度分布是对应的。因此，图像解译时，可根据热红外图像上的色差所反映的温差来识别地物的属性信息。热红外图像上识别地物属性的主要标志包括色调、形状、大小和阴影等。

15. [题解]：（1）热红外遥感及其原理。热红外遥感就是用热红外传感器收集、记录地物的热红外信息，并据此识别地物属性和反演地表参数（如温度、湿度等）的技术系统。根据斯特藩-玻耳兹曼定律和基尔霍夫定律可知，任何物体辐射能量的大小都是其表面温度的函数，用公式可表示为$W=\varepsilon\sigma T^4$。式中，W为实地地物的辐射通量；T为温度；ε 为地物的发射率；σ=5.67×10^{-8}[$\mathrm{W/(m^2\cdot K^4)}$]，为斯特藩-玻耳兹曼常数。由此可知，所有的地物只要温度超过绝对零度，就会不断发射红外能量，地物的热辐射强度与温度的四次方成正比，因此地物微小的温度差异就会引起红外辐射能量较明显的变化。这就是热红外遥感的理论基础。

（2）热红外图像上影响地物亮度的因素。地物热辐射能量越大，传感器接收的能量就越多，图像上的亮度（色调）就越亮（越浅）。根据热红外遥感的成像原理可知：地物的热辐射能量与其发射率成正比，与地物温度的四次方成正比。因此热红外图像上，影响地物亮度的因素就是地物的温度和发射率。地物在图像上的亮度取决于其温度和发射率的综合影响。因此，动力学温度相同的物体，如果发射率不同，其图像上的亮度就不同。

16. [题解]：水体具有比热大、热惯量大、对红外几乎全吸收、自身辐射发射率高，以及水体内以热对流方式传递温度等特点，使水体表面温度较为均一，昼夜温度变化慢

而小。因而白天水热容量大，升温慢，比周围土壤岩石温度低，呈冷色调（暗色调）；夜晚，水的储热能力强，热量不易很快散失，比周围土壤、岩石温度高，呈暖色调（浅色调）。这一现象主要是水体周围地面物体的温度变化，而水本身温度变化小。正因为如此，任何水体的热标记可作为判断热红外成像时间的可靠标志，即当热红外图像未注明成像时段时，如果水体具有比邻近地物较暖的标记，则为夜间成像；反之，为白天的成像。

17. [题解]：根据斯特藩-玻耳兹曼定律和基尔霍夫定律可知，地物的热辐射能量与其发射率成正比，与地物温度的四次方成正比。热红外图像上，地物热辐射能量越大，传感器接收的能量就越多，图像上的色调就越浅。因此，温度是影响地物色调的关键因素。

下午 1：00 左右正是一天中温度最高的时候，在一段时间内，金属屋顶因为比热容最低，吸收同样热量后温度应该是最高的，因此在图像上呈亮色调；而水体因为比热容最大，吸收同样热量后温度变化不大，且是最低的，因此图像上呈暗色调；植被的热容量居于金属屋顶和水体之间，因此温度及其色调也居中。同理可知，凌晨 4：00 左右金属屋顶温度最低，图像色调呈暗色调，水体温度相对较高，图像色调呈亮色调，而植被色调居中。

18. [题解]：**（1）雪和云难区分的原因**。TM 图像是 Landsat-4、5 卫星上的专题制图仪获取的空间分辨率为 30m 的多光谱扫描图像。TM 图像有 7 个波段，其中，TM1 为蓝光波段，波长在 0.45～0.52μm；TM2 为绿光波段，波长在 0.52～0.60μm；TM3 为红光波段，波长在 0.63～0.69μm。分析雪和云的光谱曲线可以发现：0.4～1.3μm 波谱内，雪和云的光谱特征在反射率大小、波峰和波谷及整体变化趋势等多方面都极为相似，而 TM3、2、1 波段均处在 0.4～1.3μm。因此，在 TM3、2、1 的真彩色合成图像上，雪和云的颜色几乎相同，很难进行区分。

（2）区分雪和云的有效方法。从雪和云的光谱曲线可以看出，从 1.4μm 开始，雪和云的反射率差异开始凸现出来。随着波长的增加，云的光谱曲线虽然整体呈现下降趋势，但降幅并不明显，反射率仍然较高；而雪的光谱曲线则呈现大幅下降趋势，反射率很低。特别在 1.5μm 左右，雪的反射光谱出现一个波谷，而云的反射光谱出现一个上升的波峰，形成鲜明对比。基于以上分析，区分雪和云的有效方法有：①单波段阈值法。在 TM5（1.55～1.75μm）波段，选择恰当的阈值可以很好地区分云和雪。②多波段彩色合成法。合成时，以 TM5、TM7 为主，再从 TM4、TM3、TM2、TM1 四个波段中选择一个波段进行彩色合成。

19. [题解]：**（1）四种地物的色调对比**。判断的依据是地物的反射率，反射率越高，色调越亮，反之就越暗。①0.5～0.6μm 波段，反射率从大到小依次为雪、沙漠、小麦和湿地，因此图像上雪地色调最亮，其次是沙漠和小麦，湿地最暗。②0.8～0.9μm 波段，反射率从大到小依次为小麦、沙漠、雪和湿地，因此图像上小麦色调最亮，其次是沙漠和雪，湿地最暗。

（2）遥感数据的选择。区分地物类别的关键是图像上地物间的光谱反射率差异最大。从图 7.2 可知，四种地物在可见光波段内反射率差异最大，因此选择可见光波段范围内的遥感数据都能很好地区分四种地物。例如，TM1、2、3 波段，或 ETM+1、2、3 波段，或 OIL2、3、4 波段，这三个波段分别对应着可见光的蓝（0.45～0.52μm）、绿（0.52～0.60μm）、红（0.63～0.69μm）波段。

20. [题解]：热红外图像成像时段的选择，需要根据研究目的、区域特点、周日温度效应等因素综合而定。

（1）目标地物的周日温度变化规律是基础。以沙地、草地、林地、湖泊四种不同土地覆盖类型为例，分析其周日相对辐射温度变化曲线可知：①黎明前各条温度曲线坡度较小，近于均衡状态，温度相对恒定；黎明后，这种均衡状态被打破，沙、草、林、水均变暖，往往在午后达到峰值，景物间的最大温差也往往出现于此时。②各条曲线均在黎明（日出）后和黄昏（日落）前温度变化最快，而温度峰值及温度变化速率均能提供一些关于物质类型和条件的有用信息。例如，水的温度变化范围相比土壤、岩石小得多，且达到最大温度的时间较沙、草、林等物质要滞后 1～2 小时，因此白天水温比周围地面温度低，而晚上水温较周围地面温度高。③一般来说，黎明前（在午夜 2～3 时）多反映一天中的最低温度，而午间 14 时左右，多反映一天中的最高温度，因而多采用这两个时段热红外成像的温度数据，构成日温差最大值，可以估算物体的热惯量，进行热制图。

（2）明确应用研究的目的。不同时段的热红外图像上，同一地物或不同地物之间的影像特征差异很大，对图像解译效果的影响也很大。遥感应用研究的目的不同，图像解译的目标对象就不同，对最佳成像时段的要求也就不同。例如，地质学家在地层、构造的识别时，更偏爱用黎明前的热图像，原因是黎明前的热图像可以提供长时间适宜而稳定的温度，且"阴影"和坡向效应最小，便于地层、构造的识别。

21. [题解]：阴影是遥感图像重要的影像特征，是图像目视解译的重要标志之一。不同类型遥感图像上，阴影的形成有着本质的不同，在图像解译中的作用也是完全不同的。

（1）可见光-近红外遥感图像上，阴影是太阳光被地形的起伏或地物高度的遮挡而形成的。①阴影有本影和落影之分。本影是地物未被阳光直接照射到的部分在图像上的构象，有助于获得地形的立体感。落影指阳光直接照射地物时投影在地面上的影子，可以反映地物的侧面形状。②阴影随着太阳方位角和高度角的变化而变化，因此阴影因时因地而异。

（2）热红外遥感图像上，阴影是目标地物与背景之间辐射差异造成的，有冷阴影和暖阴影之别。阴影是一种"虚假"信息，它干扰了图像的识别，但同时又提供了一种反映特殊目标存在或属性的新信息。

（3）雷达图像上，阴影是由地形高度的遮挡所造成的图像盲区，这与其他图像上的阴影有着本质区别。①雷达阴影能形成强烈的色调反差，从而增强图像的立体感，对部分地物的识别具有指示作用，对地形地貌的分析十分有利。②雷达阴影的长短和阴影区面积的大小与雷达俯角、坡面坡度有密切关系。③阴影区无其他任何可用信息。

五、论述题（2）

1. [题解]：图像目视解译的基本要素包括色调或颜色、阴影、形状、大小、纹理、图案、组合、位置等八个方面。

（1）色调或颜色（tone/colour）。色调是指图像的相对明暗程度，在彩色图像上表

现为颜色。①色调是地物反射、辐射能量强弱在图像上的表现。地物的属性、几何形状、分布范围和组合规律都能通过色调差异反映在遥感图像上，因此它是区分地物的最直接的依据。②不同类型遥感图像上色调的形成机理是不同的。例如，可见光-近红外图像上，色调反映的是地物反射光谱特征的差异，而热红外图像上色调则反映了地物发射特征的差异，是地物温度的记录。③影像色调受多种因素影响。包括地物波谱特征的时空条件、成像高度、成像时间（光照角度、强度）、观察角度、传感器、成像材料、成像后处理等多种因素的影响。

（2）阴影（shadow）。不同类型图像上阴影的含义是不同的。①可见光-近红外的摄影或扫描图像上，指因倾斜照射，地物自身遮挡辐射源而造成影像上的暗色调。能反映地物的空间结构特征，显示地物的高度和侧面形状，增强地形的立体感，也会掩盖一些信息，给解译带来麻烦。②雷达阴影是指后坡雷达波束不能到达的坡面上，因为没有回波信号，在图像上形成的亮度暗区；热红外图像上，阴影是目标地物与背景之间辐射差异造成的，有冷阴影和暖阴影之别。③阴影是一种“虚假”信息，干扰了图像的识别，但同时又提供了一种反映特殊目标存在或属性的新信息。

（3）形状（shape）。形状指地物的外貌结构和轮廓。任何地物都有一定的形状，并且会以不同的形式表现出来。大多数的遥感图像所呈现的是地物的平面形状或顶部轮廓。相对而言，地物的顶部轮廓能更全面地显示地物的总体构形、构造、组成和功能，是图像识别的重要标志。

（4）大小（size）。大小指地物尺寸、面积、体积在图像上的记录。①图像上显示的地物的大小只是一种相对大小。解译时往往是从熟悉的地物入手，建立起直观的大小概念，再推测和识别其他地物的大小，并进一步确定地物的属性。②若知道图像的比例尺或空间分辨率，则可直接测出目标的长度、面积等定量信息。③对于形状相似的地物来说，大小是识别地物属性的最重要的标志。

（5）纹理（texture）。纹理又称图像结构，是指图像上色调变化的排列和频率。①纹理结构反映了图像色调的空间变化特点，并在人的视觉中产生了平滑、粗糙、细腻等不同的视觉印象。②纹理可分为粗纹理和平滑纹理。③许多光谱特征相似的地物常通过纹理差异加以识别。例如中比例尺遥感图像上，云杉林呈现暗色调、平滑纹理，而白杨林呈现浅色调、斑点状纹理。

（6）图案（pattern）。图案也称图型结构，指个体目标重复排列的空间形式。许多目标都具有一定的重复关系，从而构成了特殊的组合形式。图案反映了地物的空间分布特征，有助于图像的识别。图案可以是自然的，也可以是人为构造的。

（7）组合（association）。组合也称相关体，或相关布局，是指多个有关联的地物之间的空间配置。根据若干相关目标在空间上的配置和布局，可以推断在这个特定空间里由这些相关体构成的地物的存在和属性。例如，由高烟囱、取土坑、堆砖场的空间组合，即可推断砖厂的存在；高大的烟囱、巨大的建筑物及冷却塔的空间组合，即可推断此处为热电厂。

（8）位置（site）。位置指地物所处的地点和环境条件。许多空间地物在分布上往往与周围的环境要素有一定的联系，或者会受到环境条件的明显制约。地物与周围环境的空间关系，是区分某些地物的重要依据之一。例如，菜地多分布于居民点周围及河流两侧；堤坝与道路在色调和形态上很难区分，但堤坝分布在河流两侧而道路常常与居民地连通。

2. [题解]：**（1）遥感地学相关分析。**指充分认识地物之间、地物与遥感信息之间的相关性，并借助这种相关性，在遥感图像上寻找目标识别的相关因子即间接解译标志，通过图像处理与分析，提取出这些相关因子，从而推断和识别目标本身。遥感地学相关分析常用方法有：主导因子相关分析法、多因子相关分析法、指示标志分析法等。

（2）主导因子相关分析法。在地学相关分析中，首先要考虑与目标信息关系最密切的主导因子。地形是影响地表生态环境诸多因素中的主导因素，它决定了地表水、热、能量等的重新分配，从而引起地表结构的分异。地形因子包括高程、坡度、坡向等地形特征因素，也可以表达为综合性的地貌类型。地形因子的影响或差别造成区域土壤、植被分布的差异，导致同物异谱或异物同谱现象的普遍存在。地形主导因子相关分析方法的目的就是根据地形因子影响某些地物类型光谱变异的先验知识，建立相关分析模型，提高地物解译的准确率。

（3）多因子相关分析法。在影响目标要素影像特征的诸多相关因素中，难以确定主导因子时，常采用多因子数理统计分析方法，即从多个因子中选择有明显效果的相关变量，再通过相关变量分析，达到识别目标对象的目的。例如，在遥感地质找矿过程中，当区域地质构造较复杂，与成矿有关的因素很多而且关系复杂，一时难以判断出最主要的相关因素时，可采用多因子相关分析法。具体方法是：在现有物化探、地质、地震等资料及遥感图像构造解译的基础上，采用多因子的点群分析方法，寻找各因子与成矿的内在关系，并通过多变量分析，找出有希望的矿点、矿区。

（4）指示标志分析法。地球表面环境往往呈现出一定的规律性。环境各组分相互关系的变化，往往造成局部区域内自然环境“正常”的组合关系、空间分布规律等遭到“破坏”，从而引发一系列生物地球化学异常现象。这些“异常”现象在遥感找矿方面有着广泛应用。①近地表的矿床和矿化地层，经风化后，地球化学元素的迁移、集中，从而形成“生物地球化学异常”或“地植物学异常”。这种异常导致一些特有指示植物出现。例如，中非的“铜花”、我国的“铜草”都是铜（Cu）的典型指示植物；杜松是探铀（U）的指示植物；波西米亚的七瓣莲为锡（Sn）的指示植物等。②微量元素过量或缺少都将使植物发生病变，表现出植物生理特征、形态、色泽等的明显异常，植物反射光谱也随之发生变异。这些异常还会表现在植物长势、密度、植物组合等方面，可能使一些植物属种消失，而出现另一些特有的属种。

第八章　遥感图像的计算机分类

遥感图像的计算机分类，是对给定的遥感图像上所有像元的地表属性进行识别归类的过程。分类的目的，是在属性识别的基础上进一步获取区域内各种地物类型的面积、空间分布等信息。本章内容包括：图像分类的原理、监督分类、非监督分类、其他分类方法及分类误差与精度评价。

本章重点：①监督分类、非监督分类的定义、算法、过程及其特点；②分类误差与精度评价方法。

遥感图像的计算机分类，是对给定的遥感图像上所有像元的地表属性进行识别归类的过程。分类的目的是在属性识别的基础上，获取区域内各种地物类型的面积、空间分布等信息。

一、图像分类概述

（1）地物的光谱特征是遥感图像分类的主要依据。一般而言，同类地物有相近的光谱特征，而不同类型的地物则具有完全不同的光谱特征。

（2）不同地物在同一波段图像上的亮度值一般互不相同；不同地物在多个波段上亮度的呈现规律也不相同，这就是遥感图像上赖以区分地物类别的物理依据。

（3）地面上任何一个点通过传感器成像后必然对应于光谱特征空间上的一个点，各种地物由于其光谱特征（光谱反射特征或光谱发射特征）不同，将分布在特征空间的不同位置上。

（4）特征变量分为全局统计特征变量和局部统计特征变量。对于图像而言，特征变量是图像波段值和其他处理后的信息。一个波段就是一个特征变量，每个特征具有相同的样本/像元数。

（5）图像分类方法的划分：基于分类过程中人工参与的程度，可分为监督分类、非监督分类和两者相结合的混合分类；基于分类的对象，可分为逐像元分类和面向对象的分类；基于输出结果的明确程度，有硬分类和模糊分类之分。

二、监 督 分 类

监督分类又称训练分类法，是指用选定的已知类别的样本去识别其他未知类别像元的过程。

1. 训练样本的选择与评价

（1）训练样本也称训练区，是指分析者在遥感图像上确定出来的各种地物类型的典型分布区，是监督分类的关键。

（2）训练样本的来源可以是：①实地采集，即通过全球定位系统（GPS）定位，实地记录的样本。②屏幕选择，即在屏幕上数字化每一类别中有代表性的像元或区域，或用户指定一个中心像元后，由机器自动评价并选择与其相似的周边像元。

（3）训练样本选择的一般要求：①样本所含类型应与所区分的类别一致。②训练样本应具有典型性，即同一类别的训练样本是均质的。③训练样本的数量应满足建立判别函数的要求。

（4）训练样本的评价：计算各类别训练样本的光谱特征信息，并通过每个样本的基本统计值（如均值、标准方差、最大值、最小值、方差、协方差矩阵、相关矩阵等），判断样本是否具有典型性和代表性。

2. 分类算法

（1）多级切割法：又称平行算法，是根据各类别所有训练样本的亮度值范围在多维特征空间中生成对应的特征子空间。像元的类别归属取决于它落入哪个类别的特征子空间。

多级切割算法简明、直观、运算速度快，能将大多数像元划分到一个类别中。

（2）最小距离法：以特征空间中的距离作为分类的依据，根据各像元到训练样本平均值距离的大小来决定其类别。距离有：①绝对值距离；②欧氏距离；③马氏距离。

（3）最近邻域法：算法规则与最小距离分类法相似，都使用距离的远近作为类别归属的依据，只是不使用均值。常见的最近邻域分类法有最近邻分类法和 *K*-最近邻分类法。

（4）最大似然法：判别规则是基于概率的，它首先计算待分类像元对于已知各类别的似然度，然后把该像元分到似然度最大的一类中。

（5）光谱角分类法：也称光谱角填图，是一种光谱匹配技术，它通过估计像元光谱与样本或混合像元中端元成分光谱的相似性来进行分类。

三、非监督分类

非监督分类也称为聚类分析或点群分析，是在没有先验样本的条件下，即预先不知道图像中地物类别特征，由计算机根据像元间光谱特征的相似程度进行归类合并的分类方法。

（1）*K*-均值算法：又称 C-Mean 法，其聚类准则是使多模式点到其类别中心的距离的平方和最小。*K*-均值法的基本思想是，通过迭代逐次移动各类别的中心，直至得到最好的聚类结果为止。

（2）ISODATA 算法：全称为迭代式自组织数据分析算法，是 *K*-均值算法的改进，是最常用的一种非监督分类算法。

（3）非监督分类与监督分类的根本区别在于是否利用训练场地来获取先验的类别知识。非监督分类根据地物的光谱统计特性进行分类，不需要更多的先验知识。

四、其他分类方法

监督分类、非监督分类之外的分类方法：①基于知识的遥感图像分类；②面向对象的分类；③人工神经网络分类；④模糊分类。

五、误差与精度评价

1. 误差及其来源

（1）分类误差有两种类型：一类是位置误差，即各类别边界的不准确；另一类是属性误差，即类别识别错误。

（2）分类误差是一种综合误差。分类误差的来源很多，遥感成像过程、图像处理过程、分类过程及地表特征等都会产生不同程度和不同类型的误差。

2. 精度评价的方法

精度评价一般都是通过采样的方法来完成的,即从检验数据中选择一定数量的样本，通过样本与分类结果的符合程度来确定分类的准确度。

（1）采样方法：常用的概率采样方法包括简单随机采样、分层采样和系统采样等。

（2）样本容量：又称样本数，指样本必须达到的最少数目，是保证样本具有充分代表性的基本前提。样本容量可通过统计方法来计算，如百分率样本容量、基于多项式分布的样本容量等。

（3）基本的精度指标：①总体分类精度。表述的是对每一个随机样本，所分类的结果与检验数据类型相一致的概率。②用户精度。指从分类结果中任取一个随机样本，其所具有的类型与地面实际类型相同的条件概率。③制图精度。表示相对于检验数据中的任意一个随机样本，分类图上同一地点的分类结果与其相一致的条件概率。

（4）Kappa 分析是一种对遥感图像的分类精度和误差矩阵进行评价的多元离散方法，该方法摒弃了基于正态分布的统计方法，认为遥感数据是离散的、呈多项式分布的，在统计过程中综合考虑了矩阵中的所有因素，因而更具实用性。

一、名词解释(30)

1. 硬分类　2. 软分类　3. 模糊分类　4. 混合像元　5. 特征变量
6. 模式识别　7. 结构模式识别　8. 光谱特征向量　9. 判别函数
10. 判别规则　11. 贝叶斯判别规则　12. 监督分类　13. 训练样本
14. 多级切割法　15. 最小距离法　16. 最近邻域法　17. 最大似然法（MLC）
18. 光谱角分类法　19. 非监督分类　20. *K*-均值算法（*K*-Mean）　21. 图像分割
22. 分类树　23. 人工神经网络（ANN）　24. 混淆矩阵　25. 总体分类精度
26. 用户精度　27. 制图精度　28. 漏分误差　29. 错分误差　30. Kappa 系数

二、填空题（20）

1. 特征变量是遥感图像分类的重要依据。多光谱遥感图像各个波段的________是分类的最原始的特征变量。
2. 遥感图像分类的主要依据是图像的特征变量。特征变量可分为________变量和________变量。
3. 基于分类过程中人工参与的程度，遥感图像分类可分为________、________和________。
4. 基于输出结果的明确程度，遥感图像分类有________和________之分。
5. 监督分类与非监督分类的根本区别在于是否利用________来获取先验的类别知识。
6. 非监督分类根据地物的________特性进行分类，不需要更多的先验知识。
7. 遥感数字图像分类过程中，度量特征空间模式间距离的常用指标有________、________、________和________。
8. 特征变换是将原始图像通过一定的数字变换生成一组新的特征图像的过程。常用的特征变换有：________、________、________、________、________。
9. 监督分类的训练样本有两个来源：一是________；二是________。
10. 监督分类的常用算法有：________、________、________、________和________。
11. 非监督分类主要采用聚类分析法。聚类分析的算法很多，非监督分类中最常用、效果最好的两种算法是________和________。

12. ISODATA 算法是最为常用的一种非监督分类算法，其全称为________。
13. 人工神经网络（ANN），是对人脑组织结构和运行机制的某种抽象、简化和模拟。遥感图像的神经网络分类过程主要包括________和________两个阶段。
14. 最大似然分类方法是基于________准则的分类错误概率最小的一种非线性分类，是应用比较广泛、比较成熟的一种监督分类方法。
15. 光谱角分类考虑的是光谱向量的________而非光谱向量的________，使用________距离作为地物类的相似性测度。
16. 遥感图像解译专家系统的组成主要包括________、________和________三大部分。
17. 遥感图像的分类误差主要有两类：一类是________，即各类别边界的不准确；另一类是________，即类别识别错误。
18. 精度评价有多种采样方法，具体采用哪种方法，应根据研究目标来确定。常用的概率采样方法包括________、________和________等。
19. 目前，最常用的评价遥感图像整体类别分类精度的方法是________和________。
20. 混淆矩阵也称误差矩阵，是表示精度评价的一种标准格式。其基本的精度指标有________、________和________。

三、是非题（11）

1. 直方图是评价训练样本质量的一种常见方法。一般来说，训练样本的亮度值越集中，其代表性就越好。
2. 监督分类可以根据应用目的和区域，有选择性地决定分类类别，能避免出现不必要的类别。
3. 监督分类可以充分利用分类人员的各种先验知识，但不受人的主观因素的影响，因此，人为误差的机会减小，具有较高的分类精度。
4. 非监督分类时，分类者需要预先对所要分类的区域有非常深入的了解，同时还要能够解释分类集群的结果。
5. 非监督分类，也称为聚类分析或点群分析，即在多光谱图像中搜寻、定义其自然相似光谱组的过程。常用方法有：最小距离法、最大似然法等。
6. 光谱角分类法、*K*-均值算法、最小距离法、最大似然法四种分类方法中，除了光谱角分类法外，其余均属于统计分类法。
7. 与非监督分类相比，监督分类在一定程度上能解决遥感图像中普遍存在的混合像元、“同物异谱”“异物同谱”等现象对分类精度的负面影响。
8. 漏分误差与制图精度相对应，可用于判断分类方法的优劣；错分误差与用户精度相对应，从检验数据的角度判断各类别分类的可靠性。
9. 非监督分类的结果，不仅使图像上不同类别的地物得到了区分，还确定了类别的属性。
10. 监督分类避免了非监督分类中对光谱集群的重新归类。与监督分类的先学习后分类不同，非监督分类是边学习边分类，通过学习找到相同的类别，然后将该类与其他类区分开来。
11. 总体分类精度只考虑了对角线方向上被正确分类的像元数，而 Kappa 系数则同时考虑了对角线以外的各种漏分和错分像元。因此，总体分类精度和 Kappa 系数往往并不一致。

四、简答题（25）

1. 简要回答多光谱遥感数据统计分析的主要内容。
2. 为什么要进行特征选择？列举几种特征选择的主要方法和原理。
3. 图像分类的依据是特征变量，谈谈你对特征变量选取的认识和理解。
4. 什么是光谱特征空间？试分析地物在特征空间中的聚类情况。
5. 遥感图像分类的基本原理是什么？
6. 什么是“同物异谱”和“异物同谱”现象？其对遥感分类有什么影响？
7. 试述遥感图像分类与图像分割的区别与联系。
8. 简要说明遥感图像分类的基本工作流程。
9. 监督分类的基本过程（步骤）是什么？
10. 什么是训练样本？选择训练样本的一般原则是什么？
11. 简述监督分类的主要分类算法及其特点。
12. 叙述最小距离法遥感图像自动分类的原理和步骤。
13. 叙述最大似然法分类的原理及其优缺点。
14. 非监督分类有哪几种主要方法？
15. 叙述 ISODATA 法非监督分类的原理和步骤。
16. 监督分类和非监督分类的本质区别是什么？试比较它们的优缺点。
17. 试分析监督分类和非监督分类在分类过程和分类效果方面的异同。
18. 简要回答监督分类与非监督分类结合的意义和方法步骤。
19. 基于像元的分类方法有什么不足之处？
20. 什么是人工神经网络分类法？该方法有什么优缺点？
21. 试分析遥感图像分类误差的来源。
22. 图像分类后处理包括哪些工作？
23. 叙述图像增强中的平滑处理与分类后的平滑处理的异同点。
24. 简要分析遥感图像分类精度评价的主要技术过程和环节。
25. 什么是遥感图像解译专家系统？其核心部分是什么？

五、论述题（3）

1. 试述遥感图像分类时，特征变换的目的及其主要方法。
2. 试述制约遥感图像分类精度的主要因素。
3. 试述提高遥感图像分类精度的主要对策。

六、计算题（1）

1. 表 8.1 是在沙漠化地区土地利用/覆盖分类研究中构建的混淆矩阵。请根据表中数据计算总体分类精度及各个类型的制图精度和用户精度。

表 8.1　沙漠化地区土地利用/覆盖分类的混淆矩阵

项目		被评价的分类图像						
		戈壁	流沙地	平沙地	绿洲	干湖盆	水体	总和
参考图像	戈壁	261	3	0	0	0	0	264
	流沙地	50	192	1	6	0	0	249
	平沙地	6	6	75	3	0	0	90
	绿洲	12	3	0	102	0	6	123
	干湖盆	4	0	2	0	9	0	15
	水体	3	0	0	0	0	21	24
	总和	336	204	78	111	9	27	765

参考答案与题解

一、名词解释（30）

1. 硬分类：图像上的一个像元只能被分到一个类的分类方法。传统的统计方法都属于硬分类。

2. 软分类：图像上的一个像元可以同时被分到两个或两个以上类的分类方法。典型的软分类就是模糊分类或模糊聚类。

3. 模糊分类：允许一个像元可以同时被分到多个类中，并用隶属概率表达其归为某一类的可能性。

4. 混合像元：遥感器所获取的地面反射或发射光谱信号是以像元为单位记录的。一个像元内仅包含一种类型，这种像元称为纯像元。然而，多数情况下一个像元内往往包含多种地表类型，这种像元就是混合像元。混合像元记录的是多种地表类型的综合光谱信息。

5. 特征变量：统计学上，特征与变量是一个含义。对于图像而言，特征变量是图像波段值和其他处理后的信息。一个波段就是一个特征变量，每个特征具有相同的样本/像元数。

6. 模式识别：模式是某种事物的标准形式。一个模式识别系统对被识别的模式作一系列的测量，然后将测量结果与“模式字典”中一组“典型”的测量值相比较。若和字典中某一“词目”的比较结果吻合或比较吻合，则可以得出所需要的分类结果。这一过程称为模式识别 。

7. 结构模式识别：是用模式的基本组成元素（基元）及其相互间的结构关系对模式进行描述和识别的方法，也常称为句法模式识别。在遥感图像解译时，结构模式识别主要用来提取地物光谱特征以外的形状特征和空间关系特征，并在此基础上识别图像上的目标地物。

8. 光谱特征向量：同名地物点在不同波段图像中亮度的观测量将构成一个多维随机向量 ***X***，称为光谱特征向量。

9. 判别函数：各个类别的判别区域确定后，可以用一些函数来表示和鉴别某个特征矢量属于哪个类别，这些函数就称为判别函数。这些函数不是集群在特征空间形状的数学描述，而是描述某一位置矢量属于某个类别的情况，如属于某个类别的条件概率，一般不同的类别都有各自不同的判别函数。

10. 判别规则：当计算完某个矢量在不同类别判决函数中的值之后，需要通过一个判断的依据确定该矢量究竟属于某一类。这种判断的依据称为判别规则。

11. 贝叶斯判别规则：把某特征矢量（***X***）落入某类集群的条件概率当成分类判别函数（概率判别函数），***X*** 落入某集群的条件概率最大的类为 ***X*** 的类别，这种判决规则就是贝叶斯判别规则。贝叶斯判别规则是以错分概率或风险最小为准则的判别规则。

12. 监督分类：又称训练分类法，是指用选定的已知类别的样本去识别其他未知类别像元的过程。已被确认类别的样本像元是指那些位于训练区的像元，其类别属性是预先通过对工作区图像的目视解译、实地勘察等方法确定的。

13. 训练样本：也称训练区，是指分析者在遥感图像上确定出来的各种地物类型的典型分布区。训练样本的选择与评价直接关系分类的精度，是监督分类的关键。

14. 多级切割法：又称平行算法、盒式决策规则、平行六面体算法，是根据各类别所有训练样本的亮度值范围在多维特征空间中生成对应的特征子空间。对一个未知像元来说，它的类别归属取决于它落入哪个类别的特征子空间。

15. 最小距离法：以特征空间中的距离作为分类的依据，根据各像元到训练样本平均值距离的大小来决定其类别。

16. 最近邻域法：算法规则与最小距离分类法相似，都使用距离的远近作为类别归属的依据，只是不使用均值。常见的最近邻域分类法有最近邻分类法和 *K*-最近邻分类法。

17. 最大似然法（MLC）：判别规则是基于概率的，它首先计算待分类像元对于已知各类别的似然度（likelihood），然后把该像元分到似然度最大的一类中。

18. 光谱角分类法：也称光谱角填图，是一种光谱匹配技术，它通过估计像元光谱与样本或混合像元中端元成分（end member）光谱的相似性来进行分类。

19. 非监督分类：也称聚类分析或点群分析，是在没有先验样本的条件下，即预先不知道图像中地物类别特征，由计算机根据像元间光谱特征的相似程度进行归类合并的分类方法。

20. *K*-均值算法（*K*-Mean）：又称 C-Mean 法，其聚类准则是使多模式点到其类别中心的距离的平方和最小。*K*-均值法的基本思想是，通过迭代逐次移动各类别的中心，直至得到最好的聚类结果为止。

21. 图像分割：指把图像分成各具特性的区域并提取出感兴趣目标的技术和过程。图像分割的目的是将一幅图像分为几个区域，这几个区域之间具有不同的属性，同一区域中各像元具有某些相同的性质。

22. 分类树：在遥感图像分类中，根据地面景物的总体规律及内在联系而建立的一种树状结构的框架，称为分类树。图像分类时，可以根据分类树的结构逐级分层次地把

所研究的目标一一区分、识别出来，即分层分类法。

23. 人工神经网络（ANN）：是由大量的处理单元（神经元）互相连接而形成的复杂网络结构，是对人脑组织结构和运行机制的某种抽象、简化和模拟。

24. 混淆矩阵：也称误差矩阵，是表示精度评价的一种标准格式，用 n 行 n 列的矩阵形式来表示。具体评价指标有总体精度、制图精度、用户精度等，这些精度指标从不同的侧面反映了图像分类的精度。

25. 总体分类精度：指对每一个随机样本，所分类的结果与检验数据类型相一致的概率。

26. 用户精度：指从分类结果中任取一个随机样本，其所具有的类型与地面实际类型相同的条件概率。

27. 制图精度：表示相对于检验数据中的任意一个随机样本，分类图上同一地点的分类结果与其相一致的条件概率。

28. 漏分误差：指对于参考图像上的某种类型，被错分为其他不同类型的概率，即实际的某一类地物有多少被错误地分到其他类别。

29. 错分误差：指对于分类图像上的某一类型，它与参考图像类型不同的概率，即图像中被划为某一类地物实际上有多少应该是别的类别。

30. Kappa 系数：是一种对遥感图像的分类精度和误差矩阵进行评价的多元离散方法。总体分类精度只考虑了对角线方向上被正确分类的像元数，而 Kappa 系数则同时考虑了对角线以外的各种漏分和错分像元。

二、填空题（20）

1. 像元值
2. 全局统计特征　局部统计特征
3. 监督分类　非监督分类　两者相结合的混合分类
4. 硬分类　模糊分类
5. 训练场地
6. 光谱统计
7. 绝对值距离　欧氏距离　马氏距离　混合距离
8. 主分量变换　哈达玛变换　穗帽变换　比值变换　生物量指标变换
9. 实地采集　屏幕选择
10. 多级切割法　最小距离法　最近邻域法　最大似然法　光谱角分类法
11. K-均值算法　ISODATA 算法
12. 迭代式自组织数据分析算法
13. 学习　分类
14. 贝叶斯
15. 方向　长度　余弦
16. 图像处理与特征提取子系统　知识获取子系统　狭义的图像解译专家系统
17. 位置误差　属性误差

18. 简单随机采样　分层采样　系统采样
19. 混淆矩阵法　Kappa 分析法
20. 总体精度　用户精度　制图精度

三、是非题（11）

1. [答案]正确。

2. [答案]正确。

3. [答案]错误。[题解]监督分类时，分类系统的确定、训练样本的选择都受到了人的主观因素的影响，因此，人为误差机会增大。

4. [答案]错误。[题解]非监督分类无需选择训练区，因此不需要预先对所要分类的区域有非常深入的了解，分类者只要能够解释分类集群的结果即可。

5. [答案]错误。[题解]最小距离法、最大似然法是监督分类的常用方法，而非监督分类的方法是 *K*-均值算法（*K*-Mean）、ISODATA 算法。

6. [答案]正确。[题解]光谱角分类法把光谱特征空间中的像元亮度看做有方向和长度的向量，其分类依据是光谱向量的方向及其光谱角，分类过程中不考虑图像本身的亮度。因此，光谱角分类法不属于统计分类法。

7. [答案]错误。[题解]无论是监督分类还是非监督分类，都无法解决遥感图像中普遍存在的混合像元、“同物异谱”“异物同谱”等现象对分类精度的负面影响。

8. [答案]正确。

9. [答案]错误。[题解]非监督分类是聚类分析，分类结果只是对不同类别起到了区分的作用，并没有确定出类别的属性。类别属性是在分类结束后通过目视判读或实地调查确定的。

10. [答案]正确。

11. [答案]正确。[题解]总体分类精度和 Kappa 系数是评价图像分类精度的两个不同指标，由于考虑的因素不同，所以评价结果常常是不一致的。而且，当分类像元类别变化比较大时，或者漏分和错分比例增大时，总体分类精度和 Kappa 系数的计算值差距就更大。

四、简答题（25）

1. [题解]：多光谱遥感数据的统计分析是图像处理最基础性的工作，对图像显示和分析有重要意义。图像统计分析的内容概括起来包括以下几个方面。

（1）图像直方图。图像直方图描述了图像中每个亮度值（DN）的像元数量的统计分布。它是通过每个亮度值的像元数除以图像中总的像元数，即频率直方图。直方图是遥感图像所包含信息的一种图示，每个波段的直方图都能提供关于原始图像质量的信息。

（2）单元统计。主要包括计算各波段的峰值、中值、均值、亮度值、方差范围。①峰值：是出现频率最高的亮度值，即直方图曲线上的最高点。②中值：指图像中所有不同亮度值的中间值。③均值：是整个图像的算术平均值，是描述各波段的中心趋势的值。④亮度值范围：指每个波段中最大值和最小值之差，用于描述图像中亮度值的离散程度。

⑤方差：是所有像元亮度值和均值之差的平均平方值，用于描述图像中亮度值的离散程度。其平方根值为标准差，又称均方根差。标准差越小，图像中像元亮度值就越集中；反之，亮度值就越分散。

（3）多元统计。多元统计是通过计算各波段之间的协方差、相关系数，检查各波段之间的相关性，为进一步的图像处理及分类提供有用信息。①协方差：是图像中两波段的像元亮度值和其各波段均值之差的乘积的平均值，其计算公式为 $\mathrm{Cov}_{\mathrm{KL}}=\sum_{i=1}^{n}(\mathrm{DN}_{i_{\mathrm{K}}}-u_{\mathrm{K}})(\mathrm{DN}_{i_{\mathrm{L}}}-u_{\mathrm{L}})/(N-1)$。式中，$\mathrm{DN}_{i_{\mathrm{K}}}$、$\mathrm{DN}_{i_{\mathrm{L}}}$ 分别为 i 像元在 K 波段、L 波段的亮度值；u_{K}、u_{L} 分别为 K 波段、L 波段的均值；N 为总的像元数量。②相关系数：由于协方差的大小受测量单位影响，为了既检查各波段间相关性的大小，又不受测量单位影响，常将两波段之间的协方差除以各波段的标准差，得到其相关系数。相关系数一般为–1～1，如果两波段的相关系数大于 0，则说明一个波段的亮度值增加会引起另一个波段上亮度的增加，相关系数越接近 1，这种依赖性就越明显。反之，如果相关系数小于 0，则一个波段上亮度值增加会引起另一个波段上亮度的减小。各波段之间的协方差及相关系数用协方差矩阵和相关矩阵来表示。

2. [题解]：**（1）特征选择**。在遥感图像自动分类过程中，除了原始遥感图像外，还需要一些经过特征变换处理后的图像参与分类。为了用最少的图像数据获得最好的分类结果，把从上述诸多特征图像中选择一组最佳的特征影像进行分类的过程，称为特征选择。

（2）基于经验的定性特征选择方法。例如，研究植被类别、生长情况时，选择生物量指标变换图像及穗帽变换中的 GV 分量图像比较有利；研究土壤类别问题时，选用穗帽变换的 SB 分量比较有利；对山地植被分类时，选用比值变换后的图像能消除地形影响等。

（3）定量特征选择方法。①距离测度法。距离是最基本的类别可区分性测度，选择一组特征能使感兴趣类别的类内距离最小，而与其他类别的类间距离最大，那么根据距离测度，用这组特征设计的分类器的分类效果最好。实际使用标准化距离，类别均值间的标准化距离公式为 $d_{\mathrm{norm}}=\dfrac{|\mu_1-\mu_2|}{\sigma_1+\sigma_2}$，$\mu_1$、$\mu_2$ 分别为类别 1、类别 2 的均值；σ_1、σ_2 分别为类别 1、类别 2 的标准偏差。②散布矩阵测度。用矩阵的形式来表示模式类别在特征空间中的散布情况。类内散布矩阵表示属于某一类别的模式在其均值周围的散布情况；类间散布矩阵表示不同类别间相互散布的程度；总体散布矩阵表示类别的可分性。

3. [题解]：**（1）特征变量**。统计学上，特征与变量是一个含义。对于图像而言，特征变量是图像波段值和其他处理后的信息。一个波段就是一个特征变量，每个特征具有相同的样本/像元数。

（2）特征变量分为全局统计特征变量和局部统计特征变量。前者是将整个数字图像作为研究对象，从整幅中获取或从变换处理后的整幅图像中获取的变量；后者是将数字图像分割成不同的识别单元，在各个单元内分别抽取的变量特征，如纹理特征等。

（3）遥感图像分类的主要依据是图像的特征变量。选取特征变量是分类的基础，因此分类前，需按照一定的原则进行特征变量的选取。

（4）特征变量的选取包括特征选择和特征提取。前者指从众多的特征中挑选出若干可以参加分类运算的特征；后者是在特征选择之后，利用某种算法从原始特征中求出最能反映地物类别性质的一组新特征。非遥感数据经过处理，也能成为图像分类的特征变量。

（5）特征变量的选取原则。在实际应用中，对特征变量的选择随应用目的、研究区特点、遥感图像特征、地物类型等的不同而变化，总的原则是：①数量适度并尽可能少；②独立性强、相互之间的相关性低；③类内个体间差异小、类间差别大。

4. [题解]：（1）光谱特征空间：指表示地物在多个波段的亮度值的空间分布及其规律的图形。地面上任何一个点通过传感器成像后必然对应于光谱特征空间上的一个点，各种地物由于其光谱特征（光谱反射特征或光谱发射特征）不同，将分布在特征空间的不同位置上。地物在特征空间中的聚类情况为图像分类提供了重要依据。特征空间可以是二维的，也可以是三维的，或更多维的。

（2）地物在特征空间中的聚类情况。受随机性因素（如大气条件、背景、地物朝向、传感器本身的“噪声”等）影响，同类地物的各取样点在光谱特征空间中的特征点将不可能只表现为同一点，而是形成一个相对聚集的点集群，而不同类地物的点集群在特征空间内一般是相互分离的。特征点集群在特征空间中的分布可以分为三种情况：①理想情况。至少在一个特征子空间中时可以相互区别的。②典型情况。在任一子空间都有重叠，但在总的特征空间中是可以完全区分开的，可以使用特征变换使之变成理想情况进行分类。③一般情况。无论在总的特征空间还是子空间都有重叠，重叠部分出现分类误差。地物在特征空间的聚类通常是用特征点（或其相应的随机矢量）分布的概率密度函数来表示。

5. [题解]：图像分类是对给定的遥感图像上所有像元的地表属性进行识别和归类的过程。图像分类的基本原理可以从以下几个方面来理解。

（1）地物的光谱特征是遥感图像分类的主要依据。一般而言，同类地物有相近的光谱特征，而不同类型的地物则具有完全不同的光谱特征。

（2）地物的光谱特征通常是以地物在多光谱图像上的亮度值体现出来的。不同地物在同一波段图像上的亮度值一般互不相同。同时，不同地物在多个波段上亮度的呈现规律也不相同，这就是遥感图像上赖以区分地物类别的物理依据。

（3）地物在特征空间中的聚类情况为图像分类提供了重要依据。地面上任何一个点通过传感器成像后必然对应于光谱特征空间上的一个点，各种地物由于其光谱特征（光谱反射特征或光谱发射特征）不同，将分布在特征空间的不同位置上。

6. [题解]：（1）“同物异谱”和“异物同谱”。在某一个谱段区间，由于时空环境变化的影响，相同类型的地物呈现出不同的光谱特征，这种现象就是“同物异谱”。在某一个谱段区间，不同类型的地物呈现出相同的光谱特征，这种现象就是“异物同谱”现象。

（2）“同物异谱”和“异物同谱”对遥感图像分类的影响。①会造成分类误差变大，造成错分、误分。②在地物探测当中会影响探测精度，将不同种类的物种也探测为目标物种。③对于采用非监督分类的分类方法造成了限制。

7. [题解]：（1）图像分类和图像分割。图像分类是对给定的遥感图像上所有像元的地表属性进行识别和归类的过程。图像分割是根据图像的光谱信息和空间信息使图像中相邻同质像元合并和异质像元分离的过程。

（2）图像分类与图像分割的区别。①目的不同。分类的目的是确定图像中的每个像元的类别属性；分割的目的是将图像分为几个区域，且不同区域之间具有不同的属性，同一区域中各像元具有某些相同的性质。②依据不同。分类的依据是图像像元的相似度，用距离和相关系数来衡量。分割的依据：一是依据像元灰度值的不连续性进行分割；二是依据同一区域内部像元的灰度值具有相似性进行分割。③方法不同。图像分类的方法有监督分类、非监督分类、监督与非监督相结合分类、基于知识的分类等。图像分割的方法有基于区域的方法、基于边界的方法和基于边缘的方法等。④其他不同。图像分类除了利用像元的光谱信息外，必要时还可以充分利用高程、纹理、几何等非光谱信息。此外，地理信息系统与遥感技术的结合，还能进一步提高图像自动分类的精度。而图像分割只能利用图像像元的光谱信息。

（3）图像分类与图像分割的联系。图像分割是图像分类可以利用的一种技术方法。例如，面向对象的分类技术，就是基于图像分割来完成分类的。首先，对原始遥感图像做多尺度图像分割。然后，采用最近邻分类等方法，对分割图像进行分类。

8. [题解]：（1）图像预处理。包括：①确定工作范围。②多源图像的几何配准。③噪声处理。④辐射校正。⑤几何精校正。⑥多图像融合。

（2）特征选取。根据应用目的、研究区特点、遥感图像特征等，并按照一定的原则进行特征选择和特征提取。

（3）选择分类方法进行图像分类。从监督分类、非监督分类等众多分类方法中，选择最为恰当的分类方法。

（4）分类后处理。分类结果中，常常出现一些不合理的现象，需要根据要求并通过一定的方法进行适当的处理。

（5）分类精度评价。把分类结果与检验数据进行比较以检验分类的效果。精度评价一般是通过采样的方法来完成的，即通过样本与分类结果的符合程度来确定分类的准确度。

（6）成果输出。根据需要，通过设置投影、比例尺、图例等辅助要素，把达到精度要求的分类图像制作成专题图，或将数据转换为矢量格式，供其他系统使用。

9. [题解]：监督分类又称训练分类法，指用选定的已知类别的样本去识别其他未知类别像元的过程。其基本过程如下。

（1）确定分类数。专题要素的分类系统是确定分类数的基础。为了提高分类精度，通常最初选择的分类数要比分类系统规定的分类数多，待到分类结束后，再进行必要的合并。

（2）选择训练样本。在图像上对每一种地物类别选取一定数量的训练区，构成训练样本；选择训练样本是监督分类的关键，需要按照一致性、典型性、代表性和统计性等原则进行。

（3）确定判别函数（分类算法）。统计样本的特征参数，确定判别准则，建立判别函数，这是分类的核心工作。常用的分类算法有最大似然法、多级切割法、最小距离法等。

（4）实施分类。根据判别函数，将训练区以外的像元划分到与样本最为相似的类别中。

（5）分类后处理。利用误差矩阵、Kappa 系数等进行分类精度评价。不能满足要求，需要重新选择样本或分类方法。

（6）成果输出。

10. [题解]：**（1）训练样本**：又称平训练样本，也称训练区，是指分析者在遥感图像上确定出来的各种地物类型的典型分布区。训练样本的选择与评价直接关系分类的精度，是监督分类的关键。

（2）选择训练样本的一般原则。①一致性原则，即样本所含类型应与所区分的类别一致。监督分类依据样本建立分类规则，如果样本中遗漏了某一类，则分类结果中一定不会包含此类，该类别所对应的像元一般会根据分类规则划分到相近的类别中。②典型性和代表性原则，即同一类别的训练样本是均质的。在特征空间中，不同类别的训练样本是相互独立的，不能有重叠。因此，训练样本应在面积较大的地物中心部分选取，而不应在地物的混交地区或类别的边缘选取，以保证其典型性和代表性。③统计性原则，即训练样本的数量应满足建立判别函数的要求。例如，最大似然法的训练样本数至少要求 $K+1$ 个（K 是特征空间的维数），这样才能保证协方差矩阵的非奇异性。当然，$K+1$ 只是理论上的最低值，实际上为了保证参数估计结果比较合理，样本数还应适当增加，达到能满足提供各类别足够的信息和克服各种偶然因素影响的效果。

11. [题解]：监督分类又称训练分类法，是指用选定的已知类别的样本去识别其他未知类别像元的过程。监督分类的主要分类算法及其特点如下。

（1）多级切割法：又称平行算法、盒式决策规则、平行六面体算法，是根据各类别所有训练样本的亮度值范围在多维特征空间中生成对应的特征子空间（盒子）。一个未知像元的类别归属取决于它落入哪个类别的特征子空间。该方法的优点是：算法简明、直观、运算速度快。缺点是：特征子空间（盒子）和对应的类别的点群分布不一致，各类别所定义的特征子空间容易发生重叠。

（2）最小距离法：假设图像中各类地物光谱信息呈多元正态分布，每个类在 K 维特征空间中形成一个椭球状点群，依据各像元距各类中心的距离决定其归属，距哪一类距离最近，就归属哪一类。该方法的优点是：方法简单、实用性强、计算速度快。缺点是：没有考虑不同类别内部方差的不同，从而造成一些类别在其边界上的重叠，引起分类误差。

（3）最近邻域法：简单的最近邻域分类器是在 n 维特征空间中，找出距离待分类像元最近的训练样本，并将待分类像元划归到该样本所在的类中。该方法的优点是：如果训练样本在 n 维特征空间中有很好的区分度，那么可以取得很好的分类效果。缺点是：计算量很大，会造成分类速度的减慢。

（4）最大似然法：判别规则是基于概率的，它首先计算待分类像元对于已知各类别的似然度（likelihood），然后把该像元分到似然度最大的一类中。该方法的优点是：具有严密的理论基础、清晰的参数解释能力，易于与先验知识融合。缺点是：当特征空间

中类别的分布不能服从正态分布时，分类结果常常会偏离实际情况。另外，在面对超多波段图像数据时，存在数据量大、运算速度慢等问题。

（5）光谱角分类法：是一种光谱匹配技术，它通过估计像元光谱与样本或混合像元中端元成分光谱的相似性来进行分类。光谱角分类法把光谱特征空间中的像元亮度看作是有方向和长度的向量，不同像元的向量之间形成的夹角称作光谱角。分类时，通过比较训练样本与每一像元光谱向量之间的夹角，确定未知像元的归属。夹角越小，表明像元越接近训练样本所代表的类别。这种方法充分利用了光谱维的信息，强调了光谱的形状特征，大大减少了特征信息。

12. [题解]：（1）分类原理。最小距离法是基于距离判别函数和判别规则分类的。距离判别函数的建立是以地物光谱特征在特征空间中按集群方式分布为前提的，其基本思想是设法计算未知矢量 $\boldsymbol{X}$ 到有关类别集群之间的距离，哪类距离它最近，该未知矢量就属于哪类。距离判决函数偏重集群分布的几何位置，而概率判决函数偏重于集群分布的统计性质。

（2）分类步骤。①利用训练样本数据计算出每一类别的均值向量及标准差（均方差）向量。②利用训练样本数据位置，计算输入图形中每个像元到各类中心的距离。在遥感图形分类处理中，应用最广泛而且比较简单的距离函数有两个：欧几里得距离和绝对距离。③根据计算的距离，把像元归入距离最小的那一类中去。④分类结果评价：使用最小距离法对图像进行分类，其精度取决于对已知地物类别的了解和训练统计的精度。

13. [题解]：监督分类是根据已知的样本类别和类别的先验知识，确定判别函数和相应的判别准则，然后将未知类别样本的观测值代入判别函数，再依据判别准则对该样本的所属类别作出判定。最大似然法分类是监督分类中应用最广的一种分类方法。

（1）分类原理。①最大似然分类法是根据概率判别函数和贝叶斯判别规则来进行的分类的。把某特征矢量 $\boldsymbol{X}$ 落入某类集群 W_i 的条件概率 $p(W_i/\boldsymbol{X})$ 当成分类判别函数（概率判别函数），把 $\boldsymbol{X}$ 落入某集群的条件概率最大的类为 $\boldsymbol{X}$ 的类别，这种判决规则就是贝叶斯判别规则。②贝叶斯判别规则是错分概率最小的最优准则。错分概率是类别判别分界两侧做出不正确判别的概率之和。贝叶斯判别边界使这个数错误为最小，因为这个判别边界无论向左还是向右移都将包括不是 1 类便是 2 类的一个更大的面积，从而增加总的错分概率。

（2）该方法的优缺点。优点是具有严密的理论基础、清晰的参数解释能力，易于与先验知识融合。缺点是：当特征空间中类别的分布不服从正态分布时，分类结果常常会偏离实际情况。另外，在面对超多波段图像数据时，存在数据量大、运算速度慢等问题。

14. [题解]：非监督分类，也称为聚类分析或点群分析，是在没有先验样本的条件下，即预先不知道图像中地物类别特征，由计算机根据像元间光谱特征的相似程度进行归类合并的分类方法。非监督分类的主要方法有 *K*-均值算法（*K*-Mean）和 ISODATA 算法。

（1）*K*-均值算法（*K*-Mean）。*K*-均值算法又称 C-Mean 法，其聚类准则是使多模式点到其类别中心的距离的平方和最小。*K*-均值法的基本思想是，通过迭代逐次移动各类别的中心，直至得到最好的聚类结果为止。*K*-均值方法的优点是理论严密、实现简单。其缺点有三个方面：一是过分依赖初值，当随机选取初始聚类中心时容易收敛于局部极值，而全局严重偏离最优分类，特别是当聚类数比较大时，往往要经过多次聚类才有可能得到较满意的结果；二是在迭代过程中没有调整类数的措施，产生的结果受所选聚类中心的数目、初始位置、读入次序等因素的影响较大；三是初始分类选择不同，最后的分类结果也可能不同。

（2）ISODATA 算法。该算法的全称为迭代式自组织数据分析算法，是最为常用的一种非监督分类算法。其算法思想是：先选择若干样本作为聚类中心，再按照最小距离准则使其余样本向各中心聚集，从而得到初始聚类，然后判断初始聚类结果是否符合要求。若不符，则将聚类集进行分裂和合并处理，以获得新的聚类中心（聚类中心是通过样本均值的迭代运算来决定的）重新聚类，再判断聚类结果是否符合要求。如此反复迭代，直到完成聚类分类操作。

15. [题解]：（1）ISODATA 分类的原理。①它不是每调整一个样本的类别就重新计算一次各类样本的均值，而是在每次把所有样本都调整完毕之后才重新计算一次各类样本的均值，前者称为逐个样本修正法，后者称为成批样本修正法。②ISODATA 算法不仅可以通过调整样本所属类别完成样本的聚类分析，还可以自动地进行类别的“合并”和“分裂”，从而得到类数比较合理的聚类结果。

（2）ISODATA 分类的步骤。①初始化。②选择初始中心。③按一定规则（如距离最小）对所有像元划分。④重新计算每个集群的均值和方差。⑤按初始化的参数进行分裂和合并。⑥结束，迭代次数或者两次迭代之间类别均值变化小于阈值。⑦否则，重复③～⑤。⑧确认类别，精度评定。

16. [题解]：（1）监督分类与非监督分类。①监督分类又称训练分类法，是指用选定的已知类别的样本去识别其他未知类别像元的过程。已被确认类别的样本像元是指那些位于训练区的像元，其类别属性是预先通过对工作区图像的目视解译、实地勘察等方法确定的。②非监督分类也称为聚类分析或点群分析，是在没有先验样本的条件下，即预先不知道图像中地物类别特征，由计算机根据像元间光谱特征的相似程度进行归类合并的分类方法。

（2）区别。监督分类与非监督分类的本质区别在于是否利用训练场地来获取先验的类别知识。监督分类完全依赖训练场地获取先验知识，而非监督分类根据地物的光谱统计特性进行分类，不需要更多的先验知识。

（3）监督分类的优缺点。优点是：①有选择性地决定分类类别，可避免出现不必要的类别。②充分利用了分类人员的先验知识，具有较高的分类精度。③不需要进行迭代运算，运算量小、运算速度快。④可以控制训练样本的选择，通过对训练样本的反复检验来提高分类精度。缺点是：①受人的主观因素的影响。②训练样本的选择和检验费时费力，且分类者需对研究区及遥感图像具有足够的先验知识。③只能识别训练样本所定义的类别。

（4）非监督分类的优缺点。优点：①无需选择训练区，操作更为简单。②人为误差的机会减小。③独特的、覆盖量小的类别均能够被识别。缺点：①分类结果并不一定与预想的地物类别相匹配。②分类结果难以预料和控制，产生的类别并不一定都能让分析者满意。③图像中各类别的光谱特征会随时间、地形等变化，不同图像及不同时段图像

之间的光谱集群组无法保持连续性，从而使不同图像之间的对比变得困难。

17. [题解]：（1）分类过程的异同。两种分类方法的不同之处在于监督分类需要选择训练样本并提取统计信息，而非监督分类不需要选择训练样本，这也是它们之间的本质区别。相同之处是两种方法都不可避免地要选择恰当的分类算法。

（2）分类效果方面的异同。两种分类方法对大面积地物（如水体、植被等）分类效果相似，但监督分类中出现了未给训练样本的地类无法定义、训练样本并不完全代表真实图像的情况；而非监督分类会出现无法对分类级别进行控制、无法与需要的类别一一匹配的情况。

18. [题解]：（1）两种分类方法结合的意义。监督分类与非监督分类各有优缺点。例如，基于最大似然原理的监督分类的优势是能有效减小分类误差，且分类速度快，但缺陷是在分类前必须圈定样本性质单一的训练样区，而这正是非监督分类的优势所在。实际分类时，通过非监督分类法将一定区域聚类成不同的单一类别，监督分类再利用这些单一类别区域"训练"计算机，并进行监督分类。由此可见，两种分类方法结合的目的和意义在于优势互补、取长补短，进一步提高分类效率和精度。

（2）两种分类方法结合的具体步骤。①选择一些有代表性的区域进行非监督分类。与监督分类选择训练样本不同，这些区域应包含尽可能多的感兴趣的地物类别。②获得多个聚类类别的先验知识。先验知识可以通过判读或实地调查来获得。聚类的类别作为监督分类的训练样区。③特征选择。选择最合适的图像特征进行后续分类。④使用监督分类对整个图像进行分类。⑤输出标记图像。由于分类结束后图像的类别信息已经确定，所以可以将整幅图像标记为相应的类别输出。

19. [题解]：基于像元的分类方法是以图像的光谱信息作为分类的依据。现有的计算机自动分类大多采用这种方法。其不足之处是：①以同类地物具有相同的光谱特征而不同地物在光谱空间中具有可分性为分类的假设前提，事实上这一假设经常不成立。②忽略了像元之间的相互关系和大量的空间信息，有些方法虽然也用到了一些辅助信息，但也仅限于地形、纹理等少数类别。③分类结果中产生噪声或面积过小的无效类别，分类精度难以提高。

20. [题解]：（1）人工神经网络（ANN）。人工神经网络是由大量的处理单元（神经元）互相连接而形成的复杂网络结构，是对人脑组织结构和运行机制的某种抽象、简化和模拟。同基于知识的分类方法一样，神经网络分类法也是一种模拟人工智能的遥感图像分类方法，它利用了 ANN 能够模拟人脑功能的特长，运用具有极高运算速度的并行运算，实现了对大量数据集的实时处理。

（2）神经网络分类的优点。①高度并行处理能力。人工神经网络并行分布工作，各组成部分同时参与计算，网络的总体计算速度快，数据处理速度远高于传统的序列处理算法。②非线性映射功能。神经网络的判别函数是非线性的，能在特征空间中形成复杂的非线性决策边界，从而能解决非线性可分的特征空间的分类问题。③自我调节的能力。节点之间通过权重连接，能够进行自我调节，能方便地利用多元数据，有利于分类精度的提高。④具有自适应能力。能够模仿人类处理模糊的、不完整或者不确定的信息，可以通过学习样本找出数据的内在联系，对于解决类别分布复杂、背景知识不足地区的影像分类尤其有效。

（3）神经网络分类的缺点。①很难给出神经元之间权重值的物理意义，因此，神经网络模型也被认为是“黑箱模型”。②神经网络方法对训练数据的选择比较敏感。③需要花费大量时间进行学习，相关参数多，且需要不断地调整才能得到较好的分类结果。④学习容易陷入低谷而不能跳出，有时网络不能收敛。

21. [题解]：任何分类都会产生不同程度的误差。分类误差主要有两类：一类是位置误差，即各类别边界的不准确；另一类是属性误差，即类别识别错误。分类误差的来源有以下几个方面。

（1）遥感成像过程中形成的误差。①遥感平台姿态的不稳定会造成图像的几何畸变。②传感器本身性能和工作状态造成的几何畸变或辐射畸变。③大气中的雾、霾、灰尘等杂质造成的辐射误差。④地形的起伏产生像点位移并造成几何畸变。⑤地形坡度造成的辐射误差。

（2）遥感图像特征产生的误差。图像的空间分辨率、光谱分辨率和辐射分辨率的高低也是影响分类精度的重要因素。有些分类结果精度不高，不是分类方法的问题，而直接受制于图像本身的特征。

（3）图像处理过程中产生的误差。遥感图像分类前，辐射校正、几何校正、研究区的拼接与裁切等预处理，产生的几何畸变和辐射畸变对分类结果也将产生一定影响。

（4）地物特征造成的误差。地表各种地物的特征直接影响分类的精度。地表景观结构越简单，越容易获得较高的分类精度，而类别复杂、破碎的地表景观则容易产生较大的分类误差。

（5）图像分类过程中产生的误差。分类方法、各种参数的选择、训练样本的提取，分类时所采用的分类系统与数据资料的匹配程度也会影响分类结果。

上述各个环节所产生的误差，最终都有可能累积并传递到分类结果中，形成分类误差。因此，分类误差是一种综合误差，很难把它们区分开来。

22. [题解]：图像分类后处理包括以下方面。

（1）碎斑处理。去掉分类图中过于孤立的那些类的像素，或把它们归并到包围相邻的较连续分布的那些类。

（2）类别合并。非监督分类前不知道实际有多少地物类，在策略上总是先分出较多的类，然后对照实地情况或根据已有知识，确定最后需要的类别。因此，需要将某些光谱上不同的类（光谱类）合并为一个地物类。

（3）分类结果统计。分类结果统计是图像分类报告中必须包含的内容，包括各类在各波段的平均值、标准差、最低值、最高值、协方差矩阵、相关系数矩阵、特征值、各类的像素数和占总像素数的百分比、精度检验等。

（4）类间可分离性分析。可分离性可用各类之间的距离矩阵来表示。由于距离是类间相似性的一个重要量度，因而通过该矩阵可确定最为相似的类。如果某类的地物性质比较模糊，可借助与它最相似的已知地物类来进一步明确。

23. [题解]：**（1）分类后图像平滑处理的原因。**用光谱信息对图像逐个像元进行分类的结果，必然导致分类图上出现“噪声”。产生噪声的原因：①地物类型交界处，混

合像元造成的错误分类。②尽管分类正确，但零星的、孤立的、小面积的类型并不符合专题制图的需要。因此，分类图往往还需要采用分类平滑技术综合解决上述问题。

（2）分类前、后平滑处理技术的异同点。都属于邻域处理法，采用的平滑窗口可以是 3×3 或 5×5 大小。但不同之处在于：①分类前平滑面对的是图像像元的 DN 值，而分类后平滑面对的是像元的专题类别。②分类前平滑处理采用的是代数运算，而分类后平滑处理不是代数运算，而是逻辑运算。图 8.1 是分类前图像平滑处理的过程，从中可以看出，中心像元的取值是窗口图像与模板像元对应起来相乘再相加得到的，显然这是一种代数运算。图 8.2 是分类后图像平滑处理的过程，中心像元的取值（类别）是由分类图上占绝对优势的类别属性决定的，这就是“多数平滑”原则。

模板

1/9	1/9	1/9
1/9	1/9	1/9
1/9	1/9	1/9

×

窗口图像

70	80	83
85	90	65
105	100	87

=

中心像元值

	85	

图 8.1　分类前图像平滑处理过程示意图

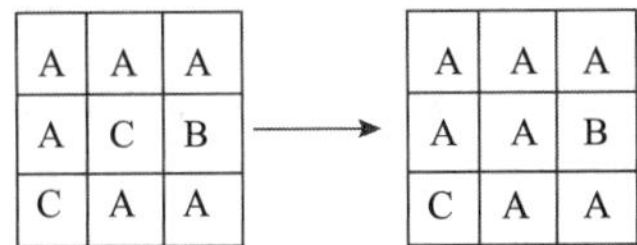

图 8.2　分类后图像平滑处理过程示意图

24. [题解]：遥感图像分类精度评价，是把分类结果与检验数据进行比较以得到分类效果的过程。其主要技术过程和环节包括以下几个方面。

（1）选择检验数据。精度评价中所使用的检验数据可以来自实地调查数据或参考图像。参考图像包括分类的训练样本、更高空间分辨率的遥感图像或其目视解译结果和具有较高比例尺的地形图、专题地图等。检验数据以参考图像为主。

（2）采样。精度评价一般都是通过采样的方法来完成的，即从检验数据中选择一定数量的样本，通过样本与分类结果的符合程度来确定分类的准确度。①确定采样方法。采样就是从检验数据中选择样本。常用的概率采样方法包括简单随机采样、分层采样和系统采样等。②确定样本的容量。样本容量指样本必须达到的最少数目，是保证样本具有充分代表性的基本前提。样本容量可通过统计方法来计算，如百分率样本容量、基于多项式分布的样本容量等。

（3）确定精度评价的方法。混淆矩阵，也称误差矩阵，是表示精度评价的一种标准格式，是最常用的精度评价方法。误差矩阵是 n 行 n 列的矩阵，n 代表类别的数量。通常矩阵的左边（y 轴）代表的是参考图像上的类别，上部（x 轴）代表的是要评价图像上的类别，矩阵中列出的是样本像元的数量（或像元所占百分比）。显然，误差矩阵中对角线上列出的是被正确分类的像元数量。

（4）选择精度指标。基于混淆矩阵，用户可从总体精度、用户精度、制图精度和 Kappa 系数等四种指标中选择恰当指标，从不同的侧面描述分类效果，进行精度评价。①总体分类精度（overall accuracy）：表述的是对每一个随机样本，所分类的结果与检验数据类型相一致的概率。②用户精度（user's accuracy）：指从分类结果中任取一个随机样本，其所具有的类型与地面实际类型相同的条件概率。③制图精度（producer's accuracy）：表示相对于检验数据中的任意一个随机样本，分类图上同一地点的分类结果与其相一致的条件概率。④Kappa 系数：是一种对遥感图像的分类精度和误差矩阵进行评价的多元离散方法，该方法摒弃了基于正态分布的统计方法，在统计过程中综合考虑了矩阵中的所有因素，因而更具实用性。

25. [题解]：（1）遥感图像解译专家系统： 是基于模式识别和人工智能技术相结合的遥感图像智能解译和信息获取的技术方法。该系统利用模式识别方法获取地物的多种特征，为专家系统解译遥感图像提供证据；同时应用人工智能技术并运用遥感图像解译专家的知识和经验，模拟遥感图像目视解译的基本思维过程，进行遥感图像的解译。

（2）遥感图像解译专家系统的组成。 系统由遥感图像数据库、解译知识库、推理机和解译器组成。①遥感图像数据库包括遥感图像数据和每个地物单元的不同特征，由数据库管理系统进行管理。②解译知识库包括专家解译知识和背景知识，由知识库管理系统管理。③推理机是遥感图像解译专家系统的核心，其作用是提出假设，并以地物的多种特征为依据进行推理验证，实现遥感图像的解译。推理机采用正向推理和反向推理相结合的方式进行遥感图像解译。正向推理，即事实驱动方式的推理，它由已知事实出发向结论方向推理；反向推理，即目标驱动方式推理，这种推理先提出假设，再进一步寻找支持假设的证据。推理机具有咨询式和隐蔽式两种运行形式：前者，用户和系统进行人机对话，解译系统根据用户提供的区域信息和任务要求，完成图像的解译；后者，解译过程中，图像数据与解译知识的结合在专家系统内部进行。④解译器是用于说明推理过程的工具。其作用是对推理过程进行解释，以便用户了解计算机解译的过程。

五、论述题（3）

1. [题解]：（1）特征变换。 将原始图像通过一定的数学变换生成一组新的特征图像，这一组新图像信息集中在少数几个特征图像上。特征变换是遥感图像自动分类的基础。

（2）特征变换的目的和作用。 ①减少特征之间的相关性，使得用尽可能少的特征来最大限度地包含所有原始数据的信息。②使待分类别之间的差异在变换后的特征中更加明显，从而改善分类效果。

（3）常用的特征变换。 K-L 变换、K-T 变换、哈达玛变换、比值变换和生物量指标变换。

（4）K-L 变换及其特点。 K-L 变换是一种基于统计特征基础上的多维正交线性变换。特点有：①从几何意义上看，K-L 变换相当于对原始图像的光谱空间坐标系进行了旋转。②变换后图像的信息集中在前几个分量上，且各主分量包含的信息量呈逐渐减少趋势。③K-L 变换是一种常用的数据压缩和去相关技术。

（5）K-T 变换及其特点。 ①K-T 变换也是一种坐标空间发生旋转的线性变换，但旋转后的坐标轴不是指向主成分的方向，而是指向另外的方向，这些方向与地面景物有密切的关系，特别是与植物生长过程和土壤有关。②K-T 变换既可以实现信息压缩，又可以帮助解译分析农业特征。K-T 变换得到的四个分量信息与地面景物是关联的，是有一

定的景观含义的。

（6）哈达玛变换。哈达玛变换是利用哈达玛矩阵作为变换矩阵实施的遥感多光谱域变换。哈达玛矩阵的变换核为 $\boldsymbol{H}=\begin{bmatrix}+1 & +1\\ +1 & -1\end{bmatrix}$。哈达玛矩阵的维数 $N=2^m$，m 为矩阵的阶数。哈达玛矩阵定义为 $\boldsymbol{I}_H=\boldsymbol{H}\cdot X$。由哈达玛变换可知，哈达玛变换实际是将坐标轴旋转了 45° 的正交变换。哈达玛变换的主要作用是数据压缩。

（7）比值变换和生物量指标变换。就是除法运算或比值运算，基本公式为 $B=B_1/B_2$。作用：①通过比值运算能压抑因地形坡度和方向引起的辐射量变化，消除地形起伏的影响。②也可以增强某些地物之间的反差，如植被、土壤、水在红色波段与红外波段图像上反射率是不同的，通过比值运算可以加以区分。③比值处理还能用于消除山影、云影及显示隐伏构造。因此，比值运算是自动分类的预处理方法之一。生物量指标变换是一种特殊的比值变换，表示为 $I_{\text{bio}}=(x_7-x_5)/(x_7+x_5)$，其中，$I_{\text{bio}}$ 为生物量变换后的亮度值；x_7、x_5 分别为 MSS7、MSS5 图像的像元亮度值。该变换能把植被从土壤和水体中分离出来。

2. [题解]：（1）遥感图像特征的制约。①遥感信息的局限性及遥感信息之间复杂的相关性决定了遥感信息的不确定性，这是制约遥感图像分类精度的主要原因。遥感成像把三维地表系统转化成二维遥感图像，在这个过程中，高程变化对地表环境的影响没有得到充分反映，地表以下深层构造相互作用机理也无法得到反映，导致分类信息不完整。②混合像素的普遍存在。有限的图像空间分辨率及混合像元的普遍存在，对图像分类精度的影响很大。③“同物异谱”和“异物同谱”现象的普遍存在。在某一个谱段区间，由于时空环境变化的影响，相同类型的地物呈现出不同的光谱特征，这种现象就是“同物异谱”。在某一个谱段区间，不同类型的地物呈现出相同的光谱特征，这种现象就是“异物同谱”现象。“同物异谱”和“异物同谱”会造成分类误差变大，造成错分、误分。④像元的亮度值中，包含各种在成像过程中产生的辐射畸变。包括：光电转换过程中受传感器灵敏度影响所导致的辐射量误差、大气吸收，尤其是散射作用造成的辐射量误差及太阳高度角和地形导致的辐射误差。尽管这些误差可以通过分析模型得到纠正，但目前还不能建立一个能完全反演地球表层系统区域分异和时相变化规律的仿真模型，这也影响分类的准确性。

（2）图像分类方法的限制。目前的图像分类方法多属于单点分类，即确定或调试好分类模型后逐个像元计算所属的类别。这种分类主要依据地物的光谱信息，而几何信息、纹理信息、地形信息并没有得到充分的利用，因此很难达到很高的分类精度；分类所依据的光谱信息具有时空特性，即地物光谱随着时相和空间环境的变化而变化，再加上大量“同物异谱”和“异物同谱”现象的存在，都给图像分类带来困难。总之，目前的分类算法没有一个被认为是十全十美的，每种方法都有缺陷。

3. [题解]：提高遥感图像分类的主要对策有以下几个方面。

（1）遥感图像多种特征的抽取与综合利用。图像分类除了利用地物的光谱特征外，还需要综合利用地物的形状特征、纹理特征和空间关系特征。这是遥感图像分类的主要技术趋势。①形状特征的提取和利用。通过地物边界跟踪技术，可以获得地物单元的周长、地物面积及形状指数等形状特征。图像分类时，借助形状特征信息，把那些光谱特性相似但几何属性不同的要素区分开来。②空间关系特征的提取与利用。地物空间关系是指遥感图像上两个或多个地物之间在空间上的相互联系。空间关系特征提取包括方位关系、包含关系、相邻关系、相交关系和相贯关系的提取。形状特征和空间关系特征提取后，被作为空间数据和属性数据存入遥感图像数据库中，图像分类时可以适时调用这些空间特征参与分类。③纹理特征的提取与利用。光谱信息与纹理信息的结合使用，可以弥补单纯光谱信息分类的不足，有效避免错分误判现象，提高分类精度；定量化的纹理信息不可能在遥感图像上直接得到，只有通过特殊的运算才能获取反映纹理信息的定量数据，形成纹理变量或显示为纹理图像，而纹理变量可以作为特征变量之一参与图像分类；随着遥感图像空间分辨率的提高、纹理特征分类技术的不断完善，纹理特征将与光谱特征并驾齐驱，成为不可或缺的分类依据。

（2）混合像元的分解处理。混合像素是遥感图像中较普遍存在的现象，尤其是低分辨率的卫星图像上，一个像素覆盖的地面范围内往往包含多种地物类别。这种混合像元的灰度值必为各组分图像灰度的混合值，传统的基于逐个像元的判别就会发生困难，出现很大的不确定性。因此，努力发展混合像元的分解模型，将最小处理单元由像元向亚像元过渡，是提高分类精度的有效措施。

（3）多源遥感数据的融合。图像融合是指把多源遥感数据按照一定的规则或算法进行处理，生成一幅具有新的空间、光谱和时间特征的合成图像。多源遥感数据融合能有效发挥不同数据的优势，提高分类数据的几何分辨率和光谱分辨率，已经成为提高分类精度的基本方法。

（4）分层分类与专家系统的应用。目视解译能够综合多种信息，进行综合分析和逻辑推理。计算机分类若能模拟目视解译的特点，势必减少错分误判，分层分类和专家系统分类就是这样的尝试。①分层分类：就是模拟目视解译，对复杂图像进行多层次的分析判断，先把容易识别确定的地物提取出来，再针对彼此混淆的地类采用不同的判据进行区分，先易后难，由表及里，分层处理，逐步推进。②遥感图像解译专家系统：运用遥感图像解译专家的经验和方法，模拟遥感图像目视解译的具体思维过程进行遥感图像的解译，是模式识别与人工智能技术相结合的产物。它使用人工智能语言将某一领域的专家分析方法或经验引用过来，对地物的多种属性进行判断，确定类别。

（5）遥感与 GIS 的结合。利用 G1S 技术构建并不断完善各类专题数据库（植被、土壤、DEM 等），引入非遥感数据参与分类，提高分类精度。G1S 专题数据库在分类中的作用主要有：①对遥感图像进行辐射校正，消除或降低地形差异的影响。②作为分类的直接证据，增加遥感图像的信息量。③作为分类的辅助证据，减少分类的不确定性。④作为分类结果的检验数据，降低误判率。

（6）不断探讨图像分类的新技术。①基于知识的图像分类。②面向对象的分类。③人工神经网络分类。④基于小波分析的图像分类。⑤模糊分类。

六、计算题（1）

[题解]：表 8.2 是混淆矩阵的基本形式，各种分类精度的评价都是基于此表计算的。

表中 n 为类别的数量；P 为样本总数；P_{ij} 为分类数据类型中第 i 类和参考图像第 j 类所占的组成成分；p_{i+}为分类所得到的第 i 类的总和；p_{+j} 为检验数据中第 j 类的总和。

表 8.2　混淆矩阵的基本形式

项目		分类数据类型				
		1	2	…	n	总和
检验数据类型	1	p_{11}	p_{21}	…	p_{n1}	p_{+1}
	2	p_{12}	p_{22}	…	p_{n2}	p_{+2}
	…	…	…	…	…	…
	…	…	…	…	…	…
	n	P_{1n}	P_{2n}	…	p_{nn}	p_{+n}
总和		P_{1+}	p_{2+}	…	p_{n+}	P

（1）总体分类精度计算。总体分类精度表述的是对每一个随机样本，所分类的结果与检验数据类型相一致的概率，表示为 $p_c = \sum_1^n P_{\text{kk}} / P$ 。

（2）用户精度的计算。用户精度指从分类结果中任取一个随机样本，其所具有的类型与地面实际类型相同的条件概率，表示为 $p_{u_i} = p_{ii} / p_{i+}$。

（3）制图精度的计算。表示相对于检验数据中的任意一个随机样本，分类图上同一地点的分类结果与其相一致的条件概率，表示为 $p_{A_j} = p_{jj} / p_{+j}$。

表 8.3 为计算的结果。

表 8.3　计算结果

项目	制图精度	漏分误差	用户精度	错分误差
戈壁	261/264=98.86%	1.14%	261/336=77.68%	22.32%
流沙地	192/249=77.11%	22.89%	192/204=94.12%	5.88%
平沙地	75/90=83.33%	16.67%	75/78=96.15%	3.85%
绿洲	102/123=82.93%	17.07%	102/111=91.89%	8.11%
干湖盆	9/15=60.00%	40.00%	9/9=100%	0.00%
水体	21/24=87.50%	12.50%	21/27=77.78%	22.22%
总体精度=（261+192+75+102+9+21）/765=86.27%				

第九章　遥感技术应用

遥感技术具有广泛的应用领域和前景。近年来，随着遥感探测手段和遥感数据类型的日趋多样化，以及遥感图像处理技术的不断进步和高水平遥感图像处理软件的相继推出，尤其是“3S”技术的综合运用又为遥感技术提供了各种辅助信息和分析手段，因此遥感综合应用的深度和广度得到了进一步的扩展。

本章重点：①水体、土壤、植被等典型地物的光谱特征；②植被遥感的主要应用；③高光谱遥感的特点及其应用。

一、水体遥感

1. 水体的光谱特征

（1）在可见光的0.38～0.6μm，水的吸收少，反射率较低，因此形成较高的透射。

（2）在近红外、短波红外波段，水体几乎吸收了全部的入射能量，因而红外波段通常是识别水体的理想波段。

（3）水体光谱特性主要表现为“体散射”而非表面反射。

2. 地表水资源的遥感调查与监测

（1）水边线与水体面积调查：通常选择近红外、红外波段的遥感图像及雷达图像，就能准确识别水体边线的位置，并在此基础上获得水体面积信息。

（2）水深探测：①清水在蓝、绿波段的散射最弱，衰减系数最小，穿深能力最强，记录水体底部特征的可能性最大。②在红光区，由于水的吸收作用较大，透射相应减小，仅能探测水体浅部特征。③在近红外区，由于水的强吸收作用，仅能反映水陆差异。

（3）水温探测：①传感器通过探测热红外辐射强度而得到的水体温度是水体的亮度温度，由于水的比辐射率接近1，因此往往用所测的亮度温度表示水体的真实温度。②大气中水汽含量对水温测算精度影响较大，因此，遥感反演水体温度时，需要对遥感

图像进行大气纠正。

（4）叶绿素浓度监测：①随着叶绿素含量的变化，水体光谱在 0.43～0.70μm 会有选择地出现较明显的差异，这种差异是遥感监测叶绿素浓度的理论基础。②叶绿素浓度反演常采用不同波段比值法或比值回归法等。

（5）悬浮泥沙含量监测：①随着水中悬浮泥沙浓度的增加，水体的反射率也随之增大，且反射峰值向长波方向移动，反射峰值形态变得更宽。②不同泥沙浓度下的水体在 0.58～0.80μm 出现反射峰值，因此该波段是遥感监测水体浑浊度的最佳波段。

3. 地下水资源的调查与监测

（1）从遥感图像中提取构造、地层岩性、水文等地质信息，运用水文地质理论进行分析，可以确定有利的含水层、蓄水构造，进而推断地下水富集区。

（2）从遥感图像上提取并分析与地下水存在有关的具有指示和诊断意义的环境因子，可以推断地下水的存在与富集状况。

（3）热红外图像上出现的热异常，使热红外图像在识别含水层、判断充水断层和调查富水地段位置等方面具有重要作用。

二、地 质 遥 感

1. 岩石的光谱特征

影响岩石光谱特性的主要因素有：①岩石本身的矿物成分和颜色。②组成岩石的矿物颗粒大小和表面粗糙度。③岩石表面的风化程度。④表面覆盖物。

2. 不同类型岩石的图像特征及其识别

（1）沉积岩本身没有特殊的反射光谱特征，在遥感图像上往往需要结合其特殊的空间特征及出露条件等标志才能得到准确的识别。例如，水平的坚硬沉积岩常形成方山地形、台地地形；倾斜的、软硬相间的沉积岩常形成沿走向排列的单面山。

（2）岩浆岩分为酸性岩、中性岩和基性岩。在遥感图像上岩浆岩多呈现团块状或短的脉状结构特征，这与沉积岩的条带状特征有着明显的不同。

（3）变质岩区域裂隙发育，沿裂隙发育的水系在交汇转弯处多呈“之”字形，这是区分变质岩与岩浆岩的重要标志之一。

3. 地质构造解译

（1）岩层产状的解译：①水平岩层在地貌上常常构成方山、桌状山。高分辨率遥感图像上可发现水平岩层经过切割形成的地貌形态，硬岩陡坡较深的阴影和软岩缓坡较浅的色调形成同心圆状分布。②倾斜岩层在地貌上多形成单面山、猪背岭等地形特征。在高分辨率遥感图像上常出现岩层三角面。

（2）褶皱构造的解译：①褶皱构造分为背斜和向斜，由一系列软硬程度不同的岩层构成。硬岩呈正地形，软岩呈谷地，因此在遥感图像上会形成色调不同且平行排列的色带。②稳定性和连续性好的色带其整体图像常呈闭合的圆形、椭圆形及不规则的环带状。

（3）断层构造的解译：地貌和水系特征是遥感图像上识别断层的十分重要的间接标志。例如，地貌上形成的断层崖和断层三角面，沿断层带分布的串珠状湖泊、泉水，均可以指示断层的存在或断层延伸的方向。

4. 遥感地质矿产资源勘察

遥感地质矿产资源勘察的工作程序：①资料准备。②成矿远景遥感预测。③野外调查。④找矿靶区的预测和靶区研究。⑤建立遥感找矿模式。

三、植 被 遥 感

1. 植物的光谱特征

（1）植物的光谱特征是在其叶片色素、细胞结构、水分含量等主导因素的综合作用下形成的，且在可见光、近红外和短波红外三个波段呈现出截然不同的特征。

（2）可见光波段植物的光谱特性主要受叶片中各种色素的支配，其中叶绿素起着最重要的作用。蓝光波段和红光波段形成两个吸收谷，两个吸收谷之间形成绿色反射峰。

（3）近红外波段植物的光谱特征取决于叶片内部的细胞结构。0.74μm 附近，反射率急剧增加；0.74～1.3μm 的近红外波段形成高反射平台，是区分植物类别的重要波段。

（4）短波红外波段（1.3μm 以外）植物的光谱特性受叶片总含水量的控制。在 1.4μm、1.9μm 和 2.7μm 处形成三个水吸收带，并呈现出一种逐渐跌落的衰减曲线。

2. 植被指数

（1）植被指数是多光谱遥感数据经过各种线性的或非线性的加、减、乘、除组合运算，产生的一种对植被覆盖度、生物量及植被长势等有一定指示意义的数值。

（2）常见的植被指数有：比值植被指数（RVI）、归一化植被指数（NDVI）、差值植被指数（DVI）、垂直植被指数（PVI），等等。

（3）比值植被指数（BVI）能有效突出植被覆盖信息，而归一化植被指数（NDVI）能突出反映植物的长势特征。

3. 植被遥感应用

（1）植被遥感的主要应用包括：①区域植被的分类制图。②城市绿化调查与生态环境评价。③森林资源调查。④草场资源调查。⑤大面积农作物的估产。

（2）遥感森林资源调查的主要内容：①森林类型识别。②估算森林蓄积量和森林面积。③监测森林资源的空间分布特征及动态演变规律。④监测森林生物量和植物长势。

（3）大面积农作物的遥感估产主要包括三个方面的内容：农作物的识别与种植面积估算，长势监测和估产模式的建立。

四、土 壤 遥 感

1. 土壤的波谱特征

（1）土壤的反射光谱曲线从可见光到红外呈舒缓向上的缓倾延伸，没有明显的反射峰和吸收峰，“峰-谷”变化极弱；土壤的反射率随着波长的增加而增加，且这种趋势在可见光和近红外波段尤为明显。

（2）影响土壤反射率的因素包括水分含量、土壤结构、有机质含量、氧化铁的存在及表面粗糙度等，且各种因素之间又是相互关联的。

2. 土壤类型的解译

（1）土壤类型解译时，要先明确研究区所处的水平地理地带，并把该地带作为解译的“基带”。在此基础上，进一步考虑垂直地带性和非地带性因素对土壤类型的影响。

（2）土壤亚类是成土过程中土类受局部条件影响发生变化所形成的次一级类型。解译时，必须结合地貌部位、植被特征等因素，间接地在“基带”土类的基础上区分出土壤亚类。

（3）土属的解译主要以地区性条件为依据，如地貌、母质等，在亚类的基础上间接区分出土属；土种解译难度很大，可根据地形部位、母质等特征推断土层厚度，作为分类参考。

3. 干旱遥感监测的原理

（1）干旱遥感监测原理：利用植被指数、冠层与土壤表面温度、土壤与植被水分状况三者之间的关系，建立各种相关指标，以获取土壤水分信息，并据此进行旱情监测预报。

（2）干旱遥感监测的方法：①土壤热惯量法。②归一化植被指数法。③植被供水指数法。④距平植被指数法。⑤温度植被干旱指数法。

五、高光谱遥感

（1）高光谱遥感的特点：①光谱响应范围广，光谱分辨率高。②光谱信息与图像信息有机结合，即“图-谱合一”。③数据描述模型多，分析更加灵活。④数据量大，信息冗余多。

（2）高光谱遥感在植被研究中的应用：①植被类型识别分类、植被制图、生物物理和生物化学参数提取。②估计叶面积指数、识别植物群落的类别、评价植物冠层各种状态等。

（3）区域地质制图和矿产勘探是高光谱遥感的主要应用领域之一，也是最成功的领域之一。高光谱的窄波段可以有效显示矿物、岩石的具有诊断性的光谱吸收特征。

（4）高光谱提取地质矿物成分的主要技术方法：光谱微分技术、光谱匹配技术、混合光谱分解技术、光谱分类技术、光谱维特征提取方法、模型法。

一、名词解释（16）

1. 植被指数　2. 比值植被指数（RVI）　3. 归一化植被指数（NDVI）
4. 土壤调整植被指数（SAVI）　5. 差值植被指数（DVI）　6. 垂直植被指数（PVI）
7. 植被供水指数（VSWI）　8. 叶面积指数（LAI）　9. 红边位移　10. 土壤线
11. 遥感反演　12. 遥感信息模型　13. 生物量指标　14. 全球定位系统（GPS）
15. 遥感建模　16. 定量遥感

二、填空题（15）

1. 水体可见光反射包含________、________及________三个部分。
2. 对水体遥感而言，传感器能接收到的电磁辐射包括________、________和________。因此，水体光谱特性表现为“体散射”而非表面反射。
3. 在植被指数中，通常选用对绿色植物强吸收的________波段和对绿色植物高反射和高透射的________波段。这两个波段不但是植物光谱、光合作用中的最重要的波段，而且它们对同一生物物理现象的光谱响应截然相反，能形成明显的反差。
4. 实验证明，作物从生长发育到成熟期（开花结果期），其光谱红边会发生________；而植物因地球化学效应，即地球化学元素异常的影响（如受金属毒害作用等），会诱发植物出现中毒性病变，其光谱红边则发生________。
5. 在可见光波段，植物的光谱特性主要受________的支配；在近红外波段，植物的光谱特征取决于________；在短波红外波段（1.3μm 以外），植物的光谱特性受________的控制。
6. 比值植被指数（RVI）指________波段与________之比得到的植被指数。
7. 植被在可见光的________波段，受叶绿素强烈吸收的影响形成吸收谷，反射率很低；而在________波段，受叶片之间多重反射的影响形成高反射平台，反射率很高。
8. 研究表明，________与 LAI、绿色生物量、植被覆盖度、光合作用等植被参数有关，被认为是监测地区或全球植被和生态环境变化的有效指标。
9. 植物体内色素的动态变化，是导致“红边”位置移动的主要原因。研究表明：植物体内叶绿素含量增高时，“红边”会向________方向移动，即“红移”；而植物体内叶

绿素含量降低时，“红边”会向________方向偏移，即“蓝移”。

10. 影响植物光谱特征的三个内在因素是：________、________和________。

11. 土壤水分含量越高，反射率就________；土壤有机质含量增加会导致土壤反射率________；土壤表面粗糙度的降低会导致反射率________。

12. 大面积农作物遥感估产主要包括________、________和________三个方面。

13. 基于多光谱遥感数据的变化检测方法有________、________和________三种类型。

14. 当前混合像元分解模型主要有________、________、________和________。

15. “3S”集成一般指________、________和________的集成。

三、是非题（15）

1. 在近红外、短波红外波段，水体几乎吸收了全部的入射能量，这一特征与植被和土壤光谱形成十分明显的差异，因而红外波段通常是识别水体范围和水陆边界的理想波段。
2. 水体光谱特性主要表现为“体散射”而非表面反射。
3. 水体在蓝、绿波段的散射最弱，衰减系数最小，穿深能力（即透明度）最强，记录水体底部特征的可能性最大。
4. 对于清水，蓝绿波段穿深能力最强，记录水体底部特征的可能性最大；在红光区，仅能探测水体浅部特征；在近红外区，仅能反映水陆差异。
5. 自然状态下，植被冠层反射是由叶子的多次反射和上层叶子的阴影共同作用而形成的。一般来说，由于阴影的影响，往往冠层的反射低于单叶的实验室测量的反射值，但在近红外波段，冠层的反射则更强。
6. 在植物冠层，多层叶子提供了多次透射、反射的机会。因此，在冠部近红外反射随叶子层数的增加而增加。试验证明，约 8 层叶的近红外反射率达到最大。
7. 植物冠层的波谱特性，受植物冠层本身组分——叶子的光学特性的控制，与植物冠层的形状结构、辐照及观测方向等无关。
8. Collins（1978）研究作物不同生长期内的高光谱扫描数据时发现，作物快成熟时，其叶绿素吸收边（即红边）向长波方向移动，即“红移”。这种 “红移”现象只出现在作物上，对其他植物并不适用。
9. 植被受到病虫害侵袭后，其在可见光波段及近红外波段的光谱反射率都明显降低了。
10. 植被光谱受到植被本身、环境条件、大气状况等多种因素的影响，植被指数往往具有明显的地域性和时效性。
11. 在植被遥感中，NDVI 应用最为广泛的原因在于，经过了比值处理，可以部分消除与太阳高度角、卫星观测角、地形、云/阴影和大气条件有关的辐照度条件变化的影响。
12. 随着植物的生长、发育或受病虫害胁迫状态或水分亏缺状态等的影响，植物叶片的光谱特性会出现相应变化。虽然这种变化在可见光和近红外区同步出现，但可见光波段的反射变化更为明显。
13. NDVI 适合植被发育的不同阶段或各种植被覆盖度下的植被检测，因此在植被遥感中应用最为广泛。
14. 生物量指标变换表示了植被对近红外和红光的反射特点，从变换后的图像上很容易获得植被信息。

15. 多层次遥感系统以不同的时空分辨率采集地面数据，在某一个尺度上得到的规律、建立的模型，在另外一个尺度上仍然是适用的和可靠的，无需验证或修订。

四、简答题（33）

1. 遥感技术可以获取地物哪些方面的信息？试举一例说明其原理大意。
2. 地表水资源遥感调查（监测）的主要内容有哪些？
3. 利用遥感手段调查与监测地下水资源的原理是什么？
4. 简要说明遥感地质矿产资源勘察的工作程序。
5. 大面积农作物遥感估产的基本程序和主要内容是什么？
6. 遥感技术监测森林火灾的基本原理是什么？试列举几种可用于森林火灾监测的遥感数据类型。
7. 结合地物光谱特征，解释比值植被指数突出植被覆盖的原因。
8. 为什么 NDVI 能突出反映植被长势特征？
9. 在植被遥感中，为什么 NDVI 的应用最为广泛？
10. 简要回答植被指数在遥感分析中的应用。
11. 在植被遥感中，什么是“红边”和“红边红移”？试分析“红边红移”的原因。
12. 简要分析植物的反射光谱特征及其影响因素。
13. 什么是地物光谱特性的时间效应与空间效应？
14. 简述水体的光谱特征及其影响因素。
15. 简述土壤的光谱特征及其影响因素。
16. 简述海洋遥感的特点。
17. 简要分析影响遥感观测植被冠层 BDRF 的主要因素。
18. 简述地形对遥感的影响。
19. 谈谈你对遥感尺度效应与尺度转换的理解。
20. 论述遥感变化检测的方法。
21. 论述遥感变化检测的影响因素。
22. 论述混合像元对遥感应用分析的影响及混合像元的分解方法。
23. 简要分析高光谱遥感的特点及其主要应用。
24. 简要回答区域土地利用动态变化遥感监测的技术路线和方法步骤。
25. 试述红外大气遥感的物理机理及红外大气遥感的主要内容。
26. 简要回答定量遥感的几个重要研究方向。
27. 试述高光谱提取地质矿物成分的主要技术方法。
28. 请全面分析多光谱、高光谱和 SAR 在陆表遥感中各自的优缺点。
29. 试述遥感方法反演水体悬浮泥沙含量的基本原理和技术路线。
30. 举例说明制作不同比例尺卫星影像地图时如何选择遥感图像。
31. 试分析并设计以 IKONOS 全色和多光谱图像为主要数据源，进行地图更新的技术流程。
32. 简要回答纹理特征提取的方法。

33. 以洪水监测为例说明数据融合的意义。

五、论述题（3）

1. 试分析影响植被指数的主要因素。
2. 论述干旱遥感监测原理及主要方法。
3. 试述遥感、地理信息系统、全球定位系统的集成与应用。

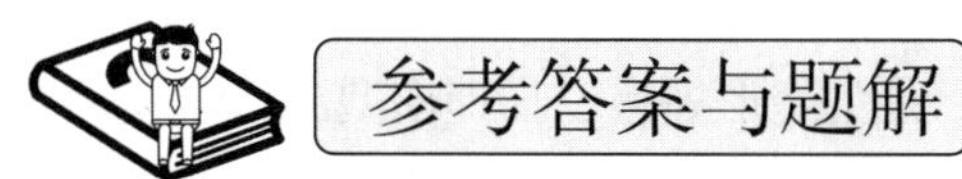

一、名词解释（16）

1. 植被指数：指选用多光谱遥感数据中对植物光谱特征特殊意义的典型波段，经过各种线性的或非线性的加、减、乘、除组合运算，产生的一种对植被覆盖度、生物量及植被长势等有一定指示意义的数值。

2. 比值植被指数（RVI）：可见光红光波段（R）与近红外波段（NIR）之比得到的植被指数，定义为 $RVI = DN_{NIR}/DN_R$。

3. 归一化植被指数（NDVI）：近红外波段（NIR）与红光波段（R）数值之差和这两个波段数值之和的比值，即 $NDVI=(DN_{NIR}-DN_R)/(DN_{NIR}+DN_R)$。

4. 土壤调整植被指数（SAVI）：为了修正 NDVI 对土壤背景的敏感性，提出的可适当描述土壤-植被系统的简单模型，其表达式为 $SAVI=\frac{\rho_{NIR}-\rho_{RED}}{\rho_{NIR}+\rho_{RED}+L}\cdot(1+L)$。式中，$L$ 为土壤调节系数。

5. 差值植被指数（DVI）：又称环境植被指数（EVI），被定义为近红外波段（NIR）与可见光红光波段（R）数值之差，即 $DVI = DN_{NIR}-DN_R$。

6. 垂直植被指数（PVI）：在由红光和近红外波段构成的二维坐标系内，把植物像元到土壤亮度线的垂直距离定义为垂直植被指数。PVI 是一种简单的欧几里得（Euclidean）距离，表示为 $PVI=\sqrt{(S_R-V_R)^2+(S_{NIR}-V_{NIR})^2}$。式中，$S$ 为土壤反射率；V 为植被反射率。

7. 植被供水指数（VSWI）：由植被冠层温度 T_s 和NDVI构成的植被供水指数（VSWI），定义为 $VSWI=\frac{NDVI}{T_s}$。

8. 叶面积指数（LAI）：指单位面积地表上方植物叶（单面）面积总和，为一无量纲值。

9. 红边位移：“红边”是指红光区外叶绿素吸收减少部位（<0.7μm）到近红外高反射肩（>0.7μm）之间，健康植物的光谱响应陡然增加（亮度增加约10倍）的这一窄条带区。研究发现，作物快成熟时，其叶绿素吸收边（即红边）向长波方向移动，即“红移”。

10. 土壤线：研究表明，土壤在可见光红波段（R）与近红外波段（NIR）的反射率具有线性关系。因此，在NIR-R通道的二维坐标中，土壤（植被背景）光谱特性的变化表现为一个由近于原点发射的直线，称为“土壤线”，可表示为NIR=*a*R+*b*，其中，*a*和*b*分别为土壤线的斜率和截距。

11. 遥感反演：根据地物电磁波特征产生的遥感影像特征，反推其形成过程中的电磁波状况的技术。遥感影像特征是由地面反射率、大气作用等过程形成的，如果以遥感影像为已知量，去推算大气中某个影响遥感成像的未知参数，即将遥感数据转变为人们实际需要的地表各种特性参数，这个过程就是遥感反演。遥感反演本质上是一个病态反演问题。

12. 遥感信息模型：是集地形模型、物理模型和数学模型之大成，应用遥感信息和地理影像化的方法建立起来的一种模型，它由集合相似律、物理相似律、数学方程组成，是形象模型与抽象模型的结合。可分为物理模型、经验模型和统计模型三种类型。

13. 生物量指标：用来衡量生物有机质含量的参数，是遥感农作物估产、生态环境监测方面不可或缺的指标。常见的生物量指标有光和速率、叶绿素含量、叶面积指数等。

14. 全球定位系统（GPS）：是美国国防部研制的一种全天候的、空间基准的导航系统，可满足位于全球任何地方或近地空间的军事用户连续、精确确定三维位置和三维运动及时间的需要。它是一个中距离圆形轨道卫星导航系统。

15. 遥感建模：卫星传感器的可测参数一般为电磁波的属性参数，即电磁辐射强度、偏振度、相位差等。把在可测参数与目标状态参数间建立某种函数关系，从这些可测参数中获得有关目标的物理的、地理的、化学的，甚至生物学的状态参数的过程，称为遥感建模。

16. 定量遥感：指从对地观测电磁波信号中定量提取地表参数的技术和方法研究，区别于仅依靠经验判读的定性识别地物的方法。

二、填空题（15）

1. 水表面反射　水体底部物质反射　水中悬浮物质的反射
2. 水面反射光　水中光　天空散射光
3. 可见光红光　近红外
4. 红移（向长波方向偏移）　蓝移（向短波方向偏移）
5. 叶片中各种色素　叶片内部的细胞结构　叶片总含水量
6. 近红外　可见光红光
7. 红光　近红外
8. NDVI
9. 波长增加的　短波
10. 叶片色素　细胞结构　水分含量
11. 越低　下降　上升
12. 农作物的识别与种植面积估算　长势监测与分析　估产模型的建立
13. 光谱类型特征分析　光谱变化向量分析　时间序列分析
14. 线性模型　几何光学模型　随机几何模型　模糊模型

15. 全球定位系统（GPS）　遥感（RS）　地理信息系统（GIS）

三、是非题（15）

1. [答案]正确。

2. [答案]正确。[题解]与陆地特征不同，水体的光谱性质主要是通过透射率，而不仅是通过表面特征确定的，水体的散射和反射主要出现在一定深度的水体中，因此，水体光谱特性主要表现为“体散射”而非表面反射。

3. [答案]正确。[题解]对于清水，光的最大透射波长为 0.45～0.55μm，其峰值波长约为 0.48μm，位于蓝、绿波长区。

4. [答案]正确。[题解]清水在蓝绿波段散射最弱，衰减系数最小；在红光区，吸收作用较大，透射相应减小；在近红外区，吸收作用达到最强。

5. [答案]正确。[题解]由于植物叶子透射 50%～60%的近红外辐射能，透射到下层的近红外辐射能被下层叶子反射，并透过上层叶子，导致冠层红外反射的增强。

6. [答案]正确。

7. [答案]错误。[题解]植物冠层的波谱特性还受冠层的形状结构、辐照及观测方向等的影响。因此，植被的波谱特性与覆盖度、生物量密切相关。

8. [答案]错误。[题解]“红移”现象除了作物外，其他植物也有，且红移量随植物类型而变化，因而可以通过对作物红边移动的观察来评价作物间的差异及某一特定作物成熟期的开始。

9. [答案]错误。[题解]植被中的叶绿素吸收多数的可见光。受到病虫害侵袭后，植被趋于枯萎甚至干死，叶绿素含量大量减少，因此在可见光波段其反射率比健康植物的反射率反而要高。但在近红外波段，其反射率比健康植被低。

10. [答案]正确。

11. [答案]错误。[题解]NDVI 应用广泛的原因是多方面的，其中最主要的是，NDVI 是植被生长状态及植被覆盖度的最佳指示因子。消除与太阳高度角、卫星观测角、地形、阴影和大气条件有关的辐照度条件变化的影响，只是原因之一。

12. [答案]错误。[题解]随着植物的生长、发育或受病虫害胁迫状态或水分亏缺状态等的影响，植物叶片的光谱特性会出现相应变化，但这种变化在近红外波段更加明显。

13. [答案]错误。[题解]实验表明，作物生长初期 NDVI 将过高估计植被覆盖度，而作物生长后期的 NDVI 值偏低。当植被覆盖度大于 80%时，其 NDVI 值增加缓慢，并出现饱和状态，对植被检测的灵敏度下降。因此，NDVI 更适用于植被发育中期或中等覆盖度的植被检测。

14. [答案]错误。[题解]生物量指标变换又称植被指数变换。植被指数有好多种，不一定都采用近红外和红光波段的组合，并且变换后的图像上其实反映的是植被中的某种含量信息，从而间接反映植被信息，因此，不能说很容易获得植被信息。

15. [答案]错误。[题解]根据遥感尺度效应可知，采用不同尺度的遥感数据定量反演地理要素的真值，得到的结果往往是有差异的，因此，在某一个尺度上得到的规律、建立的模型，在另外一个尺度上不一定适用和可靠，需要验证或修订。

四、简答题（33）

1. [题解]：（1）遥感探测地物的原理。遥感的本质是对电磁波的探测。在电磁波与地物的相互作用中，不同地物往往具有不同的反射、发射和透射电磁波的能力。因此，在遥感图像上就呈现出不同的影像特征，这就是遥感探测的基本原理。

（2）遥感可以探测的地物信息。基于遥感探测的基本原理，遥感技术能直接或间接获取的地物信息很多，归纳起来主要有：①地物的分类信息，即地物的类别属性，如地表不同的植被覆盖类型、景观类型、土壤类型等。②地物的表层属性信息，如形状、大小、空间分布、纹理等几何属性信息，以及地表温度、海水温度等其他属性信息。③地物表层以下的属性信息，如水体泥沙含量、水体叶绿素含量、土壤有机质含量等。④地物的动态变化信息。⑤其他可反演的信息，如农作物产量、森林生物量、草场生物量等。

（3）水体叶绿素含量反演实例。①水体叶绿素含量反演原理。一般来说，随着叶绿素含量的变化，水体光谱在 0.43～0.70μm 会有选择地出现较明显的差异，这种差异是遥感监测叶绿素浓度的理论基础。②建立反演模型。利用同步实测的光谱数据和水质数据对水体叶绿素浓度进行遥感定量反演。黄耀欢等在汤逊湖叶绿素浓度反演时，利用一阶微分法建立的反演模型为 $Chla=-0.330\times R_{446.9}+0.023$。式中，Chla 为叶绿素浓度（mg/L）；$R_{446.9}$ 为波长 446.9nm 附近的水体反射率。

2. [题解]：（1）水边线与水体面积调查。根据水体对近红外和短波红外几乎全部吸收及雷达波在水中急速衰减的特性，通常选择近红外、红外波段的遥感图像及雷达图像，都能准确识别水边线的位置，并在此基础上获得水体面积信息。

（2）水深探测。以多光谱遥感数据为主要信息源，利用图像的灰度与水深之间较强的相关性，并结合实测数据，建立水深反演模型。

（3）水温探测。通过热红外遥感图像上像元的亮度值反演水体的温度。

（4）叶绿素浓度监测。基于叶绿素浓度与光谱响应间的明显特征，通常采用不同波段比值法或比值回归等方法，达到有效提取叶绿素浓度的目的。

（5）悬浮泥沙含量监测。通过遥感数据与同步实测样点数据间的统计相关分析，确定两者之间的相关系数，并建立定量表达悬浮泥沙含量与遥感数据之间关系的相关模型，实现悬浮泥沙含量的反演。

3. [题解]：遥感地下水资源调查的原理是：利用地下水与地表事物或现象之间存在的密切关系，通过研究地表地貌、地质构造、岩性、河流、植被等可见现象，间接推断地下水资源的存在及其分布范围，并粗略估算其储量。

（1）从遥感图像中提取构造、地层岩性、水文等地质信息，运用水文地质理论进行分析，可以确定有利的含水层、蓄水构造，进而推断地下水富集区。

（2）从遥感图像上提取并分析与地下水存在有关的具有指示和诊断意义的环境因子，可以推断地下水的存在与富集状况。例如，干旱区风成沙垅有时可以作为断裂蓄水带的标志，因为沙垅的形成与灌木丛有关，而灌木丛的存在则与深层地下水有关。

（3）在热红外图像上，通过测定地面温度可以间接推断地下水的存在。例如，美国利用热红外遥感图像，在夏威夷群岛曾发现了 200 多处地下淡水的出露点。

4. [题解]：**（1）资料准备**。主要包括：①航空、航天遥感数据。②各类地质调查和专题研究的文字资料、图件及物探、化探、钻探等数据。③地形图及地貌、水文、交通等资料。

（2）成矿远景遥感预测。预测和确定成矿有利地段。内容包括：①进行工作区小比例尺遥感宏观解译，通过识别和分析主要岩石类型、线性和环形构造，了解区域构造、岩类分布的总体面貌和成矿背景，并建立解译标志。②以遥感图像为依据，确定区域地质构造的格局，分析矿源层分布规律，推断控矿构造和含矿层位，预测成矿远景，选定成矿有利地段。

（3）野外调查。对预测的成矿有利地段进行全面的实地调查，为成矿远景评价提供依据。内容包括：①重点检查遥感图像显示的有利成矿地段所对应的地貌、岩性和构造特征。②采集岩矿鉴定、同位素测定、构造岩方向测定、元素分析等所需的各种标本。③对重点地段进行现场的光谱测试，为找矿靶区遥感预测提供基础理论依据。

（4）找矿靶区的预测和靶区研究。①对各类标本进行鉴定和分析。②利用高分辨率遥感图像对已知矿床及成矿有利地段作详细的对比解译，建立含矿岩系和控矿构造的解译标志，把最有找矿远景的成矿有利地段列为勘察靶区。③提取含矿岩系和控矿构造信息，分析地表矿体的分布特征，探讨深部隐伏矿体或岩体的赋存状态，提供靶区矿产可靠的定性、定量依据。

（5）建立遥感找矿模式。运用各种地质成矿理论，通过遥感与多源地学信息的融合技术，建立工作区遥感综合找矿的理论模式。条件成熟时，还应建立遥感与各类地学信息数据库和成矿预测信息系统。

5. [题解]：大面积农作物指在一个较大地域内，田块较大、形态较为规整、空间分布连续而广泛的作物，如小麦、玉米、水稻等。大面积农作物遥感估产主要包括农作物的识别与种植面积估算、长势监测与分析、估产模型的建立三个方面。

（1）农作物的识别与种植面积估算。①遥感数据的选择。根据区域分布、作物类别、农事历等特点，选择空间、波谱、时间分辨率相对应的遥感图像数据。在农作物估产时，不同类型的遥感数据发挥着不同的作用：空间分辨率较低的 NOAA/AVHRR 数据对监测作物全生长期的长势动态变化有明显优势；中等分辨率的 Landsat/TM 等数据是作物面积自动提取的主要信息源；较高分辨率的 SPOT 数据和高分辨率的 IKONOS 等数据则主要作为精度检测数据。②遥感数据预处理。包括辐射纠正、大气纠正、几何纠正、空间配准、加行政界线等。③作物专题信息的提取。通过植被指数反演与作物估产模型有关的植物叶面积指数、叶绿素含量、植物覆盖度、生物量等参数。例如，NDVI 与作物覆盖度关系密切，可以提取面积信息；RVI 反映作物长势，可以提取生物量信息等。④农作物的识别与种植面积的估算。通常采用最大似然法对所选遥感数据进行自动分类，获得作物信息与作物面积数。另外，遥感和 GIS 结合的多元复合分析技术也是提取作物面积的有效方法，即在 GIS 支持下，实现遥感数据与地学信息的复合分析，提高自动分类的精度。

（2）对农作物生长全过程进行动态监测。通常利用高时间分辨率的 NOAA/AVHRR 数据对地面植被的光谱分析，结合地面实况、作物的生物节律，建立作物长势监测模式。

植被指数是评价作物生长状态的定量标准。某一时刻的植被指数（绿度）是该时刻作物长势和面积的函数。在面积相对稳定（即土地种植结构变化很小）的情况下，植被指数的变化主要与作物长势有关，能直接建立绿度与作物长势的关系。

（3）建立农作物估产模型。通过以上的作物遥感识别、作物专题信息提取、作物长势分析，提取了作物生长及与产量有关的参数，则可以建立多种估产模型。①统计模型。建立植被指数 VI 与作物单产的线性统计回归模型。②半经验模型。侧重于研究作物产量与作物生理过程的关系，即描述作物光合作用、呼吸作用、蒸腾作用等与作物干物质积累的关系。由于作物的可见光与近红外光谱的变化（累积植被指数）与作物冠层吸收光合有效辐射能力有关，而它们又与干物质生产有关，因而可用于遥感作物估产。③物理模型。以作物生长过程动力模型为例，它是在一定理论假设条件下，利用作物生长过程的观测资料和环境气象资料，来模拟作物生长发育的基本生理过程——光合作用、呼吸作用、蒸腾作用、干物质转移与分配等，最终模拟作物产量的形成和累积。

6. [题解]：（1）基本原理。林火监测原理是根据着火点比周围温度高来判断火点。其判断基础是热辐射强度与温度和波长的关系。根据普朗克公式，高温点在中红外波段的辐射能量比热红外波段大，因此，中红外比热红外对高温点的反应更敏感。

（2）森林火灾监测的遥感数据。目前，用于监测火灾的遥感数据主要有 NOAA/AVHRR、MODIS、Landsat/TM、SPOT、GOES 卫星及国内的环境减灾卫星数据等。①NOAA/AVHRR。该数据是目前森林火灾监测中运用最为广泛的遥感数据之一，在林火监测方面有两大优势：一是能提供覆盖全球的中分辨率遥感图像；二是具有较宽的波长范围，从可见光到热红外，每个波段对于林火监测都有特定的意义。尽管 NOAA/AVHRR 的空间分辨率较低（星下点为 1.1 km），但对温度的监测能力较强，能分辨出 0.1 hm^2 大小的热点。②EOS-MODIS。MODIS 数据从可见光、近红外到热红外波段之间共设置了 36 个光谱通道，空间分辨率最高可达 250m。该数据实行全球免费接收政策，数据更新频率快，对实时地球观测和应急处理有较大的实用价值。MODIS 数据的火灾监测能力更是超越了其他遥感数据。

7. [题解]：（1）植被光谱特征分析。植被在可见光的红光波段，受叶绿素强烈吸收的影响形成吸收谷，反射率很低；而在近红外波段，受叶片之间多重反射的影响形成高反射平台，反射率很高。比值植被指数（RVI）指近红外波段（NIR）与可见光红光波段（R）之比得到的植被指数，表示为 $RVI = DN_{NIR} / DN_R$ 。比值植被指数可以检测波段的斜率信息并加以扩展，以突出不同波段间地物光谱差异，提高对比度。

（2）比值植被指数突出植被覆盖的原因。①比值植被指数中用到的可见光红光波段和近红外波段不仅是植物光谱、光合作用中的最重要的波段，而且它们对同一生物物理现象的光谱响应截然相反，并形成明显反差，这种反差随着植被覆盖度的变化而变化。②植被覆盖区，绿色植物叶绿素引起的红光吸收和叶肉组织引起的近红外强反射，使其近红外波段（NIR）和红光波段（R）的反射值出现较大的差异，且经过比值处理后两者的相对差距进一步扩大，RVI 值高；无植被覆盖区（裸土、人工特征物、水体等），因不显示这种特殊的光谱响应，则 RVI 值低。一般来说，土壤有近于 1 的比值，而植被则会表现出高于 2 的比值。由此可见，比值植被指数增强了植被与上述背景之间的辐射差

异，可提供植被反射的重要信息，能有效突出植被覆盖信息。

8. [题解]：（1）NDVI 的含义。NDVI（归一化植被指数）指近红外波段与红光波段数值之差和这两个波段数值之和的比值，即 $NDVI=(DN_{NIR}-DN_{R})/(DN_{NIR}+DN_{R})$。而RVI（比值植被指数）指可见光红光波段与近红外波段之比。显然，NDVI 是 RVI 经过非线性的归一化处理得到的，从这个意义上说，它就是 RVI。

（2）NDVI 突出反映植被长势特征的原因。植被在可见光的红光波段，受叶绿素强烈吸收的影响形成吸收谷，反射率很低；而在近红外波段，受叶片之间多重反射的影响形成高反射平台，反射率很高。植被长势越好，红光波段的吸收和近红外波段的高反射就越明显， RVI 就越大，对应的 NDVI 也就越大。当植物长势受病虫害、干旱等因素影响时，情况则恰恰相反，RVI 及其对应的 NDVI 就会变小。由此可见，NDVI 能突出反映植物的长势特征。

9. [题解] ：（1）NDVI 是植被生长状态及植被覆盖度的最佳指示因子。研究表明，NDVI 与 LAI、绿色生物量、植被覆盖度、光合作用等植被参数有关，被认为是监测地区或全球植被和生态环境变化的有效指标。

（2）NDVI 增强了对植被的响应能力。NDVI 经比值处理，可以部分消除与太阳高度角、卫星观测角、地形、云/阴影和大气条件有关的辐照度条件变化（大气程辐射）的影响。NDVI 的归一化处理，使遥感器标定衰退（即仪器标定误差）对单波段的影响大大降低，并使地表二向反射和大气效应造成的角度影响减小。

（3）NDVI特别适用于大陆或全球大尺度的植被动态监测。陆地表面主要覆盖类型在大尺度NDVI图像上区分明显，植被得到有效的突出。此外，NDVI对于MSS、TM、NOAA/AVHRR、SPOT这四种传感器的变动远小于RVI（比值植被指数）。

10. [题解]：植被指数在遥感分析中的应用表现在：①反演叶面积指数LAI。②反演叶绿素含量。③估计植被覆盖度。④植被生长监测、病虫害监测。⑤植被动态变化分析。⑥估算植物生物量，进行作物估产。⑦估算植物蒸散量，进行土壤水分遥感。⑧研究气候变化、城市热岛现象。⑨海洋赤潮监测。⑩大气校正。

11. [题解]：（1）红边。红边指红光区外叶绿素吸收减少部位（$<0.7\mu m$）到近红外高反射肩（$>0.7\mu m$）之间，健康植物的光谱响应陡然增加（亮度增加约 10 倍）的这一窄条带区。“红边”与植被的各种理化参数紧密相关，是描述植物色素状态和健康状态的重要指示波段，因此，“红边”成为遥感调查植被状态的理想工具。

（2）红边红移。遥感应用中，“红边”的斜率和位置是研究植被长势的重要参数。研究发现，作物快成熟时，其叶绿素吸收边（即红边）向长波方向移动，这种现象称为红边红移，简称“红移”。“红移”现象除了作物外，其他植物也有，且红移量随植物类型而变化，因而可以通过对作物红边移动的观察，评价作物间的差异及某一特定作物成熟期的开始。

（3）红移的原因。植物体内色素的动态变化，是导致“红边”位置移动的主要原因。研究表明：植物体内叶绿素含量增高时，“红边”会向波长增加的方向移动，即“红移”；而植物体内叶绿素含量降低时，“红边”会向短波方向偏移，即“蓝移”。①作物生长过程的影响。不同生长阶段，作物体内叶绿素含量不同，“红边”的位置也不同。作物从生长初期到成熟期，是叶绿素递增的过程，因此，“红边”出现“红移”。②植物健康状态的影响。当植物体内因地球化学元素异常而出现中毒性病变时，或受病虫害、环境污染、缺水缺肥等影响时，皆可导致植物体内叶绿素含量下降，此时“红边”会向短波方向偏移，即“蓝移”。

12. [题解]：**（1）植物的反射光谱特征。**健康植物的反射光谱变化曲折，在可见光、近红外和短波红外三个波段区间有明显不同的特点：①在可见光波段，植物的光谱特性主要受叶片中各种色素的支配，其中叶绿素起着最重要的作用。由于色素的强烈吸收，叶片的反射和透射很低。在以0.45μm为中心的蓝光波段及以0.67μm为中心的红光波段，叶绿素强烈吸收入射能量而呈吸收谷。在这两个吸收谷之间吸收较少，形成绿色反射峰。②在近红外波段，植物的光谱特征取决于叶片内部的细胞结构。在0.74μm附近，反射率急剧增加。在0.74～1.3μm的近红外波段内形成高反射，这是叶片的细胞壁和细胞空隙间折射率不同产生多重反射而引起的。不同类型植物叶片内部结构变化大，导致植物在近红外的反射差异比在可见光区域要大得多，因此可以通过近红外波段内反射率的测量来区分不同的植物类别。③在短波红外波段（1.3μm以外），植物的光谱特性受叶片总含水量的控制。入射能绝大部分被叶片吸收或反射，透射极少。在1.4μm、1.9μm和2.7μm处形成三个水吸收带，并呈现出一种逐渐跌落的衰减曲线。

（2）影响植物光谱特征的因素。①叶片色素、细胞结构、水分含量是影响植物光谱特征的内在因素。不同类型的植物由于叶片色素含量、细胞结构、含水量均有不同，光谱响应曲线必然存在一定的差异。②太阳高度角和季节变化因素。太阳高度角不同，必然引起地面物体入射照度的变化，从而导致植物反射率的变化；植物在其一年的生长周期里，光谱特性几乎处于连续的变化状态中，这就是由季节变换引起的植物光谱特性的时间效应。③环境因素。植物受环境污染、病虫害等因素的影响，其反射率在整个谱段或个别谱段内也可能出现变化；植物下垫面土壤湿度、土壤有机质含量等的变化，也会影响土壤上生长的植物的光谱特性。

13. [题解]：**（1）光谱特性的时间效应。**地物光谱特性随时间的变化称为光谱特性的时间效应（temporal effects）。时间尺度可以是几小时也可是几个月，如植物在它整个一年的生长周期里，光谱特性几乎处于连续的变化状态中。地物光谱特性的时间效应可以通过遥感动态监测来了解它的变化过程和变化范围。充分认识地物的时间变化特性及地物光谱的时间效应有利于选择有效时段的遥感数据，提高目标识别能力和遥感应用效果。

（2）光谱特性的空间效应。在同一时刻、不同地理区域的同类地物具有不同的光谱响应，这种地物光谱特性随地点的变化称为光谱特性的空间效应（spatial effects）。这里的不同地点可以只有几米，如作物行距或植物形态变化造成“植-土”相对比例的变化，但更多情况下是指几千米、几百千米较大地理范围的空间变化。

14. [题解]：水的光谱特征是由水体本身的物质组成决定的，同时还受到各种水状态的影响。①在可见光的0.38～0.6μm，水的吸收少，反射率较低，因此形成较高的透射。其中，水面反射率约5%，并随着太阳高度角的不同出现3%～10%的变化。水体可见光反射包含水表面反射、水体底部物质反射及水中悬浮物质的反射三个部分。②在蓝绿光

波段清水反射率为 4%～5%，在 0.6μm 以下的红光部分反射率降到了 2%～3%。③在近红外、短波红外波段，水体几乎吸收了全部的入射能量，这一特征与植被和土壤光谱形成十分明显的差异，因而红外波段通常是识别水体的理想波段。④水体光谱特性主要表现为“体散射”而非表面反射。传感器能接收到的电磁辐射包括水面反射光、水中光和天空散射光。

15. [题解]：（1）土壤的波谱特征。①土壤的反射光谱曲线由可见光到红外呈舒缓向上的缓倾延伸，没有明显的反射峰和吸收峰，“峰-谷”变化极弱。②土壤的反射率随着波长的增加而增加，且这种趋势在可见光和近红外波段尤为明显。

（2）影响土壤反射率的因素。包括水分含量、土壤结构、有机质含量、氧化铁的存在及表面粗糙度等，且各种因素之间又是相互关联的。①土壤水分含量越高，反射率越低，在水的吸收带 1.4μm、1.9μm、2.7μm 处影响最大。土壤水分含量与土壤结构密切相关。一般情况下，粗砂质土壤易于排水、水分含量较低，因此反射率相对较高；而排水能力差的细结构土壤，则反射率较低。②土壤有机质含量增加会导致土壤反射率下降。研究表明，有机质含量和整个可见光段的土壤反射率是非线性关系。不同的气候环境，以及有机质分解程度等均对反射率有影响。因此，当研究两者关系时，必须考虑土壤所处的气候区和土壤本身的排水条件。③土壤中氧化铁含量会导致土壤反射率明显下降，至少在可见光波段内是如此。④土壤表面粗糙度的降低会导致反射率上升。土壤颗粒细会使土壤表面更趋于平滑，使更多的入射能被反射。

16. [题解]：（1）大尺度、同步覆盖。由于海洋现象范围大、幅度大、变速快，因而海洋遥感需航天高平台的宏观、同步观察。

（2）可见光传感器要求波段多而窄，灵敏度和信噪比高。由于海洋向上反射的能量仅是陆地的 0.1～0.05，且动态范围很小；又由于海洋的光谱特征差异小，受干扰因素大，因此其光学传感器必须具有多而窄的光谱波段（带宽），以捕捉有指示意义的特征谱段；较大的瞬时视场角（IFOV），以保证有足够的接收能量，因而其空间分辨率较低。

（3）排除大气干扰非常重要。在卫星遥感中，由于水体向上的反射辐射能太低，卫星探测器所接收的辐射能量中 85%来自大气的干扰（大气程辐射远大于离水反射辐射），因此对海洋遥感而言，排除大气干扰尤为重要。由于水体的辐射强度微弱，而要使辐射强度均匀且具有可对比性，则要求水色卫星的降交点地方时选择在正午前后。

（4）微波遥感是海洋遥感的重要手段。海洋光谱特征差异小，且大气干扰大，使海洋光学遥感受到很大限制；海洋光学遥感对于海面形态等海况研究也是无能为力的，而微波遥感具有穿云透雾、全天时、全天候探测的能力，能提供大量海温、海水含盐度、海面形态结构等信息，因此，已成为海洋遥感探测的重要手段。

（5）海洋遥感必须开拓新的探测途径。海洋有一定深度，但微波与可见光一样， 在水中都具有急速衰减的特性，微波穿透海水的深度也仅有厘米的量级，因此必须开拓新的探测途径。例如，目前声呐探测的最大范围距船 22km（侧视）、分辨率约 7m。

（6）辅助手段的使用。海洋遥感需要海洋调查船、海洋浮标、海洋潜水器等海洋实测资料的支持，以作为海洋遥感探测器标定的依据。

17. [题解]：（1）BRDF，即二向性反射率分布函数，用以表达目标物的二向性反射

特征。反射不仅具有方向性，这种方向还依赖于入射的方向，即随着太阳入射角及观测角度的变化，物体表面的反射有明显的差异，这就是二向性反射。二向性反射是自然界中物体表面反射的基本物理现象。

（2）**影响遥感观测植被冠层 BDRF 的主要因素**。①植被冠层是由多重离散的叶子组成的，因此，单叶的光谱行为对植被冠层光谱特性的影响是最基础的。从可见光、近红外到短波红外，植物的光谱响应受叶片的色素、细胞的结构、水分含量等因素的影响和控制。②植被冠层叶子的层数、大小、形状、方位、覆盖范围等因素的影响。例如，在植物冠层，多层叶子提供了多次透射、反射的机会，因此在冠部近红外反射随叶子层数的增加而增加。随着植物的生长，或者受环境因素的影响，植被冠层叶子的层次、大小、形状、方位、覆盖范围都可能发生变化，植被冠层 BDRF 也随之发生变化。③植被冠层的形状结构的影响。植被的波谱特性与覆盖度、生物量密切相关。④辐照和观测方向的影响。⑤背景光谱的影响。包括周围植被和土壤的影响。

18. [题解]：（1）**对地物波谱的影响**。以植物为例，在地形起伏的山地，植物的反射率受太阳高度角、坡度、坡向的影响。一方面，地形改变了辐照方向，引起入射照度的变化，同时影响植物叶的反射层数、植冠的形态结构；另一方面，地形使植物阴影及土壤的反射率的影响程度发生变化，即植物-土壤的相对比例改变，导致植物野外波谱特性的变化。

（2）**对可见光-近红外遥感的影响**。①摄影图像多为中心投影。在中心投影的像片上，地形的起伏除引起像片不同部位的比例尺变化外，还会引起地物的点位在平面位置上的移动，这种现象称为像点位移，即投影误差。地面起伏越大，引起的像点位移量也越大。②扫描图像是行扫描，每条扫描线均有一个投影中心，所得的影像是多中心投影图像。在一条扫描线上，因中心投影及地面起伏会产生像点位移，且离投影中心越远，像点位移量越大。

（3）**对热红外遥感的影响**。①地表温度是地表热量平衡的结果，是由物质的热特性及几何结构共同决定的，同时还受到地形起伏高度、坡度、坡向等多种环境因素的影响。因此，热红外遥感中，简单地用亮度温度代替地表温度是缺乏科学性的。②太阳直射光的方向性，造成地表不同地形部位所接收到的辐射能量不同，在热红外图像上形成热“阴影”，尤其在图像中温度较凉的区域内，这种热“阴影”更加明显。虽然热“阴影”在图像解译中可增加地形的立体感，有时也有助于目标识别，但更可能使热图像分析复杂化。

（4）**对微波遥感的影响**。①地形坡度影响雷达波束的入射角，从而影响雷达回波强度。一般来说，斜坡较平地或陡坡的入射角小，回波强度大。②地形直接影响雷达图像的几何特征。雷达图像上的透视收缩现象、叠掩现象和雷达阴影都是由地形起伏造成的。

（5）**对遥感图像处理的影响**。地形对遥感图像处理有一定影响，例如，在多项式几何校正时，需要选择地面控制点。在没有做过地形纠正的图像上选择控制点时，要力争在同一地形高度上进行。

19. [题解]：（1）**遥感尺度**。遥感尺度注重分辨率，分辨率有空间分辨率、时间分辨率和光谱分辨率之分，因此从这个意义上来说，遥感尺度就有空间尺度、时间尺度和光谱尺度。现代遥感技术就是从不同的尺度上获取多种空间数据的过程。

（2）尺度效应。有些地理要素是有真值的，是可测量、可标度的量，如叶面积指数。采用不同尺度的遥感数据定量反演地理要素的真值，得到的结果往往是有差异的；多层次遥感系统以不同的时空分辨率采集地面数据，在某一个尺度上得到的规律、建立了模型，在另外一个尺度上不一定适用和可靠，需要验证或修订，这就是尺度效应。

（3）尺度效应的根源。地理现象的基本规律之一就是地物具有空间异质性，只要地物具有空间异质性，在用非线性模型做地类聚合时，其聚类结果就不一样。因此，遥感尺度效应产生的根源有两个：一是模型非线性；另一个是空间异质性。

（4）尺度转换的意义。①遥感对地观测系统为地学分析提供了多种时空尺度的数据。地面观测与不同层次遥感数据之间，以及各个层次遥感数据之间的尺度转换，是提高遥感应用效率与实用性的关键之一。②不同的地理现象和特征，有其对应的时间、空间尺度，发现、关注和研究这些时空尺度特征，使遥感对地观测尺度与地理现象和过程的本征时空尺度相匹配，才能深刻、准确认识地理现象和过程的时空规律。

20. [题解]：基于多光谱遥感数据的变化检测方法有光谱类型特征分析、光谱变化向量分析和时间序列分析三种。

（1）光谱类型特征分析方法。光谱类型特征分析方法主要基于不同时相遥感图像的光谱分类和计算，确定变化的分布和类型特征。①多时相图像叠合方法。在图像处理系统中将不同时相遥感图像的各波段数据分别以 R（红）、G（绿）、B（蓝）图像存储，从而对相对变化的区域进行显示增强与识别。②图像代数变化检测算法。包括图像差值与图像比值运算。为了从差值或比值图像上勾画出明显变化区域，需要设置一个阈值，将差值或比值图像转换为简单的变化/无变化图像，以反映变化的分布和大小。③多时相图像主成分变化检测。对经过几何配准的不同时相遥感图像进行主成分分析（PCA），生成新的互不相关的多时相主成分分量的合成图像，并直接对各主成分波段信息进行对比，检测变化。④分类后对比检测。对经过几何配准的多个不同时相遥感图像作分类处理，获得多个分类图像并逐个像元进行比较，生成变化图像。根据变化检测矩阵确定各变化像元的变化类型。

（2）光谱变化向量分析方法。对两个不同时间的遥感图像，进行图像的光谱量测，每个像元可以生成一个具有变化方向和变化强度两个特征的变化向量：变化强度可通过 n 维空间中两个数据点之间的欧氏距离求得；变化方向可通过变化向量的方向和角度来确定，反映了该点在每个波段的变化是正向还是负向。变化向量分析的结果可输出几何上配准的变化强度图像和变化方向码图像，以提取区域变化信息。实际应用中，可根据区域具体情况对变化强度设定一个阈值。若像元的变化强度在此阈值范围内，可以认为该点未发生类型的变化，若超出此阈值范围，则可判断该点已经发生了类型变化。

（3）时间序列分析法。通过对一个区域进行一定时间的连续遥感观测，提取图像有关特征，并分析其变化过程与发展规律。①变化特征的确定。图像特征应当是比较灵敏地反映地面变化的环境指数。在生态环境变化研究中常常采用 NDVI 或相关的其他环境指数作为时间序列分析的图像特征。②变化分析。可以对每个像元的变化特征值绘制时间序列变化曲线，并分析其变化过程与趋势。

21. [题解]：遥感变化检测指从不同时期的遥感数据中，定量分析和确定地表变化的特征与过程，即确定变化前后的地面类型、界线及变化趋势。遥感变化检测的影响因素包括遥感系统因素和环境因素两大类。

（1）遥感系统因素的影响及数据源的选择。①时间分辨率。根据检测对象的时相变化特点确定遥感监测的频率，如需要一年一次、一季度一次还是一月一次等。在选择多时相遥感数据进行变化检测时，需要考虑两个时间条件：一是尽可能选用每天同一时刻或相近时刻的遥感图像，以消除太阳高度角不同引起的图像反射特性差异；二是尽可能选用年间同一季节，甚至同一日期的遥感数据，以消除季节性太阳高度角不同和植物物候差异的影响。②空间分辨率。根据检测对象的空间尺度及空间变异情况，确定对遥感数据空间分辨率的要求。为保证不同时段遥感图像之间的精确配准，最好采用具有相同空间分辨率的遥感数据，否则还需要进行数据重采样。此外，变化检测分析中应尽可能采用具有相同或相近俯视角的数据。③光谱分辨率。根据检测对象的类型与相应的光谱特性选择合适的遥感数据类型及相应波段。比较理想的做法是采用相同的遥感系统所获取的多时相数据。④辐射分辨率。变化检测中一般还应采用具有相同辐射分辨率的不同日期遥感图像。否则，需要把低辐射分辨率遥感图像数据转换为较高辐射分辨率的图像数据。

（2）环境因素的影响与消除。①大气状况。用于变化检测的遥感图像应当无云或没有很浓的水汽。变化检测分析中应判断云及其阴影的影响范围，并确定可替代的数据。如果用于变化检测的图像在大气状况存在明显的差异，且难以找到可替代的数据，则需要进行大气校正处理。②土壤湿度条件。土壤湿度条件对地物反射特性有很大的影响，因此在一些变化检测中，不仅需要检测图像获取时的土壤湿度，还需要检测前几天或前几周的雨量记录，以确定土壤湿度变化对光谱特性的影响。③物候特征。植物按照每天、季节、周年物候生长，不同季节的植被生长状况是不一样的。若采用不同季节的遥感图像进行年变化比较，就有可能得出错误的结论。因此，通过对地面对象的物候变化特征的理解，才有可能选择合适时间的遥感数据，并从中获得丰富的变化信息。

22.（1）像元与混合像元。像元是遥感成像的基本采样点，是构成遥感图像的最小单元。若一个像元内仅包含一种地表覆盖类型，则为纯像元，其亮度值记录的就是单一地表类型的光谱响应特征；若一个像元包含不止一种地表覆盖类型，则称为混合像元，其亮度值记录的就是多种覆盖类型的综合光谱响应特征。

（2）混合像元对遥感应用分析的影响。混合像元的普遍存在，使传统的像元级遥感分类、专题特征提取，特别是遥感数据定量反演地学参数的能力和精度都无法达到实用化要求，从而导致遥感应用的广度、深度及实用化进程受到了极大限制。

（3）混合像元的分解方法。使遥感应用由像元级达到亚像元级，进入像元内部，将混合像元分解为不同的“基本组分单元”或称“终端单元”，并求得这些基本组分所占的比例。这就是“混合像元分解”过程。当前混合像元分解模型主要有：①线性模型。将像元在某一波段的光谱反射率表示为占一定比例的各个基本组分（endmember）反射率的线性组合。②几何光学模型。将像元表示为树冠（太阳照射下的树）、阴影（被其他树阴影投射到的树）和背景地面（太阳直射的地面）、树阴影下的地面 4 个基本组分，

而它们在像元中所占的面积是一个与树冠、树高、树密度、太阳入射角、观测角有关的函数。③随机几何模型。它与几何光学模型相似，是几何模型的特例。但不同的是它把景观的几何参数作为随机变量。④概率模型。以概率统计方法为基础，基于统计特征分析计算方差、协方差矩阵等统计值，并利用简单的欧氏距离来判定类型的比例。⑤模糊模型。以模糊集理论为基础，并基于统计特征分析构建模型，每个像元不单分为某一类别，而是分到几个类型中。每个像元与几个类型相关，并与每一类的相关程度用 0～1 来表示。

23. [题解]：高光谱遥感是高光谱分辨率遥感的简称，指在电磁波谱的可见光、近红外、中红外和热红外波段范围内，获取许多非常窄的光谱连续的影像数据的技术。高光谱遥感可以获得几十个甚至上百个非常窄的光谱波段信息。

（1）高光谱遥感的特点。①光谱响应范围广，光谱分辨率高。成像光谱仪响应的电磁波长从可见光延伸到近红外，甚至到中红外；光谱分辨率达到纳米级。②光谱信息与图像信息有机结合，即“图-谱合一”。在高光谱影像数据中，每一像元对应于一条光谱曲线，整个数据是光谱影像的立方体，具有空间图像维和光谱维。③数据描述模型多，分析更加灵活。高光谱影像通常有三种描述模型：图像模型、光谱模型和特征模型。④数据量大，信息冗余多。高光谱数据的波段众多，其数据量巨大，而且波段之间相关性大。

（2）高光谱遥感在植被研究中的应用。①在植被类型识别分类、植被制图、生物物理和生物化学参数提取等方面，已经将研究精度提高到了对植物叶子内的氮、磷、钾、淀粉、蛋白质、氨基酸、叶绿素等物质的估测，能评价植物长势和估计陆地生物量。②在植物生态学研究中，可估计叶面积指数、识别植物群落的类别、评价植物冠层各种状态等。

（3）高光谱遥感在地质调查中的应用。区域地质制图和矿产勘探是高光谱遥感的主要应用领域之一，也是最成功的领域之一。高光谱的窄波段可以有效显示矿物、岩石的具有诊断性的光谱吸收特征，从而成功识别矿物的成分和类别。提取矿物成分的主要技术方法有：光谱微分技术、光谱匹配技术、混合光谱分解技术、光谱分类技术等。

（4）高光谱遥感在大气科学研究中的应用。目前利用高光谱研究大气，主要目标是水蒸气、云和气溶胶的研究。高光谱数据能在准确探测大气成分的基础上，提高天气预报、灾害预警的准确性和可靠性。

（5）高光谱遥感在海洋研究中的应用。高光谱遥感已经成为当前海洋遥感的前沿领域。由于中分辨率成像光谱仪具有光谱覆盖范围广、分辨率高和波段多等特点，因此已经成为海洋水色、水温的有效探测工具。它不仅可用于海水中叶绿素浓度、悬浮泥沙含量、污染物、表层水温的探测，还可用于海冰、海岸带的探测。

（6）高光谱遥感在农业方面的应用。能精准监测农作物长势，特别是在作物长势评估、灾害监测和农业管理方面优势明显；能精准获取作物含水量、叶绿素含量、叶面积指数等生态物理参数和农学信息，从而更方便、更准确地进行农作物估产。

24.[题解]：**（1）区域概况分析。**收集、整理、分析相关资料，全面了解区域概况和区域特点。资料包括：地形图、专题图、航空像片；社会经济统计数据、土地利用调查资料等。

（2）遥感数据的选择与处理。土地资源调查与监测的卫星数据主要有 NOAA/AVHRR、Landsat/TM/ETM+、EOS / MODIS、SPOT、IKONOS、QuickBird 等。①根据研究尺度，选择最佳空间分辨率的遥感数据。不同的遥感数据具有不同的分辨率、覆盖宽度、获取成本，因而适用于不同尺度、不同制图精度和不同研究目标的需要。②根据区域土地利用类型的结构特点，并结合区域物候历（农事历），选择最佳时相及其遥感数据。③根据需要，对遥感数据进行预处理和增强处理。包括几何纠正、辐射纠正及图像增强。

（3）制定土地利用分类系统。我国先后制定过多个全国尺度上的土地利用分类体系，但都侧重于土地利用类型的划分。土地利用动态变化遥感监测所要求的分类系统，必须综合考虑土地的利用特征和覆盖特征，以及遥感监测土地利用变化可能达到的精度，制定适合遥感技术特点的土地利用分类系统。

（4）变化信息的遥感提取。①图像差值法。对两个时相的遥感图像在严格的几何配准基础上进行差值运算，从得到的差值图像上分析变化信息。②分类后对比法。对不同时相的遥感图像进行土地利用分类后，通过对分类结果的对比检测出变化信息。③多波段主成分变换法。将两个时相图像的各个波段进行组合，形成一个两倍于原图像波段数的新图像，再对该图像做主成分变换。由于主成分的前几个分量集中了两个图像的主要信息，而后几个分量则反映出了两个图像的差别信息，因此利用后几个分量进行波段组合提取变换信息。④光谱变化向量分析法。对两个时相遥感图像的各个波段数据进行差值运算，求出每个像元在相应波段的变化量，由各个波段的变化量组成变化向量。变化向量中，变化的强度用变化向量的欧氏距离表示。实际应用中，对变化强度设定阈值，并据此判断类型的变化。⑤光谱特征变异法。对两个时相的遥感图像进行融合处理，从融合图像上光谱发生突变的位置判断出土地利用变化信息。⑥波段替换法。利用 T2 时相的数据替换 T1 时相合成图像的某一波段来提取变化信息。⑦彩色合成法。把两个甚至三个时相的遥感图像的相同波段数据按照红、绿、蓝进行彩色合成，从合成后的图像上提取土地利用变化信息。

（5）GIS 支持下的遥感快速动态监测。①建立背景数据库，包括土地利用、行政区划界线、DEM、遥感等。②GIS 与遥感的连接。③利用 GIS 的空间分析功能，进行复合分析、叠合分析、动态分析等。

（6）结果分析。①区域土地利用变化的总体规律和特点分析。②城乡建设用地、耕地等重点土地利用类型的变化特点分析。③分析土地利用变化的原因，提出建议和对策。

25. [题解]：（1）红外大气遥感：指利用红外辐射信号探测大气的方法和技术。红外大气遥感的基本传感器是红外辐射仪，主要接收来自地表、大气的发射及太阳辐射的信号，因此属于被动式大气遥感。由于红外辐射在云层中的衰减很快，不能穿透中云和低云，因此，红外大气遥感受云雨天气的影响，缺乏全天候探测能力。为克服这一缺陷，实际应用中常把红外大气遥感与微波大气遥感结合起来使用。

（2）红外大气遥感的物理机理。地面-大气系统可视为 200～400K 的低温辐射源，其反射的热辐射强度的峰值波长在 10～20μm 的红外波段，大气中的二氧化碳、水汽和臭氧等气体分子的主要吸收带又大多在 3～25μm 的中红外区，这为红外大气遥感提供了

极为有利的条件。通过测量这些吸收带内大气向上辐射的强度，即可反演大气中二氧化碳、水汽和臭氧等气体分子的分布情况。

（3）红外大气遥感的主要内容。①大气中二氧化碳、水汽和臭氧等气体分子的含量分布。在温度和压力确定的情况下，大气水汽在6.3μm和18～1000μm吸收带、臭氧在9.6μm吸收带及其他微量气体成分在其吸收带上发射的红外辐射强度，只取决于这些气体的浓度。测量这些吸收带内吸收强弱不同的一组通道的大气向上辐射强度，即可反演出相应气体的浓度。②大气温度的垂直分布。由于二氧化碳在大气中的混合比不随高度变化，因此，在大气二氧化碳的4.3μm和15μm吸收带内，适当选择吸收强弱不同的一组通道，用红外分光辐射仪从空间测量大气在这些通道的向上辐射强度，即可反演出大气温度的垂直分布。③海面温度、云顶温度的测量。通过气象卫星探测来自云和地表在红外大气窗口区的向上辐射，经过适当的大气衰减校正，即可得到海面温度和中、低云的云顶温度。

26.（1）定量遥感：指从对地观测电磁波信号中定量提取地表参数的技术和方法研究。它有两重含义：遥感信息在电磁波的不同波段内给出的地表物质定量的物理量和准确的空间位置；从这些定量的遥感信息中，通过实验的或物理的模型将遥感信息与地学参量联系起来，定量反演或推算某些地学或生物学信息。

（2）主要研究方向。①在像元尺度上对基本物理定律进行检验与修正，开展尺度转换研究，提高定量研究的精度。②开展遥感与非遥感信息融合的模拟实验，探索地表时空多变要素的尺度转换规律。③进行多角度、多时相、多光谱相结合的混合像元分解与亚像元信息提取；运用多阶段的反演策略提高反演精度。④基础研究与应用示范相结合，估算高难度的地表时空多变要素，推动相关学科的发展。

27.（1）光谱微分技术：是对反射光谱进行数学模拟和计算不同阶数的微分，来确定光谱曲线的弯曲点和最大、最小反射率的对应波长位置。

（2）光谱匹配技术：是对地物光谱和实验室测量的参考光谱进行匹配或地物光谱与参考光谱数据库比较，求得它们之间的相似性或差异性，以达到识别目的。

（3）混合光谱分解技术：用以确定在同一像元内不同地物光谱成分所占的比例或非已知成分。

（4）光谱分类技术：常用的有最大似然法、人工神经网络分类法、高光谱角度制图法。

（5）光谱维特征提取方法：可以按照一定的准则直接从原始空间中选出一个子空间；或在原特征空间与新特征空间之间找到某种映射关系。

（6）模型法：是模拟矿物和岩石反射光谱的各种模型方法。

28. [题解]：（1）多光谱遥感的优缺点。多光谱遥感是指将电磁波分成若干个较窄的波谱通道，以摄影或扫描的方式同步获取地表不同波段信息的一种遥感技术。优点：①不仅可以根据影像的形态、结构差异判别地物，还可以根据光谱特性判别地物，扩大遥感的信息量。②能获得各个层次和要求的空间分辨率图像，空间分辨率相对较高。③主要波段为可见光和近红外，符合人们的视觉效果，所以在日常生活中应用更广。④各个波段之间数据冗余度不高，数据存储和处理相对方便、快捷。缺点：①光谱分辨率低，致使识别地物的能力不够，定量或半定量识别地物困难。②主要利用可见光和近红外波段，造成两方面的问题：一是有些地物无法探测，如不同矿物成分比较；二是无法实现全天候遥感。

（2）高光谱遥感的优缺点。高光谱遥感指在电磁波谱的可见光、近红外、中红外和热红外波段范围内，获取许多非常窄的光谱连续的影像数据的技术。优点：①比多光谱成像技术具有更高的光谱分辨能力，能够在空间和光谱维上快速区分和识别地面目标。②单个像元或像元组的连续光谱，能检测出具有诊断意义的地物光谱特征，使利用光谱信息准确识别地物属性成为可能。③能有效提高地表要素定量分析的精度。缺点：①高光谱分辨率必然导致空间分辨率相对降低，限制了高空间分辨率要求的相关应用。②数据量大、冗余度高，使用时需要做降维和去噪处理，增加了处理的难度。

（3）SAR 的优缺点。合成孔径雷达（SAR）是利用雷达与目标的相对运动，把尺寸较小的真实天线孔径用数据处理的方法合成为较大的等效孔径的雷达。优点：①全天候、全天时工作能力。②分辨率高，且具有远距离成像能力。③对冰、雪、森林等有一定的穿透能力，能有效识别伪装和穿透掩盖物；④观测模式多样化，可通过多极化、多频率、多视角实现对地观测。缺点：①波段单一，且为黑白影像，不符合视觉习惯，所以图像解译更为专业。②SAR 对地表三维目标只能产生二维图像。

29. [题解]：（1）遥感监测悬浮泥沙含量的原理。水体的光谱特性包含了水中向上的散射光（水中光），它是透射的入水光与水中悬浮物质相互作用的结果，与水中的悬浮泥沙含量直接相关。因而，水体的反射辐射与水中悬浮物质含量之间存在着密切的关系。研究表明，随着水中悬浮泥沙浓度的增加，水体的反射率也随之增大，且反射峰值向长波方向移动。

（2）技术路线与方法。①数据选择。可根据具体情况进行选择。目前，用于水体悬浮泥沙监测的数据源主要有 TM 图像、NOAA 卫星图像、FY 卫星图像等。由于不同泥沙浓度下的水体在 0.58～0.80μm 波长出现反射峰值，因此该波段对水体泥沙含量最敏感，是遥感监测水体浑浊度的最佳波段。②数据处理。包括几何校正和大气校正，重点要对图像进行大气校正，以去除大气影响。③水体信息提取。在水体及背景地物光谱特性分析的基础上，确定水体信息提取的方法。④悬浮泥沙含量反演。反演悬浮泥沙含量的关键是建立遥感数据与悬浮泥沙含量之间的定量关系模型。具体方法是通过遥感数据与同步实测样点数据间的统计相关分析，确定两者之间的相关系数，并建立定量表达悬浮泥沙含量与遥感数据之间关系的相关模型。常见的基于统计分析的悬浮泥沙反演模型有：线性模型，$R=A+B\cdot S$；对数模型，$R=A+B\cdot \lg S$；负指数模型：$R=A+B\cdot(1-e^{-DS})$。上述三种模型中，R 为水体反射率；S 为悬浮泥沙含量；A、B、D 为待定系数，由遥感数据与实测数据经统计回归分析来确定。⑤泥沙含量反演与精度评价。

30. [题解]：卫星影像地图是利用卫星遥感影像，通过几何纠正、投影变换和比例尺归化，运用一定的地图符号、注记，直接反映制图对象地理特征及空间分布的地图。选择恰当的遥感图像是制作高质量卫星影像地图的关键。

（1）根据卫星影像的成图比例尺选择遥感图像的类型。为了保证影像地图的清晰度和实用性，用于制作影像地图的遥感图像的空间分辨率必须和影像地图的比例尺相协调或相匹配。根据卫星影像的分辨率和粗加工处理后残余变形误差的特点，按规范要求对

图像精加工处理后平面误差在1～1.5个像元才能用于制作影像图，而用于一般判读目的时，残余误差可放宽到2～3个像元。因此，各种卫星影像与影像地图比例尺之间的关系如表9.1所示。

表9.1　卫星影像的类型与成图比例尺的关系

卫星影像	分辨率/m	最大成图比例
MSS	79	1：50万
TM	30	1：10万
SPOT1-4	10（PAN），20（MS）	1：5万
SPOT5	2.5（PAN），10（MS）	1：2.5万
CBRES-02B	2.36（PAN），20（MS）	1：2.5万
IKONOS	1（PAN），4（MS）	1：1万
QuickBird	0.61（PAN），2.44（MS）	1：5000

（2）根据区域特点和制图要求选择恰当的合成波段。①利用多光谱数据经过彩色合成处理制作影像地图。以TM图像为例，可根据地区景观特点和需要选择合成波段，必要时可根据不同地类，分别选择适合该大类地物判读的波段，采用分类融合技术。例如，水系适合TM4、3、2合成，城市适合TM7、4、2合成，植被适合TM5、4、3合成。②利用不同分辨率遥感数据的融合技术制作影像地图。例如，SPOT多光谱影像与SPOT全色影像的融合、TM多光谱影像与SAR或全色航空摄影影像之间的融合等。这样制作的影像地图既可以获得理想的视觉显示效果，也能增加图像的信息量。

31. [题解]：地图更新是高分辨率遥感图像的一个重要应用领域，其主要技术过程包括以下几个部分。

（1）数据源分析。①图像数据，包括IKONOS 全色1m分辨率图像和多光谱4m分辨率图像。要注意遥感图像的分辨率和更新地图的比例尺要相适应。②地图数据，即有待更新的地图。③其他数据，包括行政区划图、地籍权属图、DEM等各种辅助数据。DEM数据用于图像的正射校正。

（2）图像预处理。主要内容包括：①图像的几何校正。②图像的正射校正。对地形起伏不大的区域，通常，采用多项式模型进行几何校正即可满足精度要求，但对于地形起伏较大或图像的边缘变形部分，则需要利用DEM进行遥感图像的正射校正。③裁剪与拼接处理。④图像融合。通过IKONOS全色和多光谱图像的融合处理，使处理后的遥感图像达到1m分辨率，并具有多光谱特征，从而达到图像增强的目的。⑤原始地图扫描矢量化处理，制作数字线划图。

（3）遥感图像与地图的叠加和更新。将经过处理的遥感图像和数字线划图在统一的坐标系统下进行叠加，然后以此为基础，寻找地物变化位置，进行点、线、面要素的全面更新。最后结合外业调绘，确定地物属性和权属，对不确定区域进行补测。

（4）精度评价。地图更新的精度受图像分辨率、图像预处理、更新过程中制图综合等多种因素的影响，如果误差超出要求，应重新修改完善，直至达到精度要求。

（5）技术流程（图 9.1）。

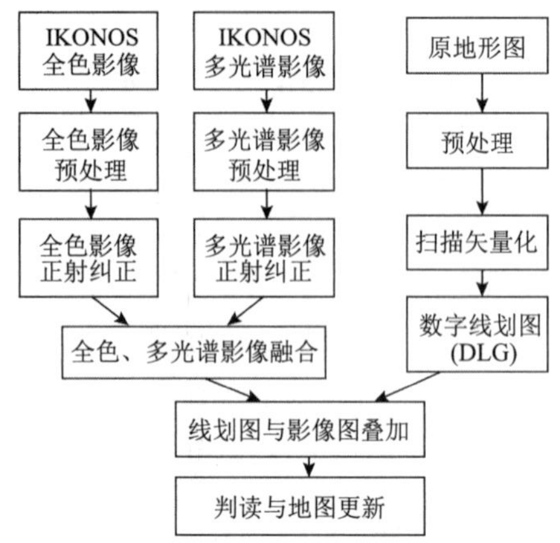

图 9.1　地图更新技术流程图

32. [题解]：（1）统计方法。是利用纹理在空间上的灰度分布特性进行纹理定量描述的一种纹理分析方法。灰度共生矩阵方法以像素的灰度和位置为研究对象，反映像素灰度关于方向、相邻间隔、变化幅度等的综合信息，是遥感影像纹理分析最常用的方法。基于灰度共生矩阵的纹理分析中，通常选用角二阶矩、对比度、逆差距和熵等部分统计特征，即可表达灰度共生矩阵所包含的所有纹理信息。

（2）信号处理方法。是根据人的视觉对纹理的分析特点，采用滤波方法对图像进行空域或频域滤波处理进行纹理分析的一种方法。主要的图像滤波方法有 Laws 模板、局部二值模式、傅里叶变换、小波变换、Gabor 变换等方法，其中，Gabor 变换方法是应用极其广泛的一种纹理分析方法。

（3）模型方法。是一种较好的表征纹理单元集聚的方法。模型方法是将一幅纹理图像看作一类参数模型的实例，进而用模型参数对纹理进行分析和描述的方法。常用的模型有自回归模型、马尔可夫随机场模型、基于特征的交互作用图等，特别是马尔可夫随机场模型，常常与其他数据分析技术结合在一起，在图像处理的许多方面都有广泛应用。

33. [题解]：（1）数据融合。指把多源遥感数据按照一定的规则或算法进行处理，生成一幅具有新的空间、光谱和时间特征的合成图像。

（2）不同遥感数据在洪灾监测中的作用。目前，用于洪水监测的遥感数据主要有 LandsatTM/ETM+、NOAA/AVHRR、EOS／MODIS、SPOT、Radasat/SAR 等。①TM 和 SPOT 数据具有多波段、高分辨率等优点，可获取地面覆盖信息和洪水信息，是洪水淹没损失估算、模拟分析的有效资料，但覆盖周期长，遇到恶劣天气条件则无能为力。②NOAA/AVHRR 数据虽然地面分辨率较低，但具有很高的时间分辨率和昼夜获取信息的能力，能够记录洪水发生、发展的全过程，是洪水动态监测的理想数据。③MODIS 是当前洪水监测非常有效的卫星传感器，为开展洪灾监测评估研究提供了优越的数据源。④星载 SAR 具有分辨率高、覆盖范围大及全天候、全天时工作的特点，能对天气条件较差的洪涝灾区进行准实时监测，快速获取大范围洪涝灾情信息。

（3）洪水监测中数据融合的类型。洪水监测中常常采用数据融合技术，实现多源数据的有机结合和优势互补，从而有效提高洪灾监测的精度。①多种遥感数据的融合。陈桂红等以 1998 年鄱阳湖地区的洪涝灾害为研究实例，应用灾害发生时的 Radarsat-SAR 和灾前的 TM 数据进行融合处理，快速区分出了洪涝淹没的绝产区、土壤滞水减产区和未受灾区，满足了洪涝灾情快速反应要求。②遥感数据与非遥感数据的融合。杨存建等探讨了将地形数据与星载 SAR 图像相结合，从而实现了洪水水体的准确提取。

五、论述题（3）

1. [题解]：影响植被指数的因素主要有：物候历——农事历、作物排列方向、大气效应、环境背景、太阳高度角与方位角、地形效应及传感器等。

（1）物候历（农事历）。①物候和物候历。植物在一年的生长中，随着气候的季节性变化而发生萌芽、抽枝、展叶、开花、结果及落叶、休眠等规律性变化的现象，称为物候或物候现象。物候历又称自然历或农事历，即把一地区的自然物候、作物物候、害虫发生期和农事活动的多年观测资料进行整理，按出现日期排列成表。②随着物候的变化，植物的光谱特征也随之发生相应变化，从而影响植被指数的变化。例如，植物衰老时叶肉组织的细胞壁道破坏，使近红外反射率下降而可见光亮度增高；叶绿素的变化产生“红边红移”现象等。③植物遥感中提取植被指数时，遥感数据时相的选择十分重要。针对不同应用目的需要选择不同物候期的植被指数，如对于小麦遥感估产可能选择小麦拔节到乳熟期的植被指数为最佳。

（2）大气效应。①大气对构建植被指数的红光波段和近红外波段有不同的衰减系数。大气吸收与散射一般使植被的红光辐射增强、近红外辐射降低，从而导致植被指数发生变化。②大气效应对各种植被指数的影响程度有很大不同。例如，差值植被指数在浑浊和晴朗的天气条件下变化很小，而比值植被指数数值可下降 50%，其他指数位于上述两者之间；厚云与云的阴影降低 NDVI 值；卷云的干扰可以使 NDVI 值产生 15%的明显差异。因此，计算植被指数之前，需要对大气效应进行修正。

（3）环境背景因素。环境因素对植物光谱的影响是多方面的。事实上，野外植物光谱不应理解为植物的生理光谱而应是植物的环境光谱。环境背景主要指土壤，也就是说，土壤是野外植物光谱的组成部分。土壤湿度、土壤有机质含量等的变化，均引起土壤反射率的明显变化，也必然影响土壤上生长的植物波谱特性，从而影响植被指数。

（4）太阳高度角与方位角。太阳高度角、方位角及观察角的影响主要反映在大气路径长度和地表 BRDF 效应。①植被表面结构的非均匀性及表面反射辐射的各向异性，直接影响植冠二向反射（BRDF），从而导致 NDVI 值的不确定性，并使不同时相的植被指数缺乏可比性。甚至同一时相宽视角卫星遥感数据的植被指数值可因太阳高度角的变化而变化。因此，定量遥感中需要通过 BRDF 模型对植被指数进行角度订正。②传统遥感在使用光谱数据前，往往把卫星遥感数据的太阳高度角纠正到太阳垂直照射的状态下，进行太阳高度角、观察角、观察方位角的归一化订正，这是不合适的。它仅考虑了大气路径长度的影响，而忽略了方向反射效应。事实上，地表非朗伯体，植被二向性反射（BRDF）变化与植被冠层结构有关，而冠层结构受太阳高度角的影响，所以植被指数依赖于太阳高度角。

（5）地形效应。在地形起伏的山区，地形的阴影效应常常会掩盖部分植被，因而使植被指数发生变化。通常采用比值法或比值合成法消除地形阴影的影响，提高植被信息提取的能力。

（6）传感器。感器本身的辐射定标及多种传感器间光谱波段响应函数、空间分辨率、视场角等的差异，均会对植被指数的植被检测能力和数值的可比性发生影响。只有通过恰当的数据处理，才能保证多源数据的综合分析和大尺度植被遥感动态监测的可靠性。

2. [题解]：（1）干旱遥感监测的原理。土壤含水量是判断干旱的重要指标之一，也是旱情监测的基础。在干旱、半干旱地区，土壤水分对植被生长起控制作用。因此，利用植被指数、冠层与土壤表面温度、土壤与植被水分状况三者之间的相互关系，建立各种相关指标，以获取土壤水分信息，并据此进行旱情监测预报，这就是干旱遥感监测的原理。

（2）干旱遥感监测的方法。①土壤热惯量法。热惯量是表征土壤热变化的一个物理量，与土壤的热传导率、比热容等有关，而这些特性与土壤含水量密切相连，因此，可通过推算土壤热惯量反演土壤水分。由于遥感数据无法直接获取原始热惯量模型中参数值，因此实际应用中，通常使用表观热惯量（ATI）来代替真实热惯量，并建立基于表观热惯量（ATI）反演土壤含水量（W）的线性经验模型：$W=a+b\cdot \text{ATI}$。式中，W 为土壤湿度；a、b 为模型的回归系数。②归一化植被指数法。植被的生长状态与土壤水分具有密切的关系。当植被受水分胁迫时，反映绿色植被生长状态的植被指数会变化，从而达到干旱监测的目的。NDVI 是表征植被绿度的最常用指数。植被生长好时，NDVI 值较大，而干旱导致植被缺水时，NDVI 值会降低，因此 NDVI 的波动可以用于表征干旱程度。③植被供水指数法。在水分充足时，植被指数和冠层温度都保持在一定范围内，如出现旱情，植被指数会降低，同时植被冠层缺水，其温度也会因气孔被迫关闭而升高，以此原理得出植被供水指数。由植被冠层温度 T_s 和 NDVI 构成的植被供水指数（VSWI）定义为 $\text{VSWI}=\text{NDVI}/T_s$。供水指数越小，指示旱情越严重。④距平植被指数法。距平植被指数（AVI）被定义为 $\text{AVI}=\text{NDVI}_i-\text{NDVI}_A$。式中，$\text{NDVI}_i$ 为某一年中特定月或者旬的归一化植被指数值；NDVI_A 为多年的归一化植被指数平均值。AVI 值大于 0，表明植被生长较一般年份好；如果 AVI 的值小于 0，表明植被生长较一般年份差。这种相对偏差的方法反映了土壤偏旱或偏湿的程度，由此可确定各地的旱情等级。⑤温度植被干旱指数法。温度植被干旱指数（TVDI）被定义为 $\text{TVDI}=\dfrac{\text{LST}_i-(a_2+b_2\cdot\text{NDVI})}{(a_1+b_1\cdot\text{NDVI})-(a_2+b_2\cdot\text{NDVI})}$。式中，$\text{LST}_i$ 为陆地表面温度；$T_{\max}=(a_1+b_1\cdot\text{NDVI})$ 为干边，即某一 NDVI 对应的最高地表温度；$T_{\min}=(a_2+b_2\cdot\text{NDVI})$ 为湿边，即某一 NDVI 对应的最低地表温度；a_1、b_1、a_2、b_2 分别为线性拟合的系数。显然，NDVI-LST 空间中任一点的 TVDI 值都介于−1～1。TVDI 值越大，LST 越接近干边，土壤干旱越严重；反之，TVDI 值越小，LST 越接近湿边，土壤湿度越大。

3. [题解]：（1）“3S”集成的概念。“3S”集成指 GPS、RS 与 GIS 的集成，是根据应用需要，将全球定位系统（GPS）、遥感（RS）技术和地理信息系统（GIS）技术

有机地组合成一体化的、功能更强大的新型系统的技术和方法，是现代社会持续发展、资源利用、城乡规划与管理、自然灾害动态监测与防治等的重要技术手段，也是地学研究走向定量化的科学方法之一。

（2）“3S”集成的意义。“3S”结合应用，取长补短是自然的发展趋势，三者之间的相互作用形成了“一个大脑，两只眼睛”的框架，即 RS 和 GPS 向 GIS 提供或更新区域信息及空间定位，GIS 进行相应的空间分析，以从提供的大量数据中提取有用信息，并进行综合集成，使之成为科学决策的依据。实际应用中，较为多见的是两两之间的结合。

（3）“3S”技术在集成应用中的作用。①GIS 的作用是研究区相关数据的采集、存储、管理、分析及其描述。②GPS 的作用：精确的定位、准确的定时和测速。③RS 的作用：通过数据采集，为 GIS 数据库提供高质量的数据源；利用遥感数字影像获取地面高程信息，更新 GIS 中的高程数据。

（4）“3S”集成在精准农业中的综合应用。精准农业是“3S”技术的推动下发展起来的现代农业精耕细作技术，是未来农业发展的一个新方向。①RS 在精准农业中的作用：客观、准确、及时地提供作物生态环境和作物生长的各种信息，是精准农业田间数据的重要来源。RS 的应用具体包括：农作物种植面积遥感监测与估算、遥感监测作物长势与作物产量估算、作物生态环境监测及作物灾害损失评估等。②GPS 在精准农业中的作用：精准定位、田间作业自动导航及田间地形起伏测量等。③GIS 在精准农业中的作用：农田土地数据管理，查询土壤、自然条件、作物苗情、作物产量等数据。具体应用包括绘制作物产量分布图、农业专题地图进行分析等。

参 考 文 献

梅安新, 彭望琭, 秦其明, 等. 2001. 遥感导论. 北京: 高等教育出版社
彭望琭, 等. 2002. 遥感概论. 北京: 高等教育出版社
日本遥感研究会. 2011. 遥感精解(修订版). 刘勇卫译. 北京: 科学出版社
舒宁. 2000. 微波遥感原理. 武汉: 武汉测绘科技大学出版社
孙家抦. 2003. 遥感原理与应用. 武汉: 武汉大学出版社
王桥, 杨一鹏, 黄家柱. 2005. 环境遥感. 北京: 科学出版社
韦玉春, 汤国安. 2007. 遥感数字图像处理教程. 北京: 科学出版社
张安定, 吴孟泉, 王大鹏, 等. 2014. 遥感技术基础与应用. 北京: 科学出版社
赵英时. 2003. 遥感应用分析原理与方法. 北京: 科学出版社
朱述龙, 张占睦. 2002. 遥感图像获取与分析. 北京: 科学出版社

附录一　研究生入学考试试题精选

研究生入学考试模拟题一

一、名词解释（8小题，每题5分，共40分）

1. 土壤线　2. 瞬时视场角　3. 透视收缩　4. 辐射出射度　5. 误差矩阵
6. 大气窗口　7. 方位分辨率　8. 主成分分析

二、简答题（8小题，每题10分，共80分）

1. 请说明多光谱遥感和高光谱遥感的异同。
2. 解释植被指数能突出反映植被信息的物理基础。
3. 请说明遥感图像线性拉伸和直方图均衡化的差别。
4. 分析监督分类和非监督分类在分类过程和分类效果方面的异同。
5. 简述影响遥感图像几何精校正的主要因素。
6. 简述雷达影像距离分辨率和方位分辨率的特点及决定这两个分辨率的因素。
7. 简述遥感数据辐射畸变的主要因素。
8. 分别用C波段、P波段和L波段的SAR数据监测森林的地上生物量，请说明选用哪个波段较好？为什么？

三、论述题（从两小题中任选一题，共30分）

1. 遥感数据处理过程中为什么要进行大气校正？进行大气校正的主要方法有哪些？
2. 结合遥感数据的空间分辨率、光谱分辨率、时间分辨率和辐射分辨率，谈谈实际应用中应如何选择合适的分辨率。

研究生入学考试模拟题二

一、名词解释（6小题，每题5分，共30分）

1. 成像光谱仪　2. 漫反射　3. 瞬时视场角　4. 辐射通量密度　5. 透视收缩
6. 米氏散射

二、简答题（8 小题，每题 10 分，共 80 分）

1. 请说明遥感图像监督分类的完整过程。
2. 在可见光和近红外波段范围，遥感传感器观测到植被覆盖区反射率受哪些因素影响？
3. 地球表面的平均温度约为 300K，太阳表面的平均温度约为 6000K。试问地表辐射和太阳辐射的能量主要集中在哪些波长范围？请运用相关原理解释。
4. 有 A、B 两个目标，其中 A 在 Landsat/TM 的第三波段和第四波段的反射率分别为 0.05 和 0.5，B 在 Landsat/TM 的第三波段和第四波段的反射率均为 0.15。试问 A、B 两个目标哪个是水体，哪个是植被，并说明理由。
5. 下表是一个混淆矩阵。请根据表中数据分别计算总体精度、生产者精度和用户精度。

参考数据

分类数据	A	B	C
A	82	20	21
B	14	68	18
C	8	16	79

6. 蓝光、红光和近红外三个波段中，哪个波段最能反映地形造成的阴影中的信息？
7. 分别用 C 波段、P 波段和 L 波段的 SAR 数据监测森林的地上生物量，请说明选用哪个波段较好？为什么？
8. 请说明遥感图像对比度拉伸和直方图均衡化在图像增强效果方面的异同。

三、论述题（2 小题，每题 20 分，共 40 分）

1. 设想要对华北平原某个县的不同农作物种植面积进行遥感监测。请从数据获取和收集、数据处理、信息提取等技术环节出发，设计出具体的技术方案。
2. 请全面分析多光谱、高光谱和 SAR 在陆地表面遥感中各自的优缺点。

研究生入学考试模拟题三

一、名词解释（10 小题，每题 3 分，共 30 分）

1. 太阳常数　2. 大气气溶胶　3. 黑体　4. 米氏散射　5. 程辐射
6. 比辐射率　7. 地物波谱　8. 辐射亮度　9. 方位分辨率　10. TM 遥感数据

二、简答题（6 小题，每题 10 分，共 60 分）

1. 影响地物波谱的因素有哪些？
2. 地表辐射在 0.3～2.5μm、2.5～6μm、≥6μm 三个波长区间有何特点？
3. 地表反射面可以划分为哪些反射类型？它们各自有什么特点？

4. 什么是遥感图像增强？试举任意两例增强方法说明之。
5. 何谓混合像元和混合像元分解？
6. 什么是遥感图像解译标志？并举例说明。

三、论述题（3 小题，每题 15 分，共 45 分）

1. 试述目视解译的基本步骤。
2. 试述地面光谱测量在遥感中的意义。
3. 合成孔径雷达的距离分辨率和方位分辨率在空间上有何变化特点？并请说明理由。

四、应用题（共 15 分）

对地遥感可以获取地物哪些方面的属性信息？并举一例说明其原理大意。

研究生入学考试模拟题四

一、名词解释（10 小题，每题 3 分，共 30 分）

1. 维恩位移定律　2. 程辐射　3. 真实孔径雷达　4. 句法模式识别
5. 成像光谱仪　6. 图像平滑和锐化　7. 缨帽变换　8. 角隅反射
9. 平均域法　10. 纹理

二、简答题（7 小题，每题 10 分，共 70 分）

1. 热红外大气窗口是多少？给出三种包含该大气窗口的传感器。如何利用该段大气窗口探测地物属性？
2. 遥感图像的内部几何误差有哪些？如何纠正？
3. 举例说明制作不同比例尺卫星影像地图时怎样选择遥感图像。
4. 在遥感应用中，如何综合运用空间、光谱、时间分辨率？
5. 分析中心投影和侧视雷达成像的投影误差。
6. 绘制植被的反射光谱曲线图，并简述植被的反射光谱特征，指出影响光谱反射率变化的主要因素，说明地物波谱特性在遥感应用中的重要作用。
7. 以 Landsat/TM 影像为例，分别说明遥感图像的真彩色和标准假彩色合成方案，并说明假彩色合成方法在地物识别上的优点。

三、分析题（2 小题，每题 25 分，共 50 分）

1. 随着对地观测技术的发展，目前正在迅速发展一种以多路、连续并具有高光谱分辨率方式获取遥感信息的新型传感器。请问：①该传感器是什么？②试描述该传感器的两种基本成像方式及其特点。③分析该传感器得到广泛应用的原因。
2. 随着高空间分辨率遥感技术的迅速发展，遥感专题制图得到了广泛应用。试分析如何利用高分辨率遥感影像进行地图更新（以 IKONOS 全色和多光谱图像为例，分析所需要的其他数据源，并设计详细的技术流程）。

研究生入学考试模拟题五

一、名词解释（8 小题，每题 5 分，共 40 分）

1. 电磁波衍射　2. 遥感反演　3. 线阵扫描成像　4. 维恩位移定律
5. 地球同步轨道　6. 全景畸变　7. 生物量指标　8. 多极化影像

二、选择题（5 小题，每题 2 分，共 10 分）

1. 下面哪些关于地球资源遥感方法可以有主动和被动形式？
   ①红外遥感　②微波遥感　③可见光遥感　④激光遥感
2. 下面的传感器图像有全景畸变的是：
   ①MSS 图像　②TM 图像　③SPOT 图像　④CBERS_CCD 图像
3. 下述变换能达到特征变换目的的是：
   ①缨帽变换　②中值变换　③比值变换　④主成分变换
4. 下面的分类方法属于统计分类的是：
   ①光谱角分类法　②K-均值法　③最小距离法　④最大似然法
5. 下面哪些轨道参数表示卫星轨道与地球位置相关：
   ①升交点赤经　②近地点角距　③轨道倾角　④轨道长半径

三、简答题（6 小题，每题 10 分，共 60 分）

1. 简述红外扫描仪图像的几何特点和辐射特点。
2. 简述从地面反射率到影像的 DN 值的辐射定标需要进行哪几个主要的辐射校正过程，每个过程解决的主要问题是什么？
3. 简述最大似然法和最小距离法的不同，画图分别说明它们的错分概率。
4. 简述遥感影像镶嵌的方法和步骤。
5. 简述地物波谱特性测量方法，并说明地物波谱库在遥感分类中的作用。
6. 简述光谱反射曲线与光谱响应曲线的区别与联系。

四、论述题（2 小题，每题 20 分，共 40 分）

1. 遥感技术能为粮食估产做哪些工作？列出具体步骤和原理。
2. 什么是定量遥感？国内外目前的研究现状是什么？根据所学知识，试述定量遥感研究的几个重要方向。

附录二　主要遥感卫星及其技术参数

附表 1　Landsat 系列卫星简况

卫星名称	发射日期	终止日期	卫星平均高度	传感器	回归周期
Landsat-1	1972.7.23	1978.1.6	915km	RBV/MSS	18 天
Landsat-2	1975.1.22	1982.2.25	915km	RBV/MSS	18 天
Landsat-3	1978.3.5	1983.3.31	915km	RBV/MSS	18 天
Landsat-4	1982.7.16	2001.6.15	705km	MSS/TM	16 天
Landsat-5	1985.3.1	2013.1.15	705km	MSS/TM	16 天
Landsat-6	1993.10.5	1993.10.5	—	ETM	16 天
Landsat-7	1999.4.15	运行中	705km	ETM+	16 天
Landsat-8	2013.2.11	运行中	705km	OLI/TIRS	16 天

附表 2　Landsat 系列卫星传感器主要性能指标对比

卫星传感器	MSS（Landsat-1～5）	TM（Landsat-4/5）	ETM（Landsat-6）	ETM+（Landsat-7）	OLI（Landsat-8）
波段设置	B1：0.5～0.6μm B2：0.6～0.7μm B3：0.7～0.8μm B4：0.8～1.1μm	B1：0.45～0.52μm B2：0.52～0.60μm B3：0.63～0.69μm B4：0.76～0.90μm B5：1.55～1.75μm B7：2.08～2.35μm B6：10.4～12.5μm	P：0.52～0.90μm B1：0.45～0.52μm B2：0.52～0.60μm B3：0.63～0.69μm B4：0.76～0.90μm B5：1.55～1.75μm B7：2.08～2.35μm B6：10.4～12.5μm	P：0.52～0.90μm B1：0.45～0.52μm B2：0.53～0.61μm B3：0.63～0.69μm B4：0.78～0.90μm B5：1.55～1.75μm B7：2.09～2.35μm B6：10.4～12.5μm	P：0.50～0.68μm B1：0.43～0.45μm B2：0.45～0.52μm B3：0.53～0.60μm B4：0.63～0.68μm B5：0.85～0.89μm B8：1.36～1.39μm B6：1.56～1.66μm B7：2.10～2.30μm
扫描宽度	185km	185km	185km	185km	185km
空间分辨率	80m VNIR	30m VNIR/SWIR 120m TIR	15m PAN 30m VNIR/SWIR， 120 TIR	15m PAN 30m VNIR/SWIR 60m TIR	15m PAN 30m VNIR/SWIR
辐射分辨率	6 bit	8 bit	9bit（8 bit transmitted）	9bit（8 bit transmitted）	—

注：VNIR 表示可见光近红外波段；SWIR 表示短波红外波段；TIR 表示热红外波段；PAN 表示全色波段。

附表 3　SPOT 系列卫星简况

卫星名称	发射日期	终止日期	卫星高度	轨道倾角	回归周期
SPOT-1	1986.02.22	2003.11.01	832km	98.7°	26 天
SPOT-2	1990.01.22	2009.06.30	832km	98.7°	26 天
SPOT-3	1993.09.26	1996.11.14	832km	98.7°	26 天
SPOT-4	1998.03.24	2013.01.11	832km	98.8°	26 天
SPOT-5	2002.05.04	运行中	832km	98.7°	26 天
SPOT-6	2012.09.09	运行中	695km	98.2°	26 天
SPOT-7	2014.06.30	运行中	695km	98.2°	26 天

附表 4　SPOT 系列卫星主要参数对比

卫星	SPOT-6、7	SPOT-5	SPOT-4	SPOT-1、2、3
主要传感器	2 × NAOMI	2 × HRG	2 × HRVIR	2 × HRV
波段设置/μm	P：0.45～0.75 B1：0.45～0.52 B2：0.53～060 B3：0.62～0.69 B4：0.76～0.89	P：0.48～0.71 B1：0.50～0.59 B2：0.61～0.68 B3：0.78～0.89 B4：1.58～1.75	M：0.61～0.68 B1：0.50～0.59 B2：0.61～0.68 B3：0.78～0.89 B4：1.58～1.75	P：0.51～0.73 B1：0.50～0.59 B2：0.61～0.68 B3：0.78～0.89
空间分辨率/m	PAN 2 MS 8	PAN 5 或 2.5 MS 10 SWIR 20	PAN 10 MS 20 SWIR 20	PAN 10 MS 20
辐射分辨率/bit	12	8	8	8
附加载荷	无	HRS，Vegetation DORIS	Vegetation DORIS	DORIS （除 SPOT-1）
卫星重量/kg	714	3000	2755	1907
设计寿命/a	10	5	5	3

附表 5　GeoEye-1、QuickBird-2、IKONOS-2 技术参数对比

卫星	IKONOS-2	QuickBird-2	GeoEye-1
发射时间	1999.9.24	2001.10.19	2008.9.06
重量/kg	817	600	1955
轨道高度/km	680	450	660
轨道类型	太阳同步	太阳同步	太阳同步
重访周期/d	3	1～3.5	2～3
观测宽度/km	11.3	16.5	15.2
波段/μm	B1：0.45～0.53	B1：0.45～0.52	B1：0.45～0.51

续表

卫星	IKONOS-2	QuickBird-2	GeoEye-1
波段/μm	B2：0.52～0.61 B3：0.64～0.72 B4：0.77～0.88 PAN：0.45～0.90	B2：0.52～0.60 B3：0.63～0.69 B4：0.76～0.90 PAN：0.45～0.90	B2：0.51～0.58 B3：0.655～0.690 B4：0.78～0.92 PAN：0.45～0.90
地面分辨率/m	0.82（PAN） 3.3（MS）	0.61（PAN） 2.44（MS）	0.41（PAN） 1.64（MS）

注：PAN 表示全色波段；MS 表示多光谱波段。

附表 6　WorldView-3 的主要技术参数

全色波段（1）	450～800 nm	
多光谱（8） （VNIR）	Coastal Blue：400～450 nm Blue：450～510 nm Green：510～580 nm Yellow：585～625 nm	Red：630～690 nm Red edge：705～745 nm Near-IR1：770～895 nm Near-IR2：860～1040 nm
多光谱（12） （SWIR）	SWIR-1：1195～1225 nm SWIR-2：1550～1590 nm SWIR-3：1640～1680 nm SWIR-4：1710～1750 nm	SWIR-5：2145～2185 nm SWIR-6：2185～2225 nm SWIR-7：2235～2285 nm SWIR-8：2295～2365 nm
CAVIS （12） CAVIS （clouds，aerosols，vapors，ice and snow）	Desert clouds：405～420 nm Aerosols-1：459～509 nm Green：525～585 nm Aerosols-2：620～670 nm Water-1：845～885 nm Water-2：897～927 nm	Water-3：930～965 nm NDVI-SWIR：1220～1252 nm Cirrus：1350～1410 nm Snow：1620～1680 nm Aerosol-3：2105～2245 nm Aerosol-3：2105～2245 nm
空间分辨率	0.31m（PAN）；1.41m（VNIR）；3.70m（SWIR）；30m（CAVIS）	
辐射分辨率	11 bit（ PAN、VNIR）； 14 bit（ SWIR）	
幅宽	13.1 km	

注：VNIR 表示可见光近红外波段；SWIR 表示短波红外波段；PAN 表示全色波段。

附表 7　Radarsat-1、2 的主要工作性能

波束模式	入射角	分辨率	幅宽	极化方式
超精细*	30°～40°	3m×3m	20km	可选单极化（HH、VV、HV、VH）
多视精细*	30°～50°	11m×9m	50km	可选单极化（HH、VV、HV、VH）

续表

波束模式	入射角	分辨率	幅宽	极化方式
多视精细*	30°～50°	11m×9m	50km	可选单极化（HH、VV、HV、VH）
四极化精细*	20°～41°	11m×9m	25km	四极化（HH&VV&HV&VH）
四极化标准*	20°～41°	25m×28m	25km	四极化（HH&VV&HV&VH）
精细	37°～49°	10m×9m	50km	可选单极化或双极化（HH&HV、VV&VH）
标准	20°～49°	25m×28m	100km	可选单极化或双极化（HH&HV、VV&VH）
宽	20°～45°	25m×28m	150km	可选单极化或双极化（HH&HV、VV&VH）
扫描 SAR（窄）	20°～46°	50m×50m	300km	可选单极化或双极化（HH&HV、VV&VH）
扫描 SAR（宽）	20°～49°	100m×100m	500km	可选单极化或双极化（HH&HV、VV&VH）
扩展（高入射角）	50°～60°	20m×28m	70km	单极化（HH）
扩展（低入射角）	10°～23°	40m×28m	170km	单极化（HH）

注：*代表 Radarsat-2 新增的观测模式。

附表 8　CBERS1、2 成像传感器概况

参数	HRCC	IRMSS	WFI
波段/μm	0.51～0.73（PAN） 0.45～0.52 0.52～0.59 0.63～0.69 0.77～0.89	0.50～1.10（PAN） 1.55～1.75（SWIR） 2.08～2.35（SWIR） 10.4～12.5（TIR）	0.63～0.69 0.76～0.90
空间分辨率/m	20	80（PAN & SWIR） 160（TIR）	260
观测宽度/km	113	120	890
时间分辨率/d	26	26	3～5

注：HRCC（high resolution CCD camera），即高分辨率 CCD 相机；IRMSS（infrared multispectral scanner），即红外多光谱扫描仪；WFI（wide-field imager），即宽视成像仪。

附表 9　CBERS-2B 成像传感器概况

参数	HRCC	HRPC	WFI
波段/μm	0.45～0.52 0.52～0.59 0.63～0.69 0.77～0.89 0.51～0.73（PAN）	0.50～0.80（PAN）	0.63～0.69 0.76～0.90
空间分辨率/m	20	2.7	260

续表

参数	HRCC	HRPC	WFI
观测宽度/km	113	27	890
时间分辨率/d	26	—	3～5

注：HRPC（high-resolution panchromatic camera），即高分辨率全色相机。

附表 10　CBERS-3 & 4 成像传感器概况

参数	MUXCam	PanMUX	IRS	WFI
波段/μm	0.45～0.52（blue） 0.52～0.59（green） 0.63～0.69（red） 0.77～0.89（NIR）	0.51～0.73（Pan） 0.52～0.59（green） 0.63～0.69（red） 0.77～0.89（NIR）	0.77～0.89（NIR） 1.55～1.75（SWIR） 2.08～2.35（SWIR） 10.4～12.5（TIR）	0.45～0.52（blue） 0.52～0.59（green） 0.63～0.69（red） 0.77～0.89（NIR）
空间分辨率/m	20	5（Pan），10（MS）	40/80（TIR）	64（nadir）
扫描宽度/km	120	60	120	866
时间分辨率/d	26	52	26	5

注：MUXCam（multispectral camera），即多光谱相机；PanMUX（panchromatic and multispectral camera），即全色与多光谱相机。

附表 11　ZY-3A 主要成像传感器的技术参数

传感器	TAC	MSC
波段/nm	500～800	B1：450～520 B2：520～590 B3：630～690 B4：770～890
扫描宽度/km	正视相机：51 前视相机、后视相机：52	51
空间分辨率/m	正视相机：2.1 前视相机、后视相机：3.5	5.8
辐射分辨率/bit	10	10
设计寿命/a	5	5

注：TAC（three-line array camera），即三线阵列相机；MSC（multispectral camera），即多光谱相机。